SCHÄFFER
POESCHEL

Martin J. Eppler
Sebastian Kernbach
Roland A. Pfister

Dynagrams

Denken in Stereo

Mit dynamischen Diagrammen schärfer denken, effizienter zusammenarbeiten und klarer kommunizieren

2016
Schäffer-Poeschel Verlag Stuttgart

DYNAGRAMS: DENKEN IN STEREO

Print: ISBN 978-3-7910-3530-7 Bestell-Nr. 10130-0001
ePDF: ISBN 978-3-7910-3531-4 Bestell-Nr. 10130-0150

Prof. Dr. Martin J. Eppler ist Ordinarius für Kommunikations-management an der Universität St. Gallen und dort Direktor des MCM Instituts sowie des International Study MBA Programmes.
Dr. Sebastian Kernbach ist Leiter des Visual Collaboration Labs und Projekt Manager am MCM Institut für Medien- und Kommunikationsmanagement der Universität St. Gallen.
Dr. Roland A. Pfister ist Leiter der Unternehmenskommunikation der Micarna-Gruppe sowie assoziierter Professor an der IE Business School in Spanien und Dozent an der Universität St. Gallen.

Gedruckt auf chlorfrei gebleichtem, säurefreiem und alterungsbeständigem Papier.

Bibliografische Information der Deutschen Nationalbibliothek: Die Deutsche Nationalbibliothek verzeichnet diese Publikation in der Deutschen Nationalbibliografie; detaillierte bibliografische Daten sind im Internet über http://dnb.d-nb.de abrufbar.

© 2016 Schäffer-Poeschel Verlag für Wirtschaft · Steuern · Recht GmbH
www.schaeffer-poeschel.de
service@schaeffer-poeschel.de

Umschlagentwurf: Goldener Westen, Berlin
Umschlaggestaltung: Malte Belau
(Bildnachweis: soweit nicht anders erwähnt bei den Autoren)
Satz: Dr. Roland A. Pfister

Druck und Bindung: BELTZ Bad Langensalza GmbH, Bad Langensalza

Printed in Germany
Mai 2016

Schäffer-Poeschel Verlag Stuttgart
Ein Tochterunternehmen der Haufe Gruppe

INHALT

VORWORT

„Schreibt Ihr da nicht zum dritten Mal das gleiche Buch – einfach besser?", fragte uns ein guter Freund leicht zynisch, als wir ihm von der Idee des vorliegenden Buches erzählten. Wir hatten mit ‚Sketching at Work' und ‚Creability' zwei Bücher vorgelegt, die zeigen, wie man durch gemeinsames Visualisieren Probleme lösen und kreative Ideen entwickeln kann. Zugegeben, darum geht es auch in diesem Buch.

Was dieses Buch jedoch einzigartig macht, ist, dass wir darin eine innovative Art des visuellen Denkens propagieren, die wir Denken in Stereo nennen. Für dieses dialogische, Sowohl-als-auch-Denken haben wir ein neues „Genre" von Werkzeugen entwickelt, das wir Dynagrams nennen.

Wir glauben, dass Stereodenken und Dynagrams das Potenzial haben, die Art und Weise, wie wir heute in Organisationen Besprechungen abhalten, fundamental zu verändern: nämlich weg von starren Präsentationsritualen und halbherzigen Meinungsrunden hin zu intensiven, interaktiven gemeinsamen Denk-, Entscheidungs- und Handlungsräumen.

Eine derartige Veränderung scheint uns dringend notwendig, angesichts einer noch nie da gewesenen Dynamik, Unsicherheit und Komplexität in Wirtschaft und Gesellschaft – und angesichts der Tatsache, dass Besprechungen heute meist noch gleich ablaufen wie vor 30 Jahren. In der heutigen Zeit reicht es nicht, Ausschnitte der Realität statisch auf eine Präsentationsfolie zu bannen, diese mit weiteren Ausschnitten verbal zu ergänzen, dann das Ganze in den Köpfen der Beteiligten wirken zu lassen und auf eine möglichst gute Diskussion und Entscheidung zu hoffen. Wir brauchen neue Werkzeuge für ein neues Denken.

Diese Werkzeuge sollten dabei mindestens zwei Anforderungen erfüllen: Erstens sollten sie berücksichtigen, was wir aus der Forschung (quasi validiert) über Interaktion, Problemlösung und Entscheidungsfindung wissen. Zweitens sollten sie die Anwender dabei nicht überfordern und eine Paralyse durch Analyse vermeiden. Die Werkzeuge sollten mit anderen Worten praxisfreundlich sein. Die Kombination dieser beider Kriterien – Rigorosität und Ergonomie – ist gezwungenermaßen ein Spagat. Doch mit der richtigen (sprich: kompakten und unterhaltsamen) Aufbereitung und mit illustrativen Beispielen, so hoffen wir, können selbst an-

„Man sollte einen Schriftsteller als einen Missetäter ansehen, der nur in den seltensten Fällen Freisprechung oder Begnadigung verdient: Das wäre ein Mittel gegen das Überhandnehmen der Bücher."

FRIEDRICH NIETZSCHE

spruchsvolle Instrumente zügig umsetzbar werden. Wir laden Sie dazu ein, nun selbst zu beurteilen, wie gut uns dieser Spagat in den einzelnen Kapiteln des Buches gelungen ist.

Bei der Verknüpfung von Diagrammtheorie und -praxis haben uns zahlreiche Kollegen und Firmenpartner unterstützt. Viele der Lösungen in diesem Buch sind denn auch im Dialog mit Managern und Spezialisten entstanden oder weiter ausgereift. Wir danken insbesondere Kay Schlaaff von der Kuoni Gruppe, Dr. Anton Bumann von armasuisse, Dr. Andreas Neus und Prof. Dr. Raimund Wildner vom GfK Verein, Dr. Susanne Gärtner, Thomas Peichl und Matthias Hauck von der GfK SE, Valérie Saintot von der Europäischen Zentralbank, Prof. Dr. Michael Hoffmann vom Georgia Insitute of Technology in Atlanta, Markus Aeschimann von Swarovski sowie Martin Bergmann und Claudia Dreiseitel vom Schäffer-Poeschel Verlag für ihre Offenheit, Experimentierfreude und konstruktive Kritik. Zudem danken wir unseren Teamkollegen am MCM Institut der Universität St. Gallen, allen voran Sabrina Bresciani, Andreas Hieronymi, Elitsa Alexander und Lawrence McGrath.

Auch mit diesem Buch, so scheint es uns, haben wir eigentlich erst an der Oberfläche dessen gekratzt, was man Wissensvisualisierung nennen kann: Wenn wir es schaffen, das, was wir im Kopf haben, für andere klar sichtbar zu machen und dies mit ihrem Wissen zu verbinden, dann gibt es kaum ein Problem, das wir nicht lösen können. Dies erfordert jedoch nicht nur neue Methoden, sondern auch die Bereitschaft, sich auf diese einzulassen. Wir hoffen deshalb, dass die hier vorgestellten visuellen Methoden zum Ausprobieren und danach zur regelmäßigen Umsetzung einladen und nicht zuletzt die Erkenntnis weiter verbreiten, dass Diagramme weit mehr sind als nur anschauliche Bilder – nämlich mächtige Werkzeuge für scharfes Denken, effiziente Zusammenarbeit und klare Kommunikation.

Martin J. Eppler, Sebastian Kernbach, Roland A. Pfister, im Mai 2016

Zur Einführung: Eine Einladung zum Denken in Stereo

„Intelligenz beruht auf der Fähigkeit, gleichzeitig

zwei widersprüchliche Ideen im Kopf zu haben

und trotzdem handlungsfähig zu bleiben."

F. SCOTT FITZGERALD

In diesem Buch möchten wir Ihnen eine faszinierende Form des zielgerichteten, gemeinsamen Denkens vorstellen. Es handelt sich dabei um ein grafisches, oder präziser formuliert, *diagrammatisches Denken*, das versucht, Überblick und Details, Zahlen und Ideen, Vergangenheit und Zukunft, Eigen- und Fremdperspektive sowie Kreativität und Rationalität geschickt zu verbinden, um so Probleme – besonders in Gruppen – besser lösen zu können.

Wir nennen diese Art der grafischen Problemlösung Denken in *Stereo*, weil dabei durch die Kombination unterschiedlicher Denkweisen eine Klarheit entsteht, die sich vom normalen, eindimensionalen Denken „in Mono" wesentlich unterscheidet. Ähnlich wie die räumliche Anordnung von Lautsprechern beim Genuss von Musik in Stereo für ein reichhaltigeres Klangerlebnis sorgt, so kann die geschickte Kombination von Darstellungs- und Interaktionsformen zu reichhaltigeren Erkenntnissen führen. Der bekannte Stereoeffekt ist dabei im Kontext der Problemlösung ein *Aha-Effekt*, bei dem durch die Kombination verschiedener Perspektiven neue Erkenntnisse entstehen. Dieser Effekt kann beim gemeinsamen, lauten Denken genauso eintreten wie beim individuellen, stillen Denken.

Der Begriff *stereo* stammt aus dem Griechischen und bedeutet so viel wie *räumlich* oder *fest*. Stereofonie bezeichnet denn auch ein Verfahren, bei dem mithilfe von zwei oder mehreren Schallquellen (z.B. Lautsprechern) ein räumlicher Schalleindruck beim Hören erzeugt wird. Analog dazu können wir uns eine visuelle Arbeitstechnik vorstellen, bei der mittels einer oder mehrerer Darstellungsformen ein umfassenderes Verständnis ermöglicht wird. Diese visuelle Technik für das Denken in Stereo nennen wir Dynagrams – ein englisches Kunstwort für dynamische Diagramme.

Mit unserem Ansatz der Dynagrams bieten wir *feste* (d.h. gleichbleibende und Orientierung gebende) räumliche Strukturen für das zielgerichtete Denken an, die jedoch gleichzeitig eine hohe *Flexibilität* aufweisen. Dynagrams sind bewährte visuelle Problemlösungsschablonen, die sich unserem Denk- und Dialogprozess situativ anpassen. Sie ermöglichen es uns, gemeinsam und multiperspektivisch über ein Problem nachzudenken, und den Denk- und Gesprächsfortschritt dabei sofort grafisch abzubilden. Das systematische Nachdenken über ein Problem wird so clever verknüpft mit dem effizienten *Management des Gespräches* über das Problem.

Denken in Stereo ist mit anderen Worten die Fähigkeit einer Person oder einer Gruppe, gleichzeitig in unterschiedliche Richtungen denken zu können. Um ein Problem zu lösen, so unser Credo, muss man sich von *ihm lösen*, indem man parallel in verschiedenen Denkmodi arbeitet. Bei unserem Ansatz der Dynagrams ist dies immer mindestens ein *grafischer Modus* (z.B. durch die Entwicklung, Befüllung oder Bearbeitung eines Diagramms) sowie ein *mentaler* bzw. *kommunikativer* Modus (z.B. das Betrachten oder Erörtern des resultierenden Bildes). In der Psychologie wird dieser

Vorgang, in Anlehnung an Arthur Koestler, auch als Bisoziation bezeichnet: Zwei vormals getrennte Aktivitäten oder Konzepte werden neu zusammen und als Einheit gedacht. In unserem Fall des Stereodenkens heißt dies z.B., dass *Sprechen* und *Zeichnen* neu eine Einheit bilden. Wir verknüpfen also das rein abstrakte Überlegen mit anschaulichem Gestalten und grafischem Ausprobieren. Dies ermöglicht uns ein schärferes Denken sowie eine klarere Kommunikation untereinander.

In Anlehnung an die Erkenntnisse der Hirnforschung bezüglich der unterschiedlichen Spezialisierung unserer beiden Hirnhemisphären, kann man die Grundidee von Stereodenken plakativ auch wie in Abbildung 1 darstellen: Während unsere linke Hirnhälfte souverän mit Zahlen, Details und Fakten umgehen kann und diese schrittweise nacheinander verarbeitet, ist unsere rechte Hirnhälfte eher auf Bilder, Intuitives und Kreatives spezialisiert. Sie versucht, einen Überblick zu erreichen und verarbeitet mehrere Dinge parallel. Die bewusste Verknüpfung beider Denkarten ist ein Denken in Stereo.

Denken in Stereo verknüpft also unterschiedliche Denkweisen. Eine derartige Bisoziation ist ein Schlüssel für kreative Problemlösung und Innovation und steht generell für die enge Verbindung von radikal unterschiedlichen Ansätzen. Was bisher getrennt gedacht wurde, z.B. das Verändern eines Diagramms und der Richtungswechsel eines Gespräches, wird nun als Einheit neu konzipiert und praktiziert.

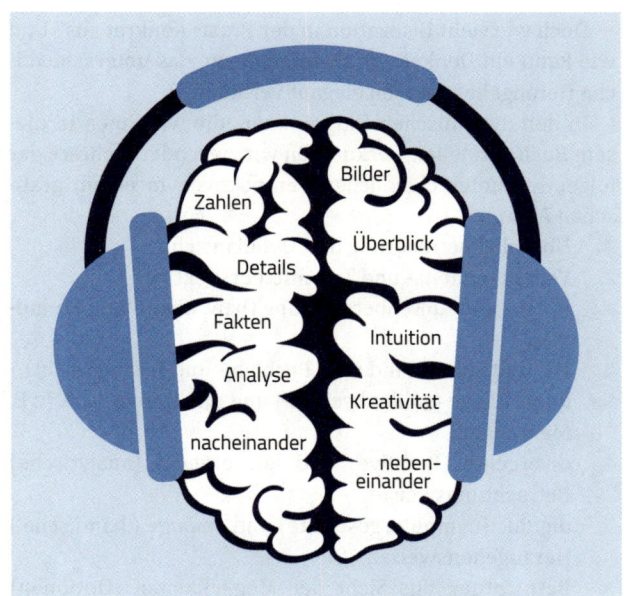

Abbildung 1: Denken in Stereo als ganzheitliches Denken

Das Ziel dieses Buches, ein Denken in Stereo zu ermöglichen, ist dabei selbst das Resultat einer Bisoziation: Ein Hörphänomen (Stereo) wird auf eine visuelle Arbeitsweise (also ein Sehphänomen) übertragen.

Doch wie sieht Bisozation in der Praxis konkret aus? Und wie kann ein Denken in Stereo gelingen, das unterschiedliche Herangehensweisen elegant verbindet?

In den dynamischen Diagrammen, die wir Ihnen in diesem Buch vorstellen, verknüpfen wir zwei oder mehrere der folgenden unterschiedlichen Perspektiven in einem grafischen Ablauf:

1. Überblickbetrachtung und Detailansicht
2. Vergangenheits- und Zukunftsperspektive
3. Innen- und Außenbetrachtung (bzw. Eigen- und Fremdbild)
4. Ist- und Sollzustand (d.h. Problem- und Lösungssicht)
5. quantitative (zahlenbasierte) und qualitative Sicht (z.B. Meinungen)
6. divergente (kreative) und konvergente (analytische) Betrachtungsweise
7. digitale (computergestützte) und analoge (‚händische‘) Herangehensweisen
8. Betrachtung aus Sicht der Möglichkeiten (Optionen) sowie der Grenzen (Restriktionen)

Einige Dynagrams dieses Buches (so etwa das Mintzberg-Diagramm) kombinieren vier oder gar fünf dieser Extreme, um eine umfassendere Betrachtung eines Problems oder einer Situation zu ermöglichen.

Denken in Stereo ist dabei auch und besonders ein *dialogisches* Denken: Durch die dynamischen Diagramme können wir in einen konstruktiven Dialog mit uns selbst oder mit

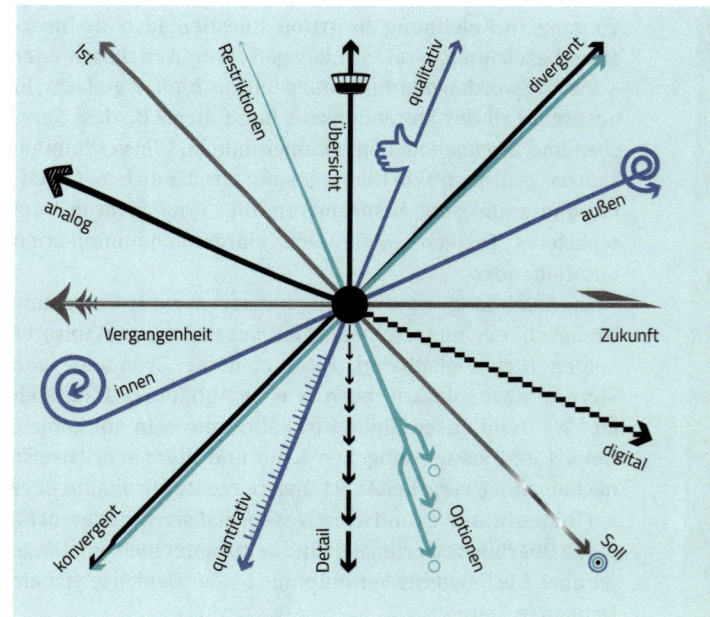

Abbildung 2: Dimensionen des Denkens in Stereo

anderen treten. Statt einander zu kritisieren, können wir auf die Elemente eines Diagrammes verweisen und diese gemeinsam schrittweise verbessern und so die Komplexität des Dialogs nach und nach erhöhen. Das Diagramm reduziert dabei ein Problem auf die wesentlichen Punkte und stellt diese so dar, dass Lösungsmöglichkeiten *sichtbar und diskutierbar* werden. Es drückt durch seine Dynamik und Veränderbarkeit auch Revidierbarkeit und Vorläufigkeit aus. Anstatt einander dabei direkt persönlich zu attackieren, denken wir zusammen über die nächste Version des gemeinsamen Lösungsdiagrammes nach. Das schafft nachweislich eine bessere, weil konstruktivere, Kooperationsatmosphäre und führt zu produktiveren, weil sachorientierten, Debatten.

Wir glauben, dass ein derartiges Denken in Stereo gerade für die heutige VUKA-Ära unabdingbar ist. VUKA ist dabei eine Abkürzung des American War College, welche den Umstand zusammenfasst, dass die heutige Welt hochgradig *volatil, unsicher, komplex und ambivalent* (mehrdeutig) ist. Um in einer solch turbulenten und komplizierten Welt bestehen zu können, braucht es VUKA-Kompetenzen, nämlich eine starke gemeinsame Vision, ein adäquates Umfeldverständnis, Klarheit (etwa über Prioritäten und Abhängigkeiten) und Agilität (im Sinne von Reaktionsfähigkeit). Dies sind vier Eigenschaften, welche durch Dynagrams und die Dialoge, welche sie ermöglichen, stark gefördert werden.

Denn: Die Diagramme schaffen durch ihre Bildlichkeit eine gemeinsame Vision. Sie ermöglichen durch die Integration des Wissens der Beteiligten ein verbessertes gemeinsames Verständnis des Umfeldes. Sie bringen Komplexität durch ihre Modellierungsfunktion klar auf den Punkt, und sie ermöglichen es, durch ihre Veränderbarkeit agil zu bleiben und mittels Szenarien auf mögliche Eventualitäten vorbereitet zu sein.

In diesem Sinne ist ein Denken in Stereo auch eine mögliche Antwort auf die *Komplexitätsherausforderung*, die uns alle tagtäglich beschäftigt. Nur durch die *gemeinsame* Betrachtung eines Problems aus gleichzeitig unterschiedlichen *Perspektiven* gelingt es uns, wirklich tragbare Lösungen zu entwickeln. Zudem helfen uns die visuellen Werkzeuge des Stereodenkens auch, in einer Zeit immer größerer Ablenkung den *Fokus* zu finden und zu halten – uns wirklich zu konzentrieren – und später wieder rasch zu bisherigen Gedankengängen zurückzufinden. Ein Denken in Stereo ermöglicht, wie oben erwähnt, ein schrittweises Erhöhen der Komplexität – von einer einfachen Schablone bis zu einer mehrstufigen Grafik – ohne einander dabei zu überfordern. Was bei Folienpräsentationen leider oft der Fall ist.

Natürlich sind wir nicht die Ersten, die ein derartiges ‚multiperspektivisches Denken' vorschlagen. Begriffe wie hybrides, ganzheitliches, gestalterisches (Design Thinking) beidhändiges (‚ambidexteres'), langsames (nach Daniel Kahneman) oder integratives Denken kursieren seit einiger Zeit in der Managementliteratur. Neu an unserem Ansatz sind die Verwendung von dynamischen Diagrammen auf Basis der jüngsten Diagrammforschung sowie eine pragmatische Herangehensweise, welche Handzeichnungen situativ mit interaktiver Computergrafik kombiniert.

Geben Sie dem Denken in Stereo eine Chance und erleben Sie, dass ein Problemlösen mit dynamischen Diagrammen ungeahnte Lösungsreserven mobilisieren kann. Wie dies erreicht werden kann und welchen Hintergrund man dazu benötigt, beschreiben wir im nächsten Kapitel.

Weitergedacht

Zu Arthur Koestlers Ansatz für Kreativität und dem Konzept der Bisozation:
_ Koestler, Arthur (1966). Der göttliche Funke. Der schöpferische Akt in Kunst und Wissenschaft, Bern: Scherz.
Zu Vorläufern des Denkens in Stereo:
_ Eppler, M.J., Kernbach, S. (2015). Dynagrams – Enhancing Design Thinking through Dynamic Diagrams. In Brenner, W., Übernickel, F. (Hrsg). Design Thinking for Innovation. Heidelberg: Springer.
_ Martin, R. L. (2009). The Opposable Mind: How Successful Leaders Win Through Integrative Thinking. Boston: Harvard Business School Press.
_ Maier, J. (2015). The Ambidextrous Organization. New York: Palgrave Macmillan.
_ Übernickel, F., Brenner, W., Naef, T., Pukall, B., Schindlholzer, B. (2015). Design Thinking: Das Handbuch. Frankfurt: FAZ Verlag.
Zur VUKA-Thematik:
_ Eppler, M.J., Roehl, H., Schumacher, T., Winkler, B. (Hrsg.) (2015). Komplexität kultivieren: das VUCA-Paradigma im Management. Zeitschrift OrganisationsEntwicklung, 4/2015, Düsseldorf: Verlag Handelsblatt Fachmedien.

Hintergrund: Der Dynagrams-Ansatz und seine drei Grundprinzipien

„Diagrammatisches Denken ist das einzig wirklich fruchtbare Denken."

CHARLES S. PEIRCE

Die Idee, Diagramme nicht nur als rein statische Abbildungen zu nutzen, sondern dynamisch mit ihnen zu arbeiten, um komplexe Herausforderungen (gemeinsam) besser meistern zu können, ist eigentlich eine altbekannte:

Bereits *Euklid* löste im dritten Jahrhundert vor Christus mathematische Fragestellungen durch die Verschiebung, Rotation oder Überlagerung von Diagrammkomponenten (in seinem Buch ‚Elemente‘). Vor ihm nutzte auch schon der griechische Philosoph *Platon* die Dynamik eines Diagramms zur Erkundung einer Analogie bzw. eines Gedankenexperimentes (im berühmten Dialog Menon).

Im Mittelalter ersann der mallorquinische Philosoph und Logiker *Ramon Lull* gar ein ganzes System von dynamischen (rotierbaren) Diagrammen zur Beantwortung aller möglicher existenzieller Fragen – doch leider scheiterte er am Ausmaß seiner Ambition. Und natürlich nutzte auch *René Descartes* im 17. Jahrhundert sein gleichnamiges Koordinatensystem in einer dynamischen Weise, um Algebra und Geometrie zu verbinden. Kurz nach ihm tat dies auch *Gottfried Wilhelm Leibniz*, der dynamische Diagramme für die Kombinatorik nutzte. Auch in der Logik werden seit dem 18. Jahrhundert dynamische Diagramme in der Form von (dynamisch eingefärbten) Kreisen verwendet. Die bekanntesten Beispiele hierfür sind wohl das Euler-Diagramm (benannt nach dem Schweizer Mathematiker) sowie ihre Weiterentwicklung im 19. Jahrhundert durch den Cambridge Professor *John Venn* – das Venn-Diagramm.

Schließlich nutzen viele weitere Disziplinen dynamische Diagramme, so etwa seit mehr als hundert Jahren auch die Ökonomen, z.B. in der Form von dynamischen Markt- oder Preis-Mengen-Diagrammen. In dieser ursprünglich von *Alfred Marshall* entwickelten Diagrammtechnik können z.B. die Effekte von Preisänderungen auf die Nachfrage visuell und dynamisch aufgezeigt werden. Viele weitere ökonomische Diagramme entstanden seither und erklären etwa die Auswirkungen von Einkommenszuwächsen oder geldpolitischen Maßnahmen. Ökonomen sind es gewohnt, durch das Verschieben von Linien neue Gedanken zu entwickeln, zu diskutieren und so neue Thesen auszuprobieren.

Relativ neu ist die Übertragung dieser dynamischen, geometrischen Vorgehensweise auf alltägliche Herausforderungen und auf Organisations- bzw. Managementkontexte. Obwohl Menschen in Organisationen schon seit einiger Zeit quantitative (das heißt zahlenbasierte) und qualitative (konzeptionelle) Diagramme für die Darstellung von Plänen oder Problemen nutzen, tun sie dies doch meist in recht statischer Weise. Das typische Geschäftsdiagramm zeigt *einen* Sachverhalt oder *eine* Meinung und wird nicht als *flexibles, veränderbares gemeinsames Denkwerkzeug* eingesetzt. Dies aber ist genau die Grundidee unseres Buches: gemeinsam schärfer denken, effizienter zusammenarbeiten und klarer kommunizieren durch dynamische Diagramme.

Ein rotierbares Diagramm nach
Ramon Lull

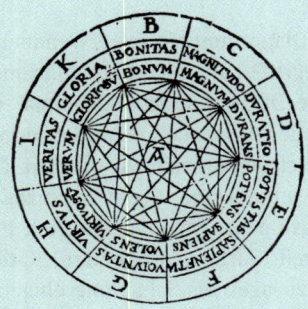

Zwei einfache Euler-Diagramme

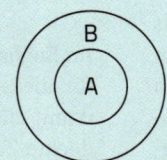

Alle A sind B

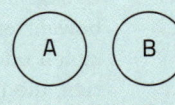

Kein A ist B

Das ökonomische Preis-Mengen-
Diagramm nach Marshall

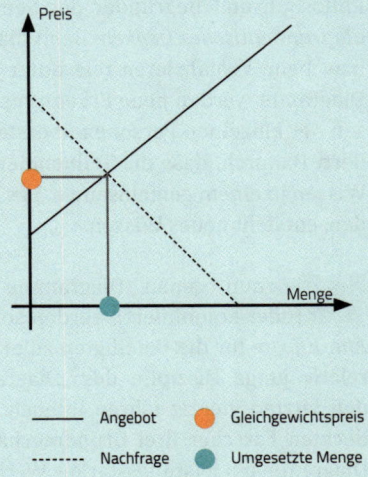

Abbildung 3: Drei historische Beispiele dynamischer Diagramme

Der englische Begriff Dynagram – ursprünglich geprägt an der Universität Stanford – bezeichnet dabei eine relativ kompakte (schematische) grafische Darstellung von Informationen, die dynamisch verändert werden kann, um den Verlauf einer Diskussion oder eines gemeinsamen Denkprozesses direkt widerzuspiegeln. Aus der Interaktion einer Gruppe mit dem Diagramm entstehen dabei neue Einsichten. Dieses Phänomen bezeichnete der US-amerikanische Logiker, Philosoph und Begründer der Semiotik *Charles Peirce* als *diagrammatisches Denken*. Beim diagrammatischen Denken bzw. beim Visualisieren relevanter Informationen in einem Diagramm werden neue Erkenntnisse sichtbar, die das Wissen der einzelnen Personen übersteigt. Oder anders formuliert: Dadurch, dass die Teilnehmer einer Besprechung ihr Wissen in einem gemeinsamen, passenden Diagramm abbilden, entsteht neues Wissen.

Wie nun genau Diagramme dynamisch verändert (oder kombiniert) werden sollen, um möglichst viele *Aha-Effekte* für die Beteiligten zu ermöglichen, hat die noch relativ junge Disziplin des „Diagrammatic Reasoning" in den letzten vierzig Jahren intensiv untersucht. Dabei entdeckten Forscher drei Grundmechanismen, die aus einem Diagramm ein leistungsstarkes Werkzeug zur gemeinsamen Problembewältigung machen. Diese drei Prinzipien möchten wir Ihnen nachfolgend kurz vorstellen, denn sie stellen

sozusagen den Baukasten aller in diesem Buch vorgestellten Dynagrams dar.

Die drei Grundprinzipien des diagrammatischen Denkens sind:

1. Schablonen-Prinzip: Ein gutes Dynagram besteht aus einer bewährten, klärenden Struktur.

Im Englischen bzw. in der Diagrammtheorie verwendet man für dieses Prinzip den Begriff „Law Encoding". Man meint damit die Fähigkeit einer Diagrammtechnik, einmal entdeckte Zusammenhänge oder passende Lösungsstrukturen in einer visuellen Vorlage clever nutzbar zu machen. Gute Dynagrams basieren auf entdeckten Gesetzmäßigkeiten, bewährten Problemlösungsmechanismen, validierten Prinzipien oder nützlichen (weil Klarheit bringenden) Kategorien, die im Diagramm sozusagen als Schablone eingebaut sind. Der Clou an einem Diagramm ist ja gerade die Reduktion auf einige wenige relevante Aspekte; da ist es wichtig, dass diese Aspekte auch die hilfreichsten sind – z.B. indem das Diagramm das behandelte Thema in trennscharfe, leicht merkbare Bereiche unterteilt. Bei der Benutzung eines Dynagrams bleibt einem dann gar keine andere Wahl, als diese bewährten Lösungsmechanismen oder Faktoren anzuwenden. Wir symbolisieren dieses wichtige Prinzip mit einem Pfeil, der an ein Ausrufezeichen – verstanden als Imperativ – erinnert.

Um ein Dynagram nach diesem Prinzip zu beurteilen, muss man sich also folgende Frage stellen:

Nutzt das dynamische Diagramm eine bewährte hilfreiche Struktur (eine validierte Schablone), um ein Thema grafisch klar darzustellen?

 2. **Das Leitfaden-Prinzip: Ein gutes Dynagram unterstützt ein Gespräch oder den eigenen Denkprozess produktiv.**

Dieses Prinzip wird in der Fachsprache als „Representational Guidance" oder grafische Anleitung bezeichnet. Gute Dynagrams können so entwickelt bzw. gezeichnet werden, dass sie den gemeinsamen Gesprächs- oder Gedankenfluss optimal unterstützen und anzeigen, worüber als Nächstes gesprochen werden sollte. So führen gute Diagramme etwa von einem *Überblick in die Details* oder starten mit dem was einfach ist, bevor sie zum schwierigen Teil übergehen. Eine komplexe Situation wird so schrittweise geklärt. Oder einfacher formuliert: Der schrittweise Zeichnungsprozess des Dynagrams entspricht den Phasen eines guten Gesprächs über das Problem. Ein gutes Dynagram zeigt übrigens auch, worüber man noch nicht (ausreichend) geredet hat, aber noch sprechen sollte, z.B. durch nach wie vor leere Bereiche im Diagramm. Wir symbolisieren dieses Prinzip durch einen Pfeil in Frageform der im (Schluss-) Punkt bzw. einer Antwort endet. Durch das Diagramm wird einem also ein Leitfaden vorgegeben, in welcher Reihenfolge man welche Fragen besprechen oder bedenken sollte.

Die entsprechenden Kontrollfragen für die Beurteilung eines Dynagrams sind dabei die zwei folgenden:

Entsprechen die Entwicklungsschritte des Diagramms den Diskussionsschritten, die zur Verständigung über das Thema führen? Zeigt einem das Diagramm, worüber man noch nicht geredet hat bzw. worüber man noch sprechen oder nachdenken sollte?

3. Das Einblick-Prinzip: Ein gutes Dynagram zeigt einem nach der Benutzung auf einen Blick etwas Neues und Relevantes.

Bei diesem Prinzip handelt es sich um die wohl spannendste Erkenntnis der Diagrammforschung der letzten 20 Jahre. Es heißt im Original „Free Ride" oder auch ‚Derivative Meaning', was so viel wie Gratisfahrt oder abgeleitete Bedeutung heißt. Dieses Prinzip besagt, dass ein gutes Dynagram einem nach seiner Benutzung auf einen Blick einen Mehrwert in Form einer neuen Erkenntnis liefern sollte. Ein gemeinsam konstruiertes Dynagram sollte also einen *Aha-Effekt* liefern, indem es durch die clevere Anordnung von Informationen neue Muster sichtbar macht. Es gewährt einen raschen Einblick in das Thema oder Problem, den es vor der Darstellung so noch nicht gegeben hat. Besonders wertvoll sind diese Einblicke natürlich, wenn sie auch konkrete Lösungs- bzw. Handlungsmöglichkeiten erschließen. Wir symbolisieren dieses Prinzip im Buch als (Geistes-) Blitz, der dann auf den Punkt kommt.

Bei der Beurteilung des Mehrwerts eines Dynagrams sollten wir uns demnach folgende Frage stellen:

Lernt man durch die Nutzung des Diagramms etwas Wichtiges, das auf einen Blick erkennbar ist?

Diese drei Prinzipien aus der jüngeren Diagrammforschung können wir in vielfältiger Weise verwenden, um in Stereo zu denken und aus einem Dynagram das Beste herauszuholen. Die Prinzipien verdeutlichen, dass ein wirklich gutes dynamisches Diagramm gleichzeitig ein Stellgerüst für Sinnvolles ist (also eine nützliche Schablone zur Verfügung stellt), einen Leitfaden für Dialoge darstellt (also das Gespräch leitet und abbilden kann) und als eine Art *Erkenntnismaschine* wirken sollte (zu Aha-Effekten führen sollte).

Anhand eines einfachen Fischgräte-Diagramms können wir die Funktionsweise und das Zusammenspiel dieser drei Prinzipien illustrieren.

Dieses altbekannte Projekt- und Qualitätsmanagement-Diagramm – nach seinem Erfinder auch Ishikawa-Diagramm genannt – stellt eine erprobte Schablone dar, um sich gemeinsam Gedanken darüber zu machen, welche Faktoren zum Scheitern eines Vorhabens führen können: Die sechs mit M beginnenden Gräten stellen dabei sicher, dass man nicht in Mono denkt, sondern ganz verschiedene Einflussfaktoren berücksichtigt, vom Menschen und seiner Umgebung (Milieu oder Mitwelt genannt), über die genutzten Methoden und das Management, bis hin zum verwendeten Material und den eingesetzten Maschinen (oder Medien). Dieses breite Suchraster stellt eine leicht merkbare Schablone dar, die das Thema in trennscharfe und relativ umfassende Unterpunkte aufteilt und zwar so, dass es einfach möglich ist, Unterpunkte

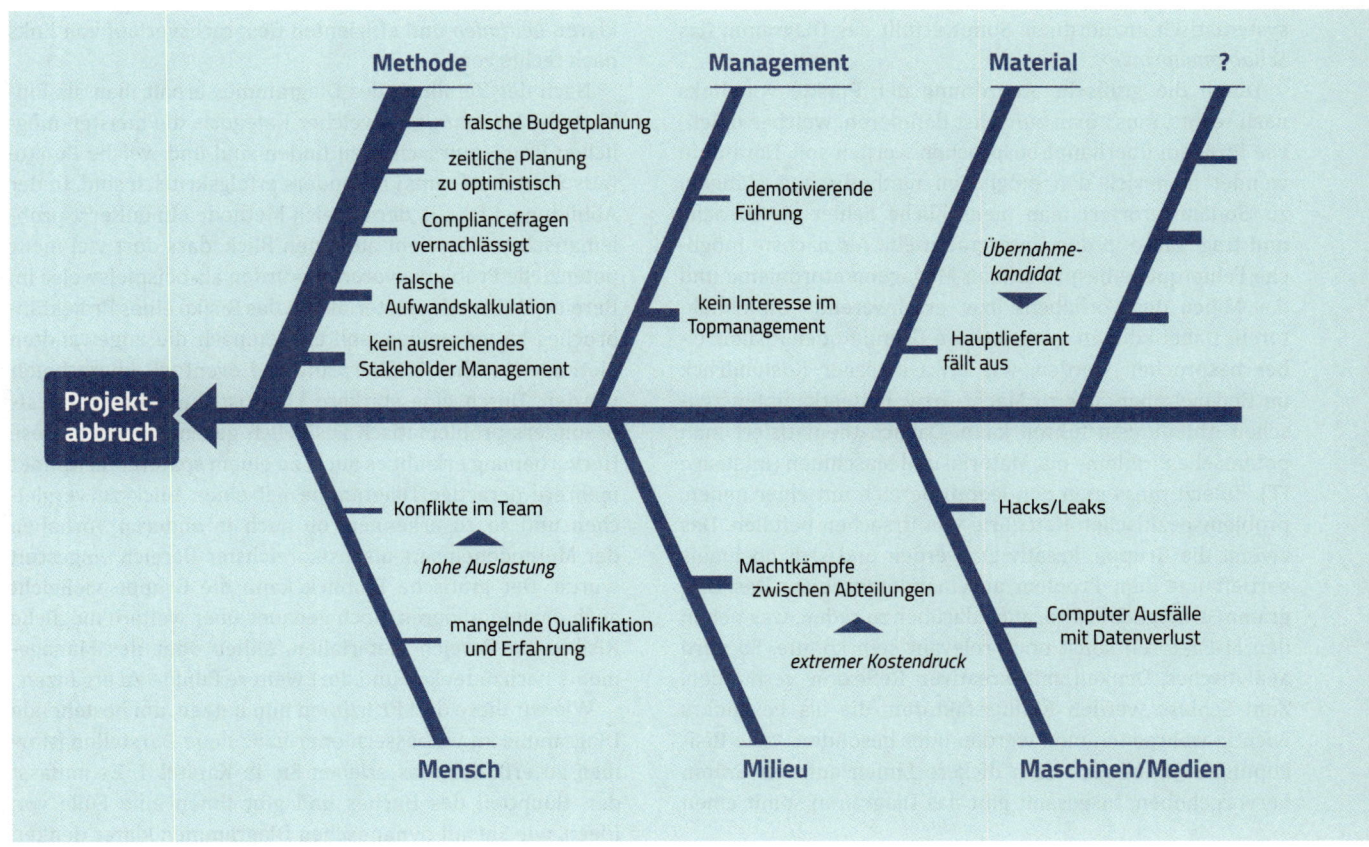

Abbildung 4: Ein einfaches Ishikawa-Diagramm zur Illustration der drei Prinzipien

systematisch anzuordnen. Somit erfüllt das Diagramm das *Schablonenprinzip*.

Durch die grafische Anordnung der Punkte von links nach rechts, muss man zunächst definieren, welches mögliche Problem überhaupt besprochen werden soll. Daraufhin wendet man sich den möglichen methodischen Mängeln zu. Sodann erörtert man menschliche Fehler als Ursache und trägt diese in den Untergräten ein. Als nächste mögliche Fehlerquelle bespricht man Managementprobleme und das Milieu des Vorhabens bzw. erschwerende Umfeldfaktoren. Dabei können auch weitere Gründe oder Risikotreiber besprochen werden, wie etwa externer Kostendruck im Beispiel oben, der zu Macht- bzw. Budgetkämpfen zwischen Abteilungen führen kann. Danach thematisiert man potenzielle Probleme mit Material und Maschinen (inklusive IT). Zuletzt muss man den leeren Bereich mit einer neuen, problemspezifischen Kategorie von Ursachen befüllen. Das zwingt die Gruppe, kreativ zu werden und sich nochmals vertieft mit dem Problem auseinanderzusetzen. Das Diagramm ermöglicht es so, auch darüber zu reden, was neben den M-Faktoren sonst noch relevant sein könnte. So wird analytisches Denken mit kreativer Reflexion verbunden. Zum Schluss werden Einflussfaktoren, die als besonders wichtig wahrgenommen werden oder besonders viele Risikopunkte enthalten, durch dickere Linien auf den Gräten hervorgehoben. Insgesamt gibt das Diagramm somit einen klaren *Leitfaden* und effizienten Gesprächsverlauf von links nach rechts vor.

Nach der Befüllung des Diagrammes erhält man als Einblick die *Erkenntnis*, in welcher Kategorie die meisten möglichen Problemursachen zu finden sind und welche Punkte (aus Sicht des Teams) besonders erfolgskritisch sind. In der Abbildung 4 ist z. B. der Bereich Methode ein äußerst problematischer. Man sieht auf einen Blick, dass dort viel mehr potenzielle Probleme verortet wurden als beispielsweise im Bereich Milieu oder Material. Um das Risiko eines Projektabbruches zu vermeiden, sollten demnach die angewandten Methoden nochmals überprüft und eventuell überarbeitet werden. Durch eine stärkere Linie ist diese Kategorie als besonders problematisch zusätzlich gekennzeichnet. Diese Hervorhebung erlaubt es auch, zu einem späteren Zeitpunkt mehrere derartige Diagramme auf einen Blick zu vergleichen und so zu erkennen, ob auch in anderen Vorhaben der Methodeneinsatz als risikoreichster Bereich eingestuft wurde. Der grafische Einblick kann die Gruppe vielleicht auch dazu motivieren, noch genauer über weitere mögliche Risiken im Bereich Materialien, Milieu oder des Managements nachzudenken und dort weitere Punkte zu ergänzen.

Wie wir diese drei Prinzipien nun nutzen, um bestehende Diagramme zu verbessern oder ganz neue Darstellungsformen zu erfinden, das erleben Sie in Kapitel 4. Es umfasst den Hauptteil des Buches und gibt Ihnen eine Fülle von Ideen, wie Sie mit dynamischen Diagrammen klarer denken und kommunizieren und so auch besser zusammenarbeiten können. Zunächst möchten wir Ihnen die Nutzung von Dynagrams in konkreten Arbeitssituationen näher bringen und zwar in Form einiger typischer Anwendungsbeispiele.

Weitergedacht

Zu Ramon Lulls dynamischen Diagrammen:
_ Gardner, M. (1992). Logic Machines and Diagrams. Chicago: University of Chicago Press.

Zu Platons Gebrauch eines dynamischen Diagrammes:
_ Menon. In Wikipedia. Erhältich online unter https://de.wikedia.org/wiki/Menon, abgerufen am 14.Dezember 2015.
_ Hoffmann, M.H. (2003). "Diagrammatic Reasoning" as a solution to the learning paradox. In Debrock, G. (Hrsg.) Process Pragmatism. Amsterdam: Rodopi.

Zum diagrammatischen Denken generell und bei Peirce:
_ Glasgow, J., Narayanan, N.H., Chandrasekaran, B. (1995). Diagrammatic Reasoning: Cognitive and Computational Perspectives. Boston: MIT Press.
_ Hoffmann, M.H. (2003). "Diagrammatic Reasoning" as a solution to the learning paradox. In: Debrock, G. (Hrsg) Process Pragmatism. Amsterdam: Rodopi, 121-143.

Zum Schablonenprinzip:
_ Cheng, P.C.H. (1999). Interactive Law Encoding Diagrams for learning and instruction. Learning and Instruction, 9(4), 309-325.
_ Cheng, P.C.H. (2011). Probably Good Diagrams for Learning: Representational Epistemic Recodification of Probability Theory. Trends in Cognitive Science, 3(3), 475-498.

Zum Leitfadensprinzip:
- Suthers, D.D. (2001). Towards a Systematic Study of Representational Guidance for Collaborative Learning Discourse. Journal of Universal Computer Science, 7(3), 254-277.
- Suthers, D.D., Hundhausen, C.D. (2003). An Experimental Study of the Effects of Representational Guidance on Collaborative Learning Processes. The Journal of the Learning Sciences, 12(2), 183–218.

Zum Einblickprinzip:
- Bauer, M.I., Johnson-Laird, P. N. (1993). How diagrams can improve reasoning. Psychological Review, 4(6), 72-378.
- Larkin, J.L., Simon, H. (1987). Why a diagram is (sometimes) worth Ten Thousand Words. Cognitive Science, 11(1), 65-100.
- Shimojima, A. (1996). Operational constraints in diagrammatic reasoning. In Allwein, G. & Barwise, J. (Hrsg.), Logical reasoning with diagrams. Oxford: Oxford University Press, 27-48.
- Shimojima, A. (1999). Derivative Meaning in Graphical Representations. Proceedings of the 1999 IEEE Symposium on Visual Languages, IEEE, 212–219.

Zur Diagrammforschung generell:
- Purchase, H.C. (2014). Twelve Years of Diagram Research. Journal of Visual Languages and Computing, April Edition, 57-75.

Fallbeispiele: Dynamische Diagramme in der praktischen Anwendung

„Wenn Du Menschen eine neue Art des Denkens vermitteln möchtest, dann gib ihnen ein neues Werkzeug – dessen Gebrauch wird zu neuen Denkweisen führen."

BUCKMINSTER FULLER

Wie sieht Denken in Stereo ganz praktisch aus und wie fängt man damit an, ein Diagramm zu „dynamisieren" (d.h. schrittweise zu verändern und dabei seine Perspektiven zu verändern)? Lassen Sie uns dies anhand einiger einfacher Eingangsbeispiele erläutern. Sie werden sehen, dass Sie bereits mit wenigen Strichen ein Dynagram erstellen können, das Ihnen dabei hilft, die Komplexität einer Situation besser zu bewältigen. So erlangen Sie Schritt für Schritt mehr Klarheit, können eine Situation besser beurteilen und sind motiviert, die nächsten Schritte anzugehen.

Beispiel 1: Die Arbeitssituation überdenken in drei Schritten

Stellen Sie sich folgende Situation vor: Einer Ihrer Arbeitskollegen ist unzufrieden mit der Gesamtsituation an seinem Arbeitsplatz, kann jedoch nicht genau sagen, woran dies liegt. Immer wieder äußert er sich negativ über seine Arbeit und dies gegenüber Ihnen, weiteren Freunden sowie im Kreis der Familie.

Nun kommen Sie auf ihn zu und bitten ihn, sich zehn Minuten Zeit zu nehmen. Er soll eine horizontale Linie zeichnen und unter der Linie die Dinge notieren, die er an seinem Arbeitsplatz schlecht findet. Über der Linie soll er Aspekte notieren, die er an seinem Arbeitsplatz schätzt. Danach schaut Ihr Arbeitskollege auf sein Blatt Papier und erkennt, dass es gar nicht so schlecht um ihn bestellt ist, denn neben einigen negativen Dingen erkennt er auch vier positive Dinge, die ihm zuvor so nicht bewusst waren (siehe Abb. 5, linke Darstellung).

Dann bitten Sie Ihren Kollegen, ein neues Blatt Papier zu nehmen und auf diesem neben der horizontalen Linie auch eine vertikale Linie zu zeichnen, welche die bereits beschriebenen positiven und negativen Dinge zusätzlich in menschenbezogene und arbeitsbezogene Dinge unterteilt. Ihr Kollege überträgt die Elemente auf das neue Blatt Papier in die vier Felder. Beim Übertragen fallen ihm neue Dinge ein, an die er zuvor nicht gedacht hatte, z.B. die Abteilungsfußballmannschaft. Nun schaut er auf das zweite Blatt Papier und erkennt, dass die positiven Dinge sich vor allem auf Menschen beziehen und die negativen Dinge eher arbeitsbezogen sind. Zudem erkennt er, dass ihn in Bezug auf Menschen eigentlich nur die fehlende Wertschätzung stört und dass in Bezug auf die Arbeit die Weiterbildungsmöglichkeiten positiv sind (siehe Abb. 5, mittlere Darstellung).

Er findet, dass dies eine interessante, eigentlich erfreuliche Erkenntnis ist, die er nach nur kurzer Zeit erlangt hat. Sie bitten ihn nun, einen weiteren Schritt zu machen, damit er nicht nur die aktuelle Situation besser versteht, sondern auch weiß, wo er etwas verändern kann. Sie bitten ihn, jedes Element auf dem Blatt Papier mit einem farbigen Kreis zu markieren. Ein grüner Kreis bedeutet, dass er dieses Element selber direkt oder indirekt beeinflussen kann, ein roter Kreis bedeutet, dass er keinen Einfluss auf diesen Faktor hat.

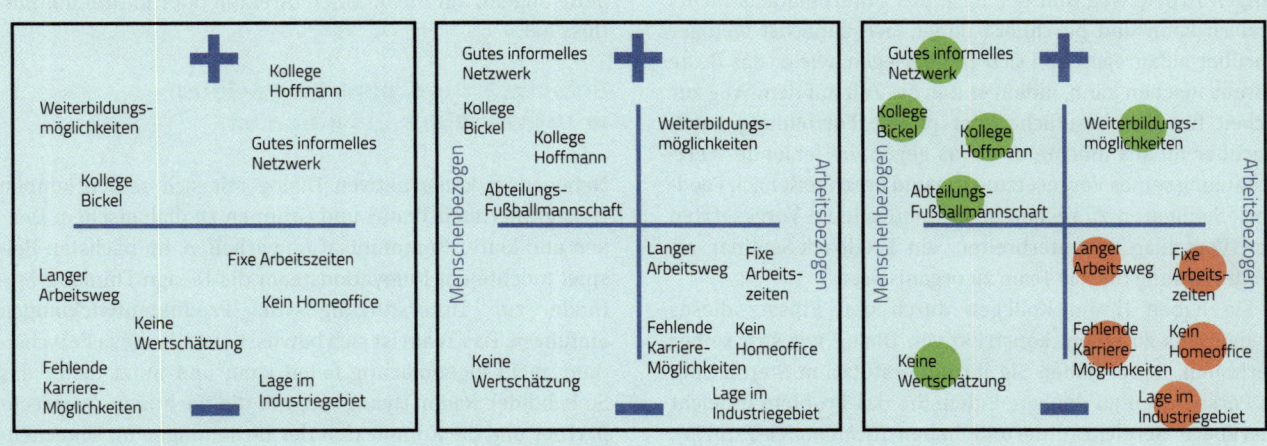

Abbildung 5: Drei Schritte zu mehr Klarheit im Beruf: ein einfaches Dynagram

Ihr Kollege markiert jedes Element in den vier Feldern mit einem grünen oder roten Kreise und ist bei der Ansicht erneut erstaunt (siehe Abb. 5, rechte Darstellung): Jeder der arbeitsbezogenen negativen Aspekte, wie z.B. der lange Arbeitsweg, ist rot markiert und so erkennt er, dass er diese nicht beeinflussen kann. Gleichzeitig erkennt er jedoch auch, dass er alle anderen grün markierten Dinge direkt oder indirekt beeinflussen kann, sogar den einen negativen, menschenbezogenen Aspekt der „fehlenden Wertschätzung". Er ist überrascht: „Obwohl sich ja an der Situation an sich nichts verändert hat, hat sich meine Sicht auf die Situation geändert und das innerhalb von wenigen Minuten. Ich sehe genau, was mich stört und was ich daran ändern kann – und ich sehe es aus einer anderen Perspektive, im Verhältnis zu all den positiven Aspekten." Ihr Arbeitskollege will sich vier der beschriebenen Punkte direkt vornehmen. Ihm wird klar, dass er an dem langen Arbeitsweg und der Lage des Unternehmens nichts ändern kann und beschließt daher, sich zunächst weniger darüber aufzuregen und sich zu überlegen, wie er das Beste daraus machen kann, indem er z.B. die Zeit auf dem Weg zur Arbeit für eine berufliche oder private Fortbildung nutzt. Darüber hinaus möchte er etwas gegen die fehlende Wertschätzung seines Vorgesetzten tun und beschließt nach Feedback-Seminaren zu recherchieren und seinem Vorgesetzten den Vorschlag zu unterbreiten, ein Feedback-Seminar als Weiterbildung für das Team zu organisieren.

Sie haben Ihrem Kollegen durch den Einsatz dieses Dynagrams zu einem konstruktiven Dialog mit sich selber verholfen. Dabei haben Sie ihn unterstützt, in Stereo bzw. in Perspekiven zu denken, indem Sie das Problem in leicht merkbare Bereiche unterteilt haben *(Schablonen-Prinzip)*. Zunächst lag der Fokus auf den negativen und positiven Aspekten, dann wurden diese in arbeitsbezogene und menschenbezogene Aspekte unterteilt und anschließend nach dem eigenen Einflussgrad bewertet. Das schrittweise Vorgehen hat die Komplexität der Situation reduziert und führte zu einem guten Gesprächsfluss *(Leitfaden-Prinzip)*. Am Ende hat Ihr Kollege mehr Klarheit über seine eigene Situation erlangt und konnte mit einem Blick auf das Dynagram erkennen, welche Dinge ihn in Bezug auf seine Arbeit beschäftigen und wie er mit diesen umgehen kann *(Einblick-Prinzip)*. Dies hat zu neuen Handlungen geführt, da er die Dinge besser akzeptiert, die er nicht beeinflussen kann, und die Dinge aktiv angeht, auf die er einen direkten oder indirekten Einfluss hat.

Beispiel 2: Als Gruppe klug agieren – mit Stakeholder-Diagrammen

Neben dem konstruktiven Dialog mit sich selber, können Dynagrams auch Teams und Gruppen zu dialogischem Denken und klarer Kommunikation verhelfen. Im nächsten Beispiel möchte ein Innovationsteam die Design-Thinking-Methode zur Unterstützung von Produktentwicklungen einführen. Das Team ist sich bewusst, dass es diese Entscheidung nicht eigenmächtig fällen kann und nutzt daher das Stakeholder Radar Dynagram, um die wichtigen Ansprechpartner und die Komplexität der Beziehungen im Unternehmen sichtbar zu machen. Das Innovationsteam bearbeitet das Stakeholder Radar Dynagram in drei Schritten.

Im ersten Schritt werden zunächst die wichtigsten Stakeholder nach ihrem Interesse an der Einführung der Design-Thinking-Methode und nach ihrem Involvierungsgrad in die Produktentwicklung verortet. Hierbei macht sich das Team die nützliche Einteilung der verschiedenen Interessenslagen in Gegner, Unsichere, Mitwirkende, und Förderer zu Nutze. Dieses Vorgehen hilft dem Team, sich die verschiedenen Perspektiven bewusst zu machen und zu erkennen, welche Stakeholder welche Perspektive haben. So erkennt das Team bereits nach dem ersten Schritt, dass viele

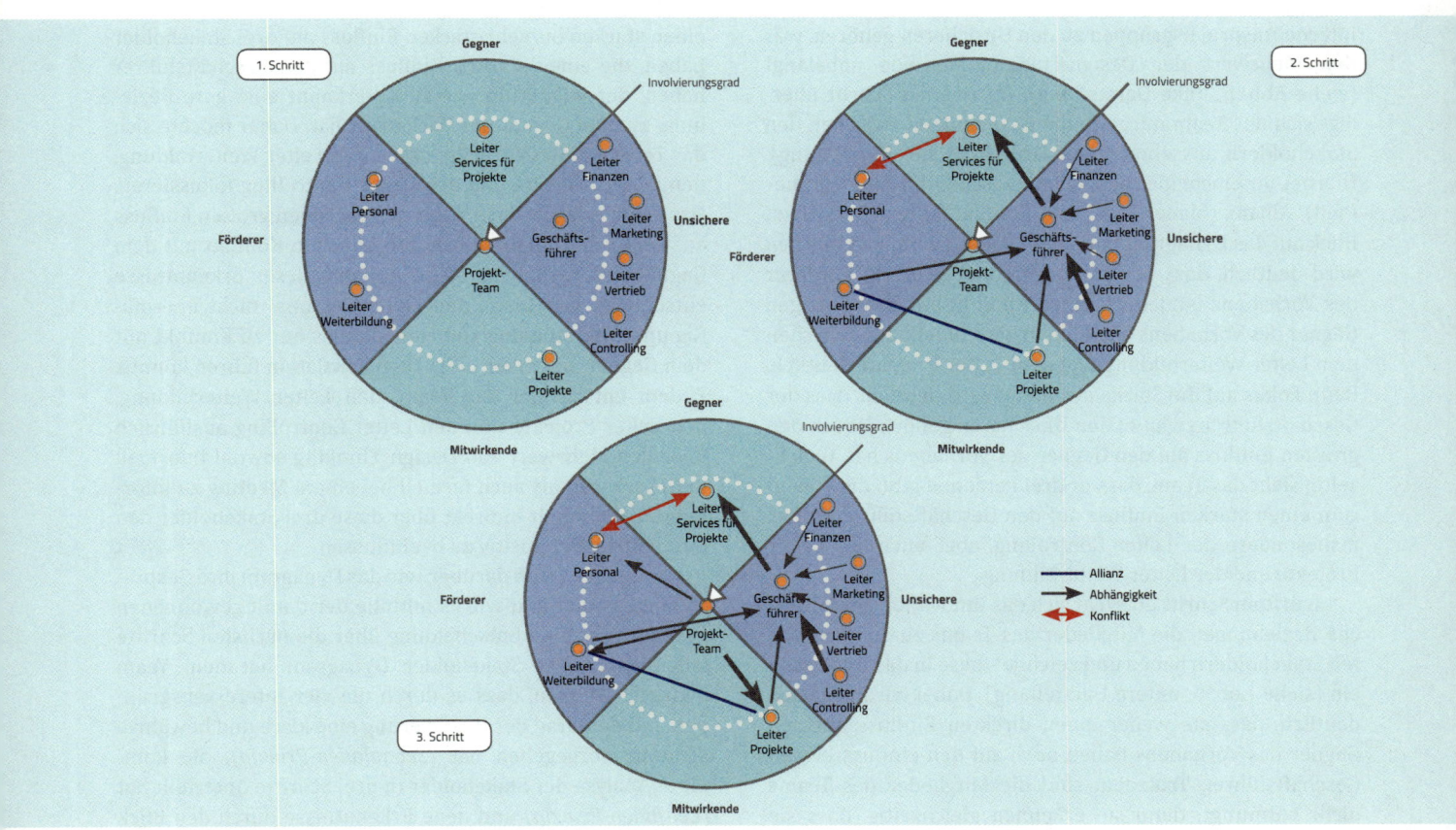

Abbildung 6: Entwicklung eines Stakeholder Radar Dynagrams in drei Schritten

interne Anspruchsgruppen zu den Unsicheren gehören, was den Mehrwert der Design-Thinking-Methode anbelangt (siehe Abb. 6, linke Darstellung). Im zweiten Schritt überlegt sich das Team nun, wie die Beziehungen zwischen den Stakeholdern aussehen (siehe Abb. 6, rechte Darstellung). Hierbei unterscheidet das Team zwischen Einfluss (grauer Pfeil), Allianz (blauer Pfeil) und Konflikt (roter Pfeil). Beim Blick auf das Dynagram mit einem Fokus auf den Pfeilfarben wird deutlich, dass der Leiter Personal zwar ein Förderer des Vorhabens ist, jedoch einen Konflikt mit dem einzigen Gegner des Vorhabens hat. Zudem wird die Allianz zwischen dem Leiter Weiterbildung und dem Leiter Projekte deutlich. Beim Fokus auf die Stärke der Pfeile wird deutlich, dass der Geschäftsführer zwar zu den Unsicheren gehört, jedoch den größten Einfluss auf den Gegner des Vorhabens hat. Gleichzeitig sieht das Team, dass es drei Personen gibt, die wiederum einen starken Einfluss auf den Geschäftsführer haben, insbesondere der Leiter Controlling, aber auch der Leiter Projekte und der Leiter Weiterbildung.

Im dritten Schritt überlegt sich das Innovationsteam, welche Beziehungen die Mitglieder des Teams zu den beteiligten Stakeholdern haben und zeichnet diese in das Dynagram ein (siehe Abb. 6, untere Darstellung). Dabei wird zunächst deutlich, dass sie weder einen direkten Einfluss auf den Gegner des Vorhabens haben noch auf den einflussreichen Geschäftsführer. Trotzdem sind die Mitglieder des Teams nicht entmutigt, denn sie erkennen gleichzeitig, dass sie einen starken bis sehr starken Einfluss auf drei Stakeholder haben, die einen starken Einfluss auf den Geschäftsführer haben, der wiederum wie zuvor erkannt eine gute Beziehung zu dem Gegner des Vorhabens hat. Daher möchte sich das Team auf diese drei Personen, den Leiter Weiterbildung, den Leiter Projekte und den Leiter Controlling fokussieren. Das Team erkennt auch, dass es zwar einen großen Einfluss auf den Leiter Personal hat, der jedoch in Konflikt mit dem Gegner des Vorhabens steht. Anhand dieser Erkenntnisse entscheidet das Team, den Leiter Personal nicht übermäßig um Unterstützung zu beten, da dies nur zu Konflikt mit dem Gegner und einer möglichen Eskalation führen könnte. Zudem entscheidet das Team, den Leiter Weiterbildung, den Leiter Projekte und den Leiter Controlling ausführlich über den Mehrwert von Design Thinking sowohl informell in Gesprächen als auch formell bei einem Meeting zu informieren, um damit indirekt über diese drei Stakeholder den Geschäftsführer positiv zu beeinflussen.

Das Team ist froh darüber, wie das Dynagram ihre Gespräche unterstützt und wie es mithilfe der damit gewonnenen Erkenntnisse eine Entscheidung über die nächsten Schritte fällen kann. Das Stakeholder Dynagram hat dem Team dadurch geholfen, dass es durch die vier Interessensgruppen und den Grad der Involvierung eine klare und bewährte Struktur vorgegeben hat (Schablonen-Prinzip), die komplexe Analyse der Stakeholder in drei Schritte unterteilt hat (Leitfaden-Prinzip) und neue Erkenntnisse durch den Blick auf das Dynagram ermöglicht hat, sodass insbesondere am Schluss des Gesprächs neue Handlungen in Form von nächsten Schritten diskutiert und entschieden werden konnten *(Einblick-Prinzip)*.

Beispiel 3: Klarer argumentieren durch dynamische Visualisierung

Im dritten Beispiel trifft sich eine Gruppe von 15 Mitarbeitern einer internationalen Organisation. Sie wollen die Frage besprechen, ob es sinnvoll wäre, einen besprechungsfreien Wochentag zu definieren, um so die Mitarbeiterinnen und Mitarbeiter von der ständigen Ablenkung durch Meetings zu entlasten. Um diese Lösungsmöglichkeit besser beurteilen zu können, wendet die Gruppe die Technik des Argumenten-Diagramms an.

Durch das Diagramm und seine bewährte *Schablone* (bestehend aus *Fragestellung, Antworten, Argumenten* und *Fakten*) wird das Team geführt und es beginnt, die gemeinsame Fragestellung links einzutragen (Abb. 7). Sodann definiert es die möglichen Antworten (in diesem Fall vorerst einzig ein Ja oder ein Nein). In der dritten Spalte des Diagramms werden dann die Gründe für und gegen ein derartiges Moratorium aufgelistet (und durch ihre Größe gewichtet). Wenn nötig oder möglich, werden vorliegende oder fehlende Fakten situativ in der vierten Spalte zu dem jeweiligen Argument ergänzt. Nach nur 10 Minuten sieht die Gruppe (Dank

des *Leitfadens- und des Einblickprinzips*) so, dass es mehr gewichtige Gründe gegen einen solchen sitzungsfreien Tag gibt als dafür. Es entscheidet sich daher, diese Maßnahme nochmals zu überdenken. Während des gesamten Gespräches wurden dabei Nebenfragen im unteren Teil zur späteren Klärung notiert, sodass das Gespräch fokussiert weiterlaufen konnte.

Durch die einfache und bewährte Struktur dieses Diagramms konnte die Gruppe eine produktive, zielgerichtete Diskussion führen, ohne sich dabei vorschnell in Details zu verlieren. Sie sah zum Schluss des Gespräches auf einen Blick, dass die Nachteile einer solchen Maßnahme klar überwiegen. Da die Gruppe das Diagramm gemeinsam dynamisch entwickelt hatte, gab es ein klares und explizites Einverständnis zur gemeinsamen Entscheidung. Denken in Stereo bedeutete in diesem Fall, eigene Argumente mit denjenigen der Kollegen abzuwägen, sowohl die Vor- wie auch die Nachteile zu gewichten und Nebenfragen von der Hauptfrage zu unterscheiden.

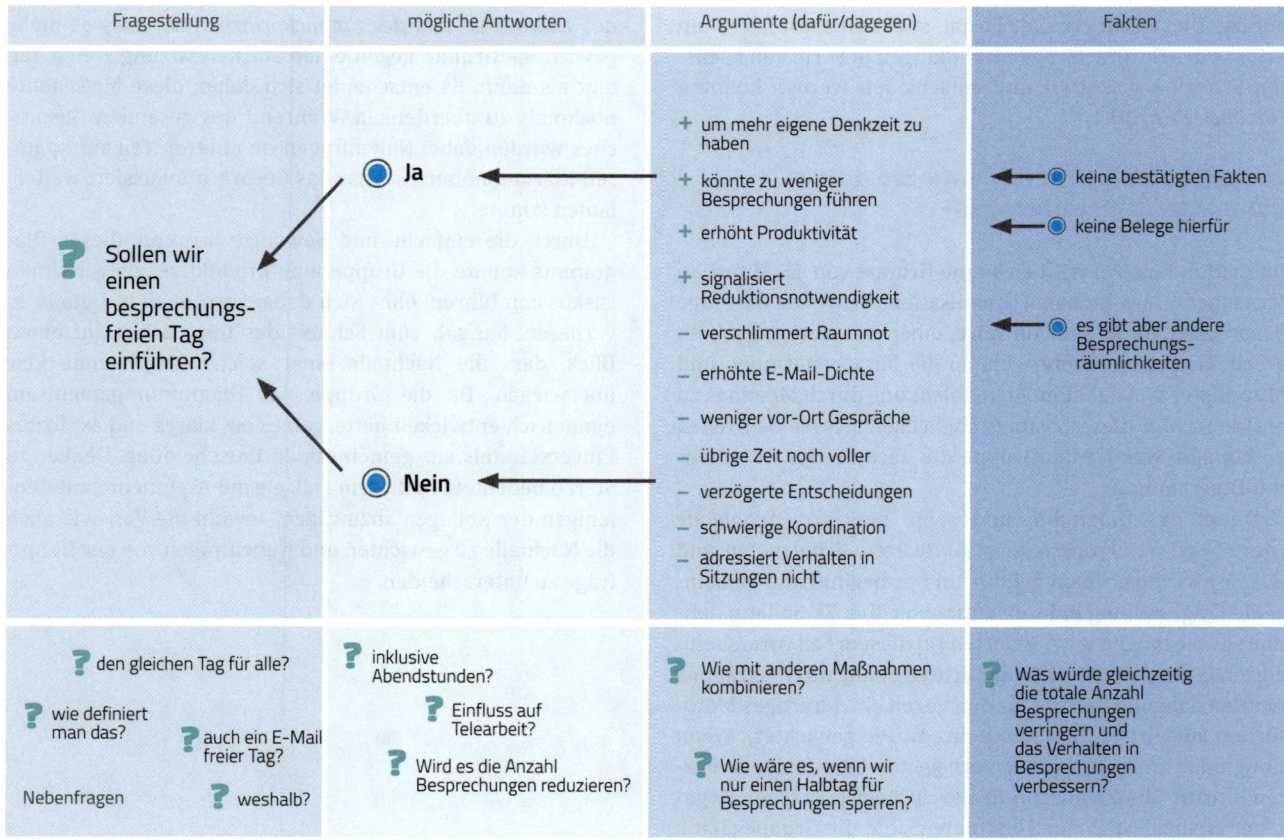

Abbildung 7: Entwicklung eines Argumenten-Dynagrams in vier Schritten (von links nach rechts)

Beispiel 4: Innovationsmöglichkeiten sichtbar machen

Im vierten Beispiel wollen wir Ihnen aufzeigen, wie anhand eines einfachen Venn-Diagrammes (also überlappender Kreise) ein Sensorikkonzern seine Innovationsfähigkeit steigern und sein Marketing verbessern kann.

Der erste Kreis bezeichnet dabei das Angebot bzw. die Fähigkeiten der Gruppe und ihrer Organisation. Der zweite Kreis steht für den (internen oder externen) Kunden und seine Bedürfnisse. Der dritte ist für die Konkurrenz und ihre Angebote reserviert. Dadurch entstehen drei große Zonen (Abb. 8); zudem entstehen aus den Überlappungen vier Schnittflächen.

Die für uns beste Schnittfläche wird „sweet spot" genannt, denn sie ist positiv besetzt: Sie bezeichnet exklusive Angebote der Organisation, welche bestehende Kundenbedürfnisse ansprechen. Das negative Pendant dazu ist der „sour spot". Diese Zone ist für Angebote der Konkurrenz reserviert, denen die eigene Organisation nichts entgegenzusetzen hat und dies obwohl sie wichtige Kundenbedürfnisse adressieren. Eine weitere Schnittfläche ist diejenige zwischen dem Angebot und demjenigen der Konkurrenz, jedoch ohne Überschneidung mit Kundenwünschen. Diese „me too"-Zone birgt kein Differenzierungspotenzial und muss überdacht (z.B. gestoppt) werden. In die Schnittfläche in der Mitte trägt man die wichtigsten Faktoren ein, die man haben muss, um überhaupt in diesem Markt „mitspielen" zu können.

Mit dieser einfachen Systematik hat ein weltweit tätiger Sensoren-Konzern in nur 15 Minuten ein einfaches Dynagram zur Schulung seiner Verkaufsmitarbeiter entwickelt. Die Methode liefert eine nützliche, äußerst kompakte *Schablone*, die aus den drei Bereichen Wir, Konkurrenz und Kunde besteht. Sie liefert durch die fünf Schritte einen einfachen *Leitfaden*, um über die eigene Wettbewerbssituation systematisch und gemeinsam nachdenken zu können. Das Endresultat kann dann als *Einblick* zeigen, ob Konkurrenzvorteile oder -nachteile überwiegen oder ob diese (wie in unserem realen Beispiel) ausgewogen sind.

Denken in Stereo heißt in diesem Fall ein Denken in aktuellen Stärken und Schwächen und in zukünftigen Chancen und Bedrohungen. Es bedeutet auch, eine Innensicht auf die Unternehmung (unsere Kompetenzen) mit einer Außensicht zu kombinieren, nämlich die (gegenwärtigen und zukünftigen) Kundenbedürfnisse und Konkurrenzangebote zu berücksichtigen.

Diese vier Beispiele zeigen, dass bereits wenige Diagrammelemente zu reichhaltigen Dialogen und nützlichen Perspektivenwechseln führen können. Es gibt im Diagrammbereich jedoch keine eierlegende Wollmilchsau, sprich ein Diagramm für alle Fälle. Deshalb präsentieren wir Ihnen im nächsten Kapitel eine Auswahl unterschiedlicher Dynagrams für unterschiedliche Situationen, sei es die Problemanalyse, die Entscheidungsfindung und Planung oder die Umsetzungsbegleitung.

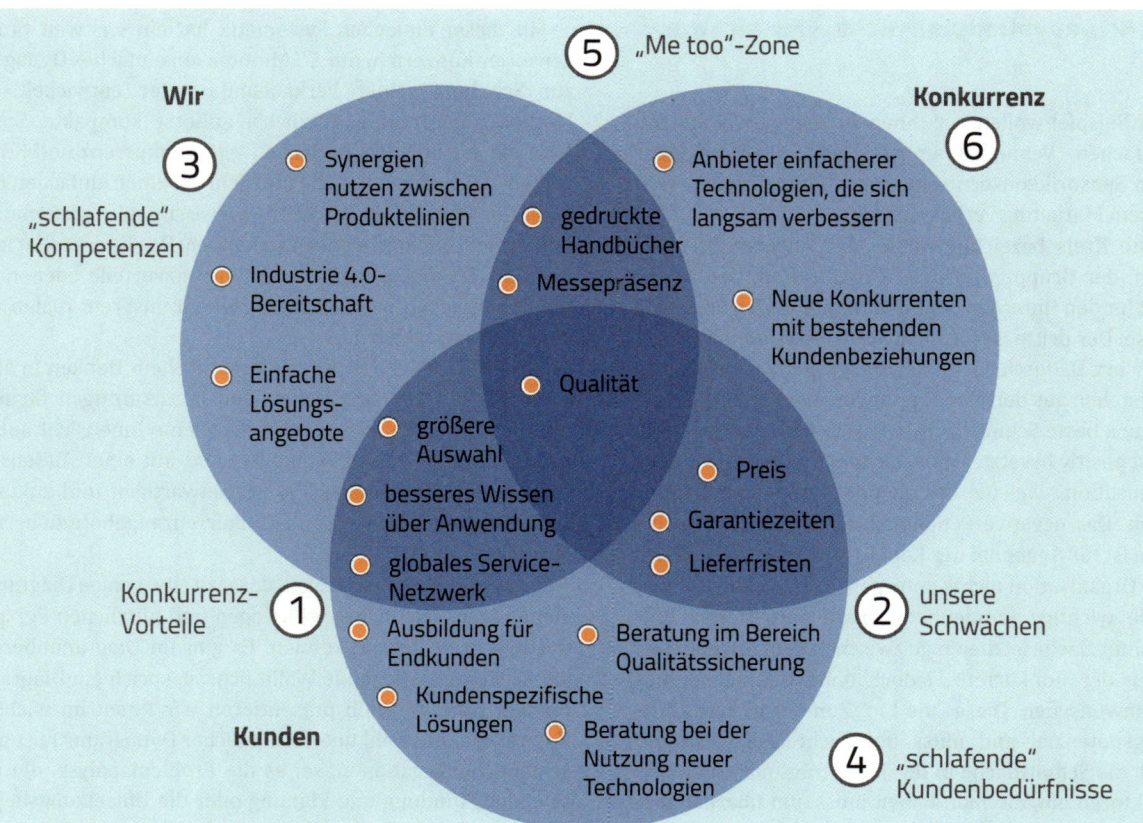

⑤ „Me too"-Zone

Wir

Konkurrenz

③ „schlafende" Kompetenzen

⑥

- Synergien nutzen zwischen Produktelinien
- Industrie 4.0-Bereitschaft
- Einfache Lösungsangebote
- gedruckte Handbücher
- Messepräsenz
- Anbieter einfacherer Technologien, die sich langsam verbessern
- Neue Konkurrenten mit bestehenden Kundenbeziehungen
- Qualität
- größere Auswahl
- besseres Wissen über Anwendung
- globales Service-Netzwerk
- Preis
- Garantiezeiten
- Lieferfristen

① Konkurrenz-Vorteile

② unsere Schwächen

- Ausbildung für Endkunden
- Kundenspezifische Lösungen
- Beratung im Bereich Qualitätssicherung
- Beratung bei der Nutzung neuer Technologien

Kunden

④ „schlafende" Kundenbedürfnisse

Abbildung 8: Ein einfaches Venn-Diagramm zur Erkundung der Wettbewerbsvorteile, -nachteile und Potenziale in fünf Schritten

Dynagrams: Eine Zusammenstellung dynamischer Diagramme

„Je größer unsere Vielfalt an Handlungsmöglichkeiten ist,

desto vielfältigere Herausforderungen können wir meistern."

WILLIAM ROSS ASHBY

In den vorangegangenen Kapiteln haben wir das Ziel von Dynagrams beschrieben – die ein Denken in Stereo bewirken sollen – sowie deren theoretischen Hintergrund. Wir haben Ihnen anhand einiger realer Beispiele aus der Managementpraxis aufgezeigt, wie bereits einfache Dynagrams einen hohen Nutzen stiften können – für Sie persönlich, Ihr Team oder Ihre Organisation. In diesem Hauptkapitel des Buches präsentieren wir Ihnen nun eine Auswahl von leistungsstarken und flexibel einsetzbaren Dynagrams. Diese unterstützen Sie in der Analyse komplexer Probleme, bei der Planung anspruchsvoller Vorhaben oder begleiten Sie als Reflexionsstütze bei der Umsetzung von Initiativen und Projekten. Sie finden zuerst einfache Einstiegsdiagramme, die Sie rasch und unkompliziert nutzen können. Im hinteren Teil stellen wir dann komplexere dynamische Diagramme vor. Doch keine Angst, auch diese können Sie meist in einer einfachen oder einer etwas allgemeineren Version nutzen.

Wie eingangs erwähnt, haben wir bei der Auswahl der Diagramme vor allem darauf geachtet, dass jedes Diagramm einen hohen *Mehrwert* und Nutzen, eine hohe *Rigorosität* (d.h. seriös entwickelt und getestet wurde) und eine mehr oder minder *einfache* Benutzbarkeit aufweist. Ein weiteres Anliegen ist es uns, leistungsfähige aber wenig bekannte Diagramme einem größeren Nutzerkreis vorzustellen. Zudem haben wir auch einige Diagramme neu entwickelt und hoffen, dass Sie auch diesen ‚Neulingen' eine Chance geben werden.

Wir beschreiben in diesem Kapitel jedes Dynagram mithilfe einer einheitlichen Darstellungsweise. Zu Beginn jeder Beschreibung finden Sie das *Kurzprofil* jedes Diagrammes. Dieser Diagrammsteckbrief erleichtert Ihnen den Überblick, indem die Methode bezüglich der Denkdimensionen, die sie unterstützt, charakterisiert wird sowie der Bezug auf das Dynagram-Kernprinzip, welches in der Methode zum Tragen kommt, aufgezeigt wird. Darüber hinaus erwähnen wir typische Anwendungsfelder und -situationen der Methode. Das Dynagram selbst wird dann zunächst bezüglich seines *Hintergrundes*, seiner *Kernidee* und seiner *Anwendungskontexte* beschrieben. Ein Abschnitt zum schrittweisen Vorgehen sowie ein *Praxisbeispiel* helfen dabei, das Dynagram auch selbst einsetzen zu können. Darüber hinaus präsentieren wir Ihnen zu vielen Dynagrams auch weitere visuelle *Varianten* des Diagramms, um sein volles Potenzial auszureizen.

Jede Beschreibung endet mit einer kurzen *Beurteilung* der visuellen Methode. Dafür verwenden wir einerseits die drei bereits vorgestellten Dynagram-Prinzipien (Schablone, Leitfaden und Einblick) sowie zwei beispielhafte Anwender. Diese ‚Probeleser' nennen wir Anna Lyse und Kai Zit. Sie verkörpern als sogenannte Personas (eine Methode aus dem Design Thinking) zwei Extreme in der Anwendung von Dynagrams:

Anna Lyse mag gerne Genauigkeit. Sie nimmt sich Zeit für die Diagramme und verwendet sie sorgfältig, um ein Problem wirklich zu verstehen. Sie denkt gerne analytisch und geht immer schön der Reihe nach. Sie misstraut ihrer Intuition und taucht gerne in die Fakten und Details ein. Sie stellt generell recht hohe Anforderungen an eine Methode und deren Leistungsumfang. Sie schaut bei der Beurteilung eines Dynagrams auch auf die Risiken und Nebenwirkungen.

Kai Zit ist ein Pragmatiker, der nur wenig Zeit hat. Bei ihm muss ein Werkzeug schnell umsetzbar sein und einen raschen Überblick ermöglichen. Er hat kein Interesse an akademischen Übungen, sondern will, dass man rasch ins Handeln kommt. Kai beurteilt eine Methode nach ihrem Mehrwert für die tägliche Arbeit. Er ist dabei nicht gewillt, lange Lernzeit in eine neue Technik zu investieren; er will sofort loslegen können. Kai ist aber auch äußerst kreativ: Es liegt ihm, visuelle Methoden anzupassen und verschiedene Varianten spielerisch auszuprobieren. Besondere Freude hat er deshalb an Diagrammen, die ihn seine Fantasie ausleben lassen und die eine gewisse Flexibilität und Improvisation zulassen.

Je nachdem in welcher Situation Sie sich selbst gerade befinden, kann für Sie entweder die Beurteilung von Anna oder die von Kai relevant sein. Einige Dynagrams entsprechen nämlich eher Annas analytischem Naturell, andere wiederum sind kreativ und einfach und sprechen daher vor allem Kai an.

Doch vertrauen Sie nicht unseren Modellesern. Bilden Sie sich Ihr eigenes Bild. Dafür haben wir eine spezielle Innovation für Sie vorbereitet:

Am Ende des Buches auf der Klappe des Buchumschlages finden Sie einen ausklappbaren Bereich, den Sie parallel zur Lektüre des Buches verwenden können. Sie finden dort ein interaktives Bewertungsraster für alle Dynagrams des Buches. Im Text selbst verweisen wir bei jeder Methode kurz auf dieses Lese-Diagramm. So wissen Sie zum Schluss, welche Techniken Sie persönlich am meisten angesprochen haben und wo Sie diese in Zukunft vermehrt einsetzen möchten. Dieser interaktive Bereich des Buches erlaubt es Ihnen nämlich, jedes Dynagram in Bezug auf dessen Relevanz bzw. Nutzen zu bewerten und zu überlegen, ob Sie es eher persönlich (also privat) oder im Team bzw. beruflich einsetzen möchten. Vielleicht fällt Ihnen ja zum Schluss auf, ob Sie eher der Typ Anna Lyse oder Kai Zit sind. Die Bewertungsraster unserer beiden Modelleser finden Sie zum Vergleich ganz hinten im Buch.

Steigen wir also ein in unsere Diagrammdegustation und vergessen Sie nicht, das eine oder andere Diagramm im Bewertungsraster zu beurteilen.

10-10-10-KREISE

Zeithorizonte erweitern

Denkdimensionen:  Überblick und Detail

 Ist und Soll

 Innen und Außen

Kernprinzip: Schablone

 Einblick

Anwendungsfelder: Entscheidungen ganzheitlich betrachten, unmittelbare und mittelbare Folgen von Entscheidungen beachten, sich nicht von kurzfristigen Emotionen beeindrucken lassen, „Was bringt mir die Entscheidung, einen MBA zu absolvieren, in 10 Jahren?"

Hintergrund, Kernidee und Anwendungsbereiche

Die 10-10-10-Kreise helfen Ihnen bei schwierigen Entscheidungen, damit Sie sich über kurzfristige Emotionen hinaus Gedanken über die mittelfristigen und langfristigen Auswirkungen einer Entscheidung machen können. Wir neigen nämlich dazu, in kniffligen Entscheidungssituation nur an die unmittelbaren emotionalen Folgen zu denken, und oftmals reicht unser Horizont nicht weiter als 10 Minuten oder einen Tag. Die 10-10-10-Kreise unterstützen Sie auch dabei, an die Auswirkungen der Entscheidung in den nächsten 10 Monaten und in den nächsten 10 Jahren (Abb. 9) zu denken. Das von der Autorin Suzy Welch im gleichnamigen Buch beschriebene Konzept hilft Ihnen, etwas Abstand von Ihren Entscheidungen zu gewinnen.

Sie können die 10-10-10-Kreise für jede schwierige Entscheidungssituation verwenden und dabei die positiven und negativen Auswirkungen der Entscheidung notieren. Überlegen Sie sich dabei, wie sich die Entscheidung in 10 Minuten anfühlen wird, aber auch, welche Auswirkungen die Entscheidung in 10 Monaten und 10 Jahren haben wird.

Alternativ können Sie dieses Gedankenexperiment mit einer befreundeten Person machen. Dabei profitieren Sie zusätzlich davon, dass Sie Ihre Vermutungen und Logik laut aussprechen müssen, was zur Klärung der einzelnen Punkte führen kann. Sie können die befreundete Person auch nach

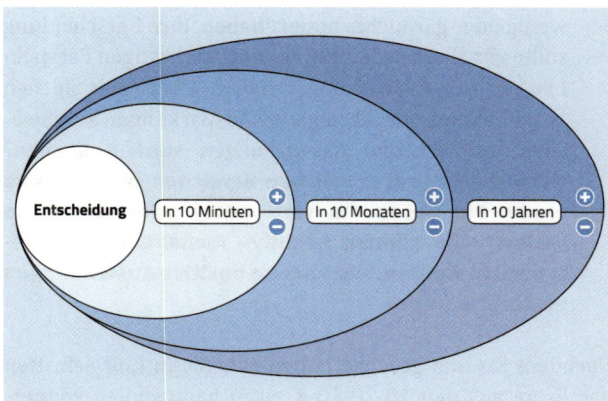

Abbildung 9: Die 10-10-10-Kreise

ihrem Standpunkt befragen in Bezug auf die Entscheidung und die von Ihnen erwähnten Auswirkungen. Dadurch erhalten Sie eine andere, weitere Perspektive auf die Entscheidung und deren unmittelbare und mittelbare Auswirkungen.

Im nächsten Abschnitt sehen Sie, wie Sie mit einem schrittweisen Vorgehen das Beste aus den 10-10-10-Kreisen zur Analyse Ihrer Entscheidungen herausholen können.

▌▌● Vorgehen

Die 10-10-10-Kreise können Sie in Einzelarbeit oder in einer kleinen Gruppe verwenden, um sich der unmittelbaren und mittelbaren Auswirkungen einer Entscheidung bewusst zu werden. Die folgenden Schritte helfen Ihnen dabei:

1. **Definieren der Entscheidungssituation:** Definieren Sie die Entscheidungssituation, die Sie analysieren wollen. Legen Sie sich dabei auf eine Entscheidungsoption fest, wie z.B.: Ich möchte eine Weiterbildung beginnen. **Schlüsselfragen: Welche Entscheidungssituation wollen Sie analysieren? Auf welche Entscheidungsoption wollen Sie sich festlegen?**

2. **Identifizieren der Auswirkungen in den nächsten 10 Minuten:** Überlegen Sie sich, welche positiven und negativen Auswirkungen die Entscheidung in den nächsten 10 Minuten hat. Stellen Sie sich dabei vor, dass Sie die Entscheidung bereits gefällt haben und wie sich diese anfühlt.

„Wer schnell entschlossen ist,
der strauchelt leicht."

SOPHOKLES (496-405/6 V.CHR.),
GRIECHISCHER FLOTTENBEFEHLSHABER

Schlüsselfrage: Welche Auswirkungen hat die Entscheidung für die nächsten 10 Minuten?

3. **Identifizieren der Auswirkungen in den nächsten 10 Monaten:** Befreien Sie sich von der Unmittelbarkeit der ersten 10 Minuten und stellen Sie sich in Gedanken vor, welche Auswirkungen die Entscheidung für die nächsten 10 Monate hat. Notieren Sie, welche positiven und negativen Auswirkungen durch die Entscheidung entstehen können.
    Schlüsselfrage: Welche Auswirkungen hat die Entscheidung für die nächsten 10 Monate?

4. **Identifizieren der Auswirkungen in den nächsten 10 Jahren:** Wagen Sie einen zeitlichen Sprung und überlegen Sie sich, welche Auswirkungen die heutige Entscheidung in den nächsten 10 Jahren hat. Sicher kann man sagen, dass man nie weiß, was in 10 Jahren sein wird. Versuchen Sie jedoch sich vorzustellen, was sein könnte und notieren Sie sowohl positive wie auch negative Aspekte.
    Schlüsselfrage: Welche Auswirkungen hat die Entscheidung für die nächsten 10 Jahre?

5. **Analysieren der Auswirkungen:** Schauen Sie auf die 10-10-10-Kreise und eruieren Sie die Bereiche, in denen Sie besonders viel und in denen Sie besonders wenig oder gar nichts notiert haben. Ihre Entscheidung sollte vor allem in der mittel- und langfristigen Perspektive positive Auswirkungen haben. Überlegen Sie sich anschließend, wie Sie negative Auswirkungen abschwächen und positive Auswirkungen stärken können?
    Schlüsselfragen: In welchen Bereichen im Diagramm haben Sie besonders viel, wenig oder gar nichts notiert? Wie können negative Auswirkungen abgeschwächt werden, wie können positive Auswirkungen gestärkt werden?

Nachdem Sie nun gesehen haben, wie Sie in fünf Schritten das Beste aus den 10-10-10-Kreisen herausholen können, zeigen wir im folgenden Abschnitt anhand eines Beispiels, wie sich ein Manager bewusst macht, welche Auswirkungen die Entscheidung für eine Weiterbildung hat.

III. Praxisbeispiel

Ein Manager überlegt sich seit Jahren, ob er nach vielen Jahren im Beruf eine Weiterbildung absolvieren sollte, um seinen Horizont zu erweitern und bessere Aufstiegschancen zu erhalten. Er hat sich bereits diverse MBA-Programme und weitere Weiterbildungsformate angeschaut. Es ist jedoch nicht einfach für ihn dieses Thema mit seiner Partnerin zu besprechen, da eine Weiterbildung zunächst viel Geld- und Zeitaufwand bedeuten würde. Aus diesem Grund nutzt er die 10-10-10-Kreise, um sich über die Folgen einer Entscheidung für eine Weiterbildung Gedanken zu machen und dabei nicht nur an das Gespräch mit der Partnerin und die unmittelbaren Emotionen zu denken, sondern auch an die langfristigen Auswirkungen.

Durch die Bearbeitung der 10-10-10-Kreise werden ihm einige Auswirkungen bewusst (Abb. 10). Zunächst fällt ihm auf, dass diese Entscheidung kurz- und mittelfristig zwar Stress mit der Partnerin bringen könnte, jedoch sieht er auch, dass diese Entscheidung langfristig einige Vorteile für ihn, aber auch für seine finanzielle Sicherheit und damit auch für die Partnerschaft bringen würde. Er überlegt, die langfristigen Vorteile in das Gespräch bereits einzubringen. Dann würde er sogar einen Schritt weitergehen und das Diagramm zusammen mit seiner Partnerin besprechen und

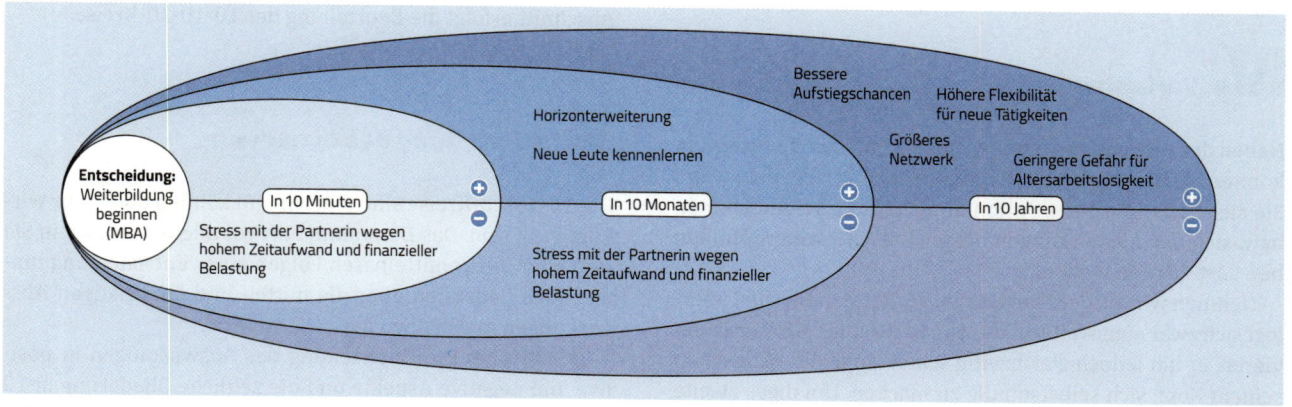

Abbildung 10: Die 10-10-10-Kreise für eine Entscheidung über eine Weiterbildung

gemeinsam überlegen, wie der kurz- und mittelfristige Stress in Form von zeitlichem Aufwand und finanzieller Belastung reduziert werden könnte. Am Ende drückt dieses Diagramm genau das aus, was er schon lange im Hinterkopf hatte. Die Entscheidung, eine Weiterbildung zu machen, ist für ihn kein Egoprojekt, das ausschließlich zu seinem eigenen Nutzen dient, sondern soll ihm auch in Zukunft berufliche Perspektiven sichern. Das hätte auch einen positiven Effekt auf die Partnerschaft.

Nachdem Sie in diesem Beispiel gesehen haben, wie man das Diagramm für eine Entscheidungsoption anwenden kann, folgt im nächsten Abschnitt die Variante mit zwei Entscheidungsoptionen und zwei Diagrammen.

IV. Varianten

Neben der Anwendung für eine einzige Entscheidungsoption können Sie das 10-10-10-Diagramm auch verwenden, wenn Sie sich zwischen zwei Optionen nicht entscheiden können bzw. sich der Auswirkungen beider Entscheidungsoptionen bewusst werden wollen.

Nehmen wir an, der Manager im vorherigen Beispiel überlegt sich zwar eine Weiterbildung in Form eines MBA zu absolvieren, er hat jedoch gleichzeitig schon lange den Wunsch in seinem Kopf, sich selbstständig zu machen. Um diese zweite Option zu analysieren, spricht er mit einem befreundeten Unternehmer und nutzt das 10-10-10-Diagramm.

Ihm fällt bei der Betrachtung des Diagramms für die Option der Selbstständigkeit (Abb. 11, unten) auf, dass es ihm vor allem kurzfristig positive Auswirkungen bringen würde, insbesondere das Gefühl sein eigener Herr zu sein. Er merkt jedoch schnell, dass die Selbstständigkeit mittel- bis langfristig eher einen erheblichen Mehraufwand und Stress für die Beziehung bedeutet. Dem stehen keine großen positiven Effekte gegenüber.

Diese Variante zeigte, wie Sie mit diesem Diagramm nicht nur eine Entscheidungsoption und deren Auswirkungen gedanklich durchgehen, sondern auch zwei Entscheidungsoptionen miteinander vergleichen können. Im nächsten Abschnitt erfolgt die Beurteilung der 10-10-10-Kreise.

V. Beurteilung des Dynagrams

Die 10-10-10-Kreise sind einfach und können doch sehr wirkungsvoll sein. Das Diagramm hilft vor allem dann, wenn Sie sich über die unmittelbaren Folgen einer Entscheidung hinaus auch Gedanken über die mittel- und langfristigen Auswirkungen machen wollen.

Schablone: Die Unterteilung der Auswirkungen in positive und negative Aspekte und die zeitliche Gliederung in 10

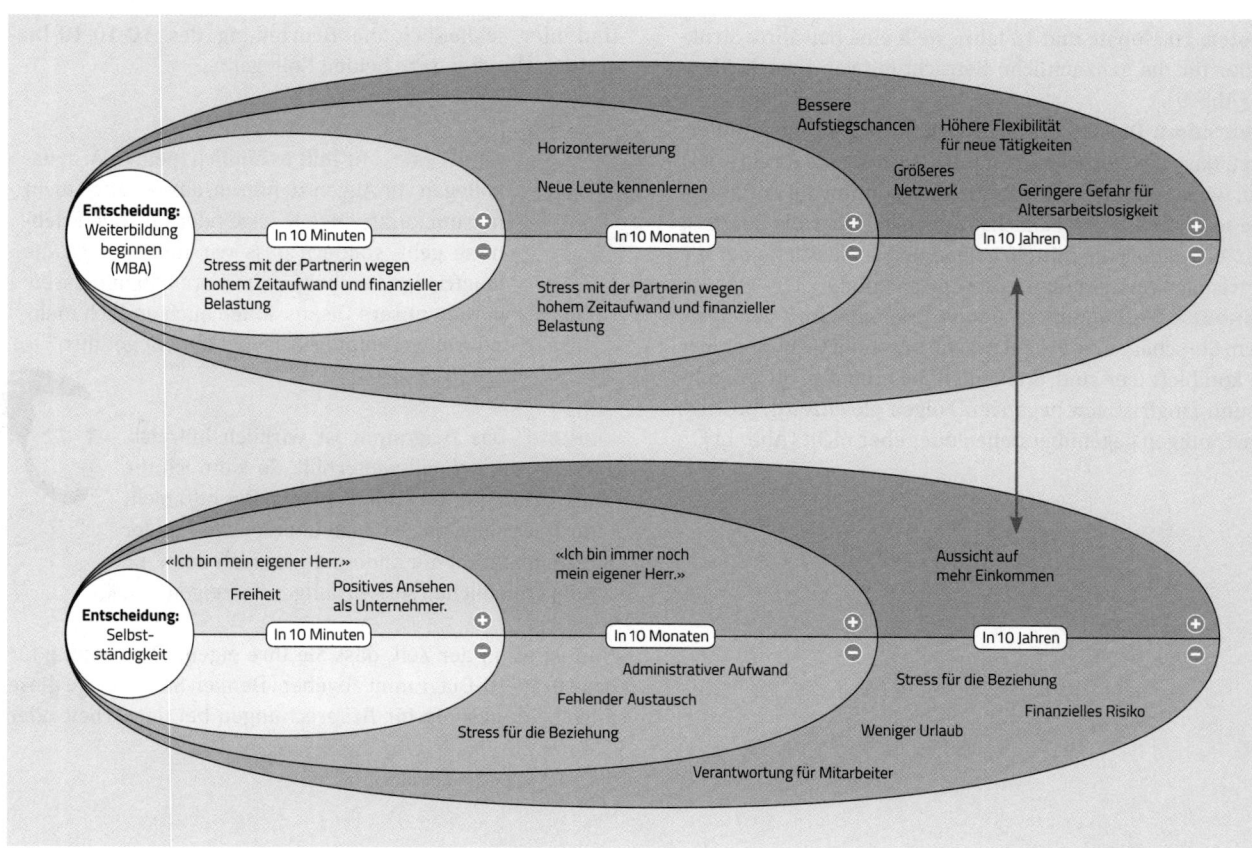

Abbildung 11: Das 10-10-10-Diagramm zum Vergleich zweier Entscheidungsoptionen

Minuten, 10 Monate und 10 Jahre stellt eine bewährte Struktur dar für die ganzheitliche Betrachtung von Entscheidungen (Abb. 9).

Leitfaden: Die Gesprächsführung wird dadurch unterstützt, dass das Vorgehen von links nach rechts strukturiert wird. Beginnend mit der Entscheidungsoption auf der linken Seite machen Sie sich zunächst Gedanken über die kurzfristigen, dann über die mittelfristigen und schließlich über die langfristigen Auswirkungen der Entscheidung.

Einblick: Sie können zu neuen Erkenntnissen gelangen, indem Sie schauen, welche Bereiche besonders voll, eher leer und komplett leer sind. So können Sie eruieren, ob z.B. mittel- und langfristigen negativen Folgen gleichzeitig positive Auswirkungen gegenüberstehen oder eher nicht (Abb. 11).

Und hier schließlich die Beurteilung des 10-10-10-Diagramms durch unsere beiden Kollegen:

Anna Lyse: „Mir hilft es endlich meinen Arbeitskollegen vor Augen zu führen, dass es eben nicht nur um kurzfristige Erfolge oder positive Erlebnisse geht, sondern dass wir immer auch die langfristige Perspektive im Kopf haben müssen. Dadurch werden unsere Diskussionen auch endlich mehr sachlich und weniger impulsiv als im Moment geführt."

Kai Zit: „Das Diagramm ist wirklich hilfreich, weil es mir schnell weiterhilft. So kann ich die Auswirkungen kurz durchspielen. Das hilft nicht nur mir selber, das ist auch überzeugend in der Argumentation mit anderen, wenn ich dann die unterschiedlichen Auswirkungen aufzeigen kann."

Nun ist es an der Zeit, dass Sie Ihre eigene Beurteilung für das 10-10-10-Diagramm abgeben. Denken Sie, dass Sie diese Entscheidungshilfe für Besprechungen bei der Arbeit oder eher für die Denkarbeit zu Hause nutzen können? Wie beurteilen Sie den Mehrwert dieses einfachen Diagnosewerkzeugs? Tragen Sie Ihre Beurteilung rechts auf der Innenseite des Buchdeckels ein.

VI. Fazit & erste Schritte

Die 10-10-10-Kreise sind ein scheinbar sehr triviales Diagramm, das es aber in sich hat. Einmal genutzt werden Sie sehen, dass dieses Diagramm ein guter Begleiter für Ihre zukünftigen Entscheide sein kann. Es hilft Ihnen sich alleine oder in der Gruppe der unmittelbaren aber auch mittelbaren Auswirkungen von Entscheidungen bewusst zu machen. Sie können das Diagramm visuell, mit Stift und Papier, verwenden, aber es ist auch gut möglich, dass Sie sich dabei ertappen, wie Sie die drei Zeithorizonte gedanklich durchgehen. Beides ist gut für Ihre Entscheidungen.

Wenn Sie mit der Verwendung des Diagramms beginnen wollen, dann helfen Ihnen folgende erste Schritte: Überlegen Sie sich zunächst, über welche Entscheidung Sie sich Gedanken machen wollen. Notieren Sie diese Entscheidungssituation und überlegen Sie anschließend, wie sich diese Entscheidung für Sie in den nächsten 10 Minuten anfühlt. Notieren Sie alle positiven und negativen Gefühle. Gehen Sie nun einen Schritt weiter, denken Sie an die nächsten 10 Monate und notieren, welche positiven und negativen Auswirkungen die heutige Entscheidung in 10 Monaten haben wird. Versuchen Sie im nächsten Schritt, auch wenn es oftmals schwierig erscheint, sich zu vergegenwärtigen, welche positiven und negativen Auswirkungen die heutige Entscheidung in 10 Jahren hat bzw. haben könnte. Sollten Sie beim Notieren der Folgen feststellen, dass es Aspekte gibt, die sowohl positiv als auch negativ sind, dann notieren Sie diese auf der horizontalen Linie, die diese beiden Bereiche trennt. Sollten Sie beim Notieren merken, dass Sie eigentlich zwischen zwei Entscheidungsoptionen schwanken, dann nutzen Sie zwei 10-10-10-Kreise und notieren Sie die Auswirkungen beider Entscheidungsoptionen separat. Jede Entscheidungsoption bekommt ihr eigenes Diagramm.

Weitergedacht

- Heath, C., & Heath, D. (2013). Decisive: How to Make Better Choices in Life and Work. Toronto: Random House.
- Welch, S. (2009). 10-10-10: A Life-Transforming Idea. New York: Scribner.

DAS VENN-DIAGRAMM

Die Logik der Kreise

Denkdimensionen:		Überblick und Detail
		Ist und Soll
		Vergangenheit und Zukunft
		Innen und Außen
		Divergent und Konvergent
Kernprinzip:		Einblick
		Leitfaden
Anwendungsfelder:		Produktinnovation, Dienstleistungsinnovation, Produktverbesserungen, Verkauf und Marketing, Bewerbungen für den Traumjob und vieles mehr

I. Hintergrund, Kernidee und Anwendungsbereiche

Kann man mit zwei oder drei Kreisen schon ein Problem lösen, auf neue Ideen kommen, oder gar seine Marktnische finden? Ja, man kann, und noch so einiges mehr, wie Sie es bereits im Fallstudienkapitel erlebt haben (mit dem Sweet Spot Venn-Beispiel). Diagramme aus überlappenden Kreisen haben es in sich: Mit ihnen können wir schärfer denken und oft auch klarer kommunizieren sowie die Zusammenarbeit unterstützen, sofern wir diese Kreise dynamisieren – ihre verschiedenen Zonen also interaktiv nutzen. Sehen Sie in diesem Kapitel selbst, dass sogenannte Venn-Diagramme weit mehr können, als ‚nur' die Mengenlehre zu vereinfachen.

Der britische Mathematiker und Logiker John Venn erfand um 1880, was er selbst Eulersche Kreise nannte – in Anlehnung an den Schweizer Mathematiker Leonhard Euler und seine Logikdiagramme. Er konnte damit viele Aussagen der formalen Logik kompakt darstellen – und dies einfacher als je zuvor. Er visualisierte dazu logische Verknüpfungen wie ‚und', ‚oder' oder ‚ist nicht Teil von' durch entsprechend eingefärbte Kreissegmente.

Venn selbst war dabei nicht nur ein scharf denkender Professor an der Universität Cambridge, er war auch ein äußerst kreativer Geist. So konstruierte er beispielsweise eine leistungsfähige Cricket-Wurf-Maschine. Als das australische Cricket Nationalteam 1909 Cambridge einen Besuch abstattete, bezwang sein Wurfroboter sogar einen der besten Spieler des Teams mehrere Male. Auch die nach ihm benannten Diagramme können leistungsfähige Denkroboter sein, wenn wir sie richtig anleiten bzw. benutzen. Je nach Kategorien, können uns bereits einfache Venn-Diagramme wertvolle Erkenntnisse auf einen Blick liefern. Sie tun dies in so verschiedenen Gebieten wie der Verhandlungsführung, der Produktentwicklung, im Verkauf und sogar bei der Optimierung der eigenen Arbeitsmarktfähigkeit. Der Anwendungsbreite des Venn-Diagramms sind wahrlich kaum Grenzen gesetzt. Seiner Form jedoch schon, denn die Kreise funktionieren im Alltag dann besonders gut wenn, man sie auf zwei, drei oder maximal vier beschränkt. Obwohl Mathematiker auch Venn-Diagramme mit 5, 8 oder sogar 12 Kreisen entworfen haben, ist ihr Mehrwert für das Denken in Stereo am größten, wenn man mit zwei bis drei Kreisen arbeitet. Wie Sie das tun können, beschreiben wir im nächsten Abschnitt, gefolgt von einigen – hoffentlich zur Nachahmung inspirierenden – Praxisbeispielen.

 **Vorgehen**

Um ein Venn-Diagramm für das Denken in Stereo zu nutzen, gehen Sie am besten in folgenden drei Schritten vor:

1. **Kategorien und Inhalte festlegen:** Je nach Anwendungsgebiet können Sie die zwei oder drei Kreise des Venn-Diagramms mit unterschiedlichen Kategorien belegen (vgl. die Sektion zu Varianten). Es kann sich dabei z.B. um Produkte, Anforderungskriterien, Kompetenzen, Marktteilnehmer, Kunden, oder auch Verhandlungsinteressen handeln. Je nach Kreislogik können dann wiederum unterschiedliche Elemente darin positioniert werden, wie z.B. Kunden, Produkteigenschaften oder auch ganz einfach Ideen.
Schlüsselfrage: Was stellen die Kreise dar und was soll darin positioniert werden?

2. **Zonen befüllen:** Definieren Sie nun die Bedeutung der einzelnen Zonen und platzieren Sie die Elemente darin. Achten Sie dabei neben der Position jedes Elementes auch auf die Farb- und Formgebung, mit der sie zusätzliche Dimensionen zum Ausdruck bringen können. Platzieren Sie z.B. eine Idee, die alle drei Kriterien erfüllt, in der Mitte

Wir versuchen nur symmetrische Figuren zu verwenden, die nicht nur über unseren Sehsinn Denkhilfen, sondern auch zu einem gewissen Grad elegant sein sollen."

JOHN VENN

des Venn-Diagramms (im Falle eines Kriterien-Venns); eine Idee, die jedoch nur ein Kriterium von dreien erfüllt, wird außen in dem entsprechenden Kreis platziert **Schlüsselfrage: Welche Elemente sollten in welchem Bereich des Venn-Diagramms platziert werden?**

3. **Diagramminterpretation:** Nachdem Sie nun die verschiedenen Zonen sorgfältig mit Elementen bestückt haben, geht es im letzten Schritt darum, aus dem Diagramm die richtigen Schlüsse zu ziehen: Welche Zonen sind besonders voll, welche besonders leer und warum ist dies so? **Schlüsselfrage: Was für Erkenntnisse (und Handlungsimplikationen) kann einem das Diagramm vermitteln?**

Diese drei, zugegebenermaßen noch recht abstrakten Schritte, werden gleich lebendig, wenn wir sie Ihnen anhand eines einfachen Praxisbeispiels erläutern.

Praxisbeispiel

Nehmen wir das folgende Produkt-Venn-Diagramm als Einführungsbeispiel. Eine Unternehmerin hat darin eingezeichnet, welche ihrer Kunden, eines, zwei oder drei ihrer

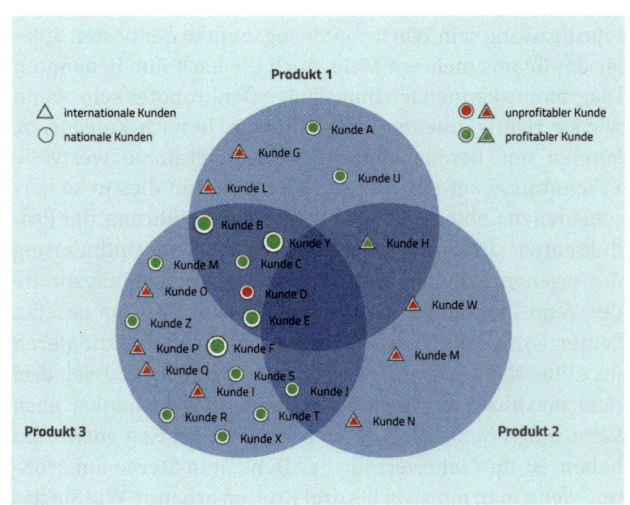

Abbildung 12: Ein Venn-Diagramm zur Produkt- bzw. Kundenanalyse

Hauptprodukte kaufen. Sie hat also in einem ersten Schritt als Kreiskategorien ihre Hauptprodukte gewählt und als zu platzierende Elemente ihre *Kunden*.

In einem zweiten Schritt platziert sie nun jeden Kunden so in den Kreisen, dass durch seine Position direkt sichtbar wird, ob er bereits ein, zwei oder alle drei Hauptprodukte gekauft hat. Durch die Farbgebung kann sie zudem profitable von unprofitablen Kunden (welche mehr Aufwand kosten als sie Erträge bringen) unterscheiden. Da sie bereits einige Kunden aus dem Ausland gewinnen konnte, entschließt sie sich, diese mit einem anderen Symbol zu versehen – mit einem Dreieck. Kunden, die besonders viel Umsatz mit ihrer Unternehmung generieren, stellt sie entsprechend größer dar. Somit hat sie den zweiten Schritt in der Konstruktion eines Venn-Diagrammes komplettiert und ist bereit für die letzte Phase.

Als dritten Schritt betrachtet sie das entstandene Diagramm genau. Aus der Visualisierung springen ihr direkt mehrere Erkenntnisse ins Auge, nämlich:

1. Keiner ihrer Kunden kauft alle drei Produkte, die Schnittfläche in der Mitte des Diagramms ist ja leer. Warum ist dies wohl so?
2. Die meisten Kunden kaufen Produkt 3, am wenigsten Produkt 2, welches fast nur von ausländischen Kunden gekauft wird.
3. Die ausländischen Kunden sind bis auf eine Ausnahme noch nicht profitabel.
4. Nur je ein einziger Kunde kauft Produkt 1 und 2 oder Produkt 2 und 3 zusammen. Gibt es hier noch ungenutztes Cross-Selling-Potenzial?
5. Dieses sogenannte Cross-Selling (also Querverkäufe) funktioniert sehr gut zwischen Produkt 1 und 3 (die Schnittfläche ist randvoll). Dabei handelt es sich (mit einer Ausnahme) auch um die umsatzmäßig wichtigsten Kunden.
6. Alle drei Produkte werden von internationalen Kunden nachgefragt.

Mit ihrem Verkaufsteam könnte sie nun diese Fragen und entsprechende Maßnahmen besprechen und somit den dritten Schritt nicht nur alleine, sondern auch im Team durchführen. Das Venn-Diagramm dient ihr dabei als Übersichtsgrafik, um gemeinsam die weiteren Marketingaktivitäten zu durchgehen.

Neben dieser visuellen Methode zur Analyse des eigenen Kundenstamms, gibt es viele weitere Varianten des Venn-Diagramms, die wir Ihnen nun vorstellen.

IV. Varianten

Bereits im Fallstudienkapitel haben Sie eine Kreativvariante des Venn-Diagramms kennengelernt: die Sweet-Spot-Methode. Dabei haben wir die drei Kreise mit der eigenen Organisation, der Konkurrenz sowie den Kunden als Kategorien beschriftet (Abb. 8). Platziert haben wir darin dann Eigenschaften von Produkten oder Dienstleistungen, die entweder einzigartig sind, Allgemeingut geworden sind (im Zentrum), oder nur bei der Konkurrenz vorhanden sind. So kann ein Managementteam innerhalb kurzer Zeit seine Marktsituation erörtern und dabei effizient Wissen austauschen.

Diese Venn-Logik können Sie auch auf Ihre persönliche Arbeitssituation übertragen, wie die folgende Abbildung mit ihren Leitfragen zeigt (Abb. 50). Sie können damit ausloten, wie es um Ihre Arbeitsmarktfähigkeit steht und wie sehr Ihre Kompetenzen bei Arbeitgebern gefragt und einzigartig sind. Folgen Sie dazu einzig den Zonen und beantworten Sie darin die gestellten Fragen so gut wie möglich. Als Resultat sehen Sie dann, welche Kompetenzen Sie in Bewerbungsunterlagen und -gesprächen betonen sollten und in welchen Bereichen Sie in Weiterbildung investieren sollten.

Ein ähnliches Bewertungsraster für einen ganz anderen Kontext liefert Ihnen das folgende Venn-Diagramm aus dem Design-Thinking-Bereich (Abb. 14). Es bietet als Schablone drei verschiedene Kriterien, um neue Produktideen zügig zu bewerten und zwar im Hinblick auf deren *Wünschbarkeit* (oder Notwendigkeit aus Kundensicht), deren technische *Machbarkeit* sowie deren *Finanzierbarkeit*. Die Wünschbarkeit ist dabei abhängig vom Mehrwert eines Produktes und den bestehenden Alternativen; die technische Machbarkeit vom Ambitionsniveau und dem verfügbaren Know-how und die betriebswirtschaftliche Finanzierbarkeit sind abhängig von den Kosten einer Idee sowie der Zahlungsbereitschaft der späteren Kundschaft dafür.

So können Produktideen nach einer kurzen Diskussion direkt in der entsprechenden Zone platziert werden, je nachdem ob sie ein, zwei oder alle drei Kriterien erfüllen. Zum Schluss eines Kreativworkshops sieht man so, welche Ideen

Abbildung 13: Ein Venn-Diagramm zur Analyse der eigenen Kompetenzen

wohl die aussichtsreichsten sind, nämlich diejenigen, welche es in die Mitte des Venn-Diagramms geschafft haben. In unserem Beispiel haben wir Ideen für neue mobile Apps, also Smartphone-Anwendungen, entwickelt. Die erfolgversprechendsten sind dabei die drei Ideen in der Mitte, von denen die Gruppe meint, die Kunden wünschen sich eine solche App, und dass diese sowohl technisch machbar wie auch wirtschaftlich finanzierbar bzw. lukrativ ist.

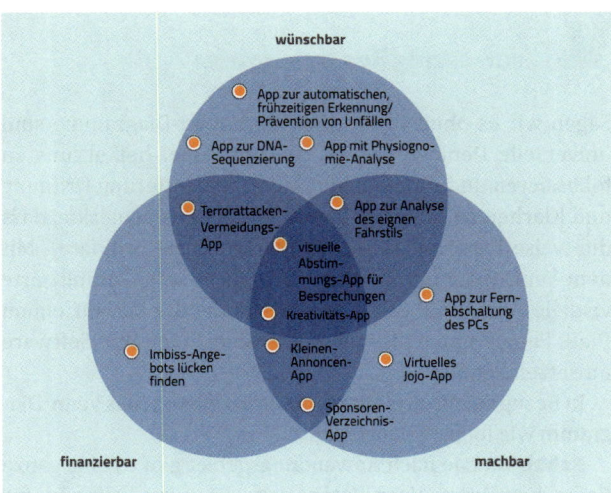

wünschbar

App zur automatischen, frühzeitigen Erkennung/ Prävention von Unfällen

App zur DNA- Sequenzierung

App mit Physiogno- mie-Analyse

Terrorattacken- Vermeidungs- App

App zur Analyse des eignen Fahrstils

visuelle Abstim- mungs-App für Besprechungen

Kreativitäts-App

App zur Fern- abschaltung des PCs

Imbiss-Ange- bots lücken finden

Kleinen- Annoncen- App

Virtuelles Jojo-App

Sponsoren- Verzeichnis- App

finanzierbar   machbar

Abbildung 14: Ein Venn-Diagramm zur Beurteilung von Produktideen am Beispiel App-Entwicklung

Eine letzte Variante des Venn-Diagramms besteht nur aus zwei Kreisen und kann immer dann verwendet werden, wenn es um Win-win-Verhandlungssituationen geht (Abb. 15). Wenn es also darum geht, eine Vereinbarung zu erzielen, die beiden beteiligten Parteien nützt und für beide auch fair ist.

Dazu zeichnen Sie zwei überlappende Kreise, von denen der linke den einen Verhandlungspartner darstellt (z.B. den Käufer bei Verkaufsverhandlungen) und der rechte den zweiten Verhandlungspartner (z.B. den potenziellen Verkäufer oder Lieferanten). Das Vorgehen bei diesem Venn-Diagramm unterscheidet sich nun leicht von den vorangegangenen:

1. In einem ersten Schritt identifizieren beide Verhandlungspartner ihre gemeinsamen Interessen und positionieren diese in der Schnittfläche der beiden Kreise (vgl. Abb. 15). Dies schafft Motivation für die Verhandlung und zeigt, dass man eigentlich die gleichen Hauptinteressen verfolgt.

2. In einem zweiten Schritt notieren die beiden Parteien dann ihre eigenen Partikularinteressen. Sie tun dies entweder direkt auf dem Diagramm in ihrem Kreis oder jeder für sich. Interessen, die der jeweiligen Partei besonders wichtig sind, werden dabei im oberen Bereich des Kreises platziert, weniger wichtige entsprechend weiter unten.

3. In einem dritten Schritt werden die möglichen Konzessionen und Kompromisse identifiziert (sofern man nun bereit ist, seine eigenen Interessen offen zu legen). In unserem Beispiel zeigt es sich z.B., dass eine rasche Lieferung dem Käufer gar nicht so wichtig ist, eine ausreichende Abklärungszeit für den Lieferanten jedoch äußerst wertvoll wäre. Also einigt man sich auf eine entsprechend längere Lieferfrist. Nachdem in diesem Schritt mögliche Kompromisse zwischen hoch- und niedrigpriorisierten Interessen der beiden Parteien

gefunden werden konnten, steht im vierten und letzten Schritt der schwierigste Teil der Verhandlung an:

4. Die Auflösung von diametral entgegengesetzten Interessen. In unserem Beispiel ist dies das Interesse des Käufers den bestmöglichen (sprich günstigsten) Preis bei einer garantierte Qualität und bei sehr gutem Service herauszuholen. Dies widerspricht dem Interesse des Lieferanten einen angemessenen, fairen (und margenwahrenden) Preis für seine Leistungen zu erzielen. Dieser Konflikt kann oft dadurch gelöst werden, dass man die weiteren grauen Punkte in den roten miteinbezieht und so eine für beide Parteien akzeptable Lösung findet. In unserem Beispiel wäre dies z.B. die Rechtfertigung eines hohen Preises durch außerordentliche Qualitäts- und Servicegarantien oder ein Preisnachlass bei gleichzeitiger Garantie von Nachfolgekäufen.

Nach der Vorstellung des Praxisbeispiels und der drei Varianten des Venn-Diagramms zeigen wir Ihnen in den nächsten beiden Abschnitten die Beurteilung durch unsere Kollegen inklusive der Verwendung der Diagrammkonzepte und erste Schritte für die Verwendung eines Venn-Diagramms.

V. Beurteilung des Dynagrams

Sagen wir es ohne Wenn und Aber: Venn-Diagramme sind universelle Denkwerkzeuge, die uns dabei helfen, uns zu fokussieren und durch eine rasche Segmentierung Ordnung und Klarheit zu schaffen. Bereits Aristoteles bemerkte, dass die weise Person klassifiziert (sapientis est ordinare). Mit dem Venn-Diagramm haben wir dafür eine unkomplizierte visuelle Anleitung. Es ist eine Methode, die Sie mit einem Blatt Papier und Stift, auf dem Tablet oder mit Software umsetzen können.

In Bezug auf die drei Diagrammprinzipien ist das Venn-Diagramm wie folgt zu beurteilen:

Schablone: Je nach Anwendungsgebiet gibt es eine ganze Reihe bewährter Venn-Kategorien: seien es Kriterien für neue Produkte (machbar, nutzbar, wünschbar), Elemente für die Marktanalyse (Konkurrenten, Sie und Ihr Kunde) oder Kompetenzen (Abb. 13).

Leitfaden: Das Venn-Diagramm strukturiert eine Diskussion in drei nützliche Phasen: 1. Worum geht es und wie stellen wir es dar? 2. Was gehört wo hin (und wie platzieren wir es)? 3. Was lernen wir aus dem Diagramm und was sollten wir demnach tun?

Einblick: Dies ist das dominante Prinzip dieses Dynagrams. Durch die dynamische Verwendung des Venn-Diagramms soll man auf neue Erkenntnisse stoßen. Im Praxisbeispiel

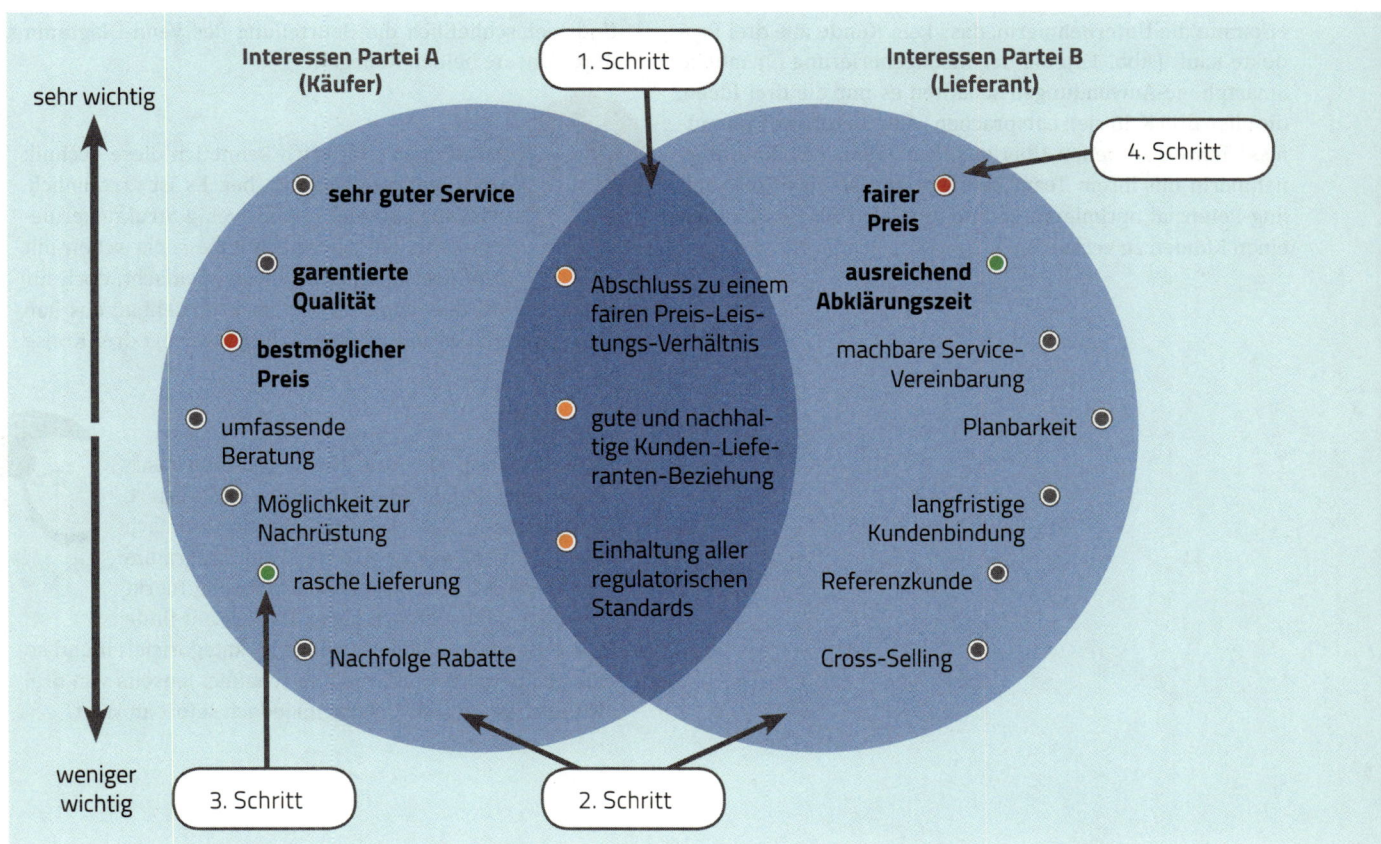

Abbildung 15: Ein Venn-Diagramm als Verhandlungsvorlage

erkannte die Unternehmerin, dass kein Kunde alle drei Produkte kauft (Abb. 12). Bei der Ideengenerierung für mobile Smartphone-Anwendungen schafften es nur die drei Ideen, die allen drei Kriterien entsprachen (Abb. 14). Diese Erkenntnisse führen zu neuen Überlegungen, wenn z.B. die Unternehmerin mit ihrem Team überlegt, wie sie das Cross-Selling-Potenzial optimieren könnte, um alle drei Produkte an einen Kunden zu verkaufen.

Und hier schließlich die Beurteilung des Venn-Diagramms durch unsere beiden Kollegen:

Anna Lyse: „Natürlich kenne ich diese Technik noch gut vom Studium her. Es ist erstaunlich, dass man so viel mit so wenig Struktur eruieren kann. Ich persönlich habe sogar schon mit fünf Kreisen gute Erfahrung gemacht, doch für andere wird dies dann schwer nachvollziehbar, das hab ich gemerkt. Darum reichen häufig zwei bis drei Kreise aus."

Kai Zit: „Zwei oder drei Kreise hat man rasch gezeichnet und damit ein Gespräch strukturiert, das gefällt mir. Natürlich ist es nicht ganz einfach auszuwählen, welche Art von Venn-Diagramm gerade passt, aber in meiner Erfahrung merkt man das dann ziemlich zügig. Interessant finde ich, dass man dabei lernt Dinge zu kategorisieren und so für alle beteiligten Klarheit zu schaffen. Jenseits von drei Kreisen verliert das Diagramm jedoch sofort an Wert."

Dürfen wir Sie nun bitten, Ihre eigene Bewertung der Kreis-grafiken abzugeben? Hat Sie der alte John überzeugt und sind Sie bereit, die Kreise auch außerhalb der Mengenlehre anzuwenden?

VI. Fazit & erste Schritte

Das Denken in mehreren Dimensionen fällt uns nicht immer leicht. Mit dem Venn-Diagramm können wir uns diese Routine jedoch einfach angewöhnen. Geben Sie dieser Diagrammform eine Chance und beginnen Sie mit der Version mit zwei Kreisen, indem Sie beispielsweise Kundenanforderungen und Produkteigenschaften visuell aufeinander abstimmen. Oder entdecken Sie Ihren ganz persönlichen Karriere-Sweet-Spot, indem Sie ein Venn-Diagramm mit Ihren eigenen Kompetenzen, denjenigen Ihrer Konkurrenten und den Anforderungen des Arbeitsmarkts erstellen.

Weitergedacht

— Gardner, M. (1958). Logic Machines and Diagrams. New York: McGraw-Hill [Kapitel 2] online erhältlich unter: http://monos¬kop.org/images/e/e6/Gardner_Martin_Logic_Machines_and_Diagrams.pdf, abgerufen am 1.Februar 2016.
— http://monoskop.org/images/e/e6/Gardner_Martin_Logic_Machines_and_Diagrams.pdf, abgerufen am 1. Februar 2016.

zum Rating (Einklappseite)

DIE MATRIX

Die Welt auf zwei Achsen

Denkdimensionen:		Überblick und Detail
		Innen und Außen
		Vergangenheit und Zukunft
		Analog und Digital
Kernprinzip:		Schablone

Anwendungsfelder: Wachstumsstrategien, Aufgabenplanung, Projektmanagement, Produkt- und Prozessentwicklung, Investitionsplanung, Wettbewerbsanalyse, Kundenmanagement, Fat Cats, Piranhas und Nörgler erkennen

I. Hintergrund, Kernidee und Anwendungsbereiche

Denken Sie bei der Matrix an den faszinierenden Film mit Keanu Reeves oder an die (etwas weniger spektakulären) vier Felder Darstellungen, in die viele Manager ihre Welt einteilen? Die erste ist sicherlich visuell attraktiver und unterhaltsamer als die zweite. Die zweite, die Managementmatrix, ist jedoch ein nützliches Strukturierungsinstrument – wenn Sie es dynamisch nutzen.

Eine Matrix stellt Ihnen zwei bewährte Achsen zur Verfügung, anhand derer Sie Ihre Optionen positionieren können. Je nachdem, welche Ausprägungen Sie für jede Achse wählen, ergibt sich daraus eine 4-Felder-, 9-Felder- oder auch 16-Felder-Matrix. Die Matrix unterstützt Sie in der Positionierung der Optionen, indem sie Ihnen zunächst die Auswahl zwischen oben oder unten und links oder rechts vorgibt. Im Verlauf dieses Kapitels werden wir zeigen, wie Sie dieses Vorgehen dynamisieren können - durch den Wechsel von einer 4-Felder- zu einer 9-Felder-Matrix, unter Verwendung von Zonen und durch das Sichtbarmachen von Entwicklungspfaden. Zudem gibt Ihnen die Bezeichnung der Felder bereits eine erste Erkenntnis über die Handlungsimplikationen, wie die folgende Matrix zeigt.

Schauen wir uns folgendes Einführungsbeispiel an: Mit der Aufwand-Wirkungs-Matrix können Sie effizienter planen und erkennen, wie Sie schnelle Erfolge erreichen, indem

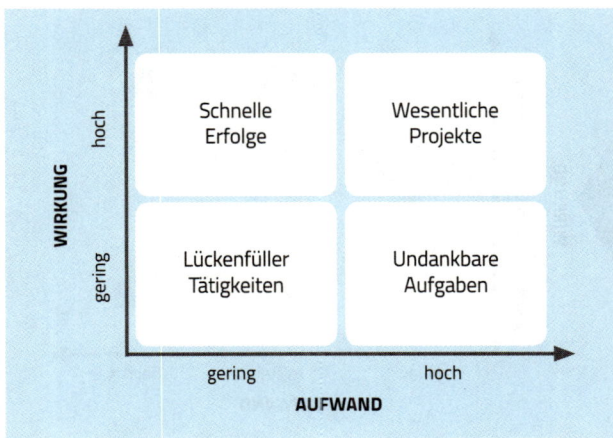

WIRKUNG

hoch

Schnelle
Erfolge

Wesentliche
Projekte

gering

Lückenfüller
Tätigkeiten

Undankbare
Aufgaben

gering   hoch

AUFWAND

Abbildung 16: Aufwand-Wirkungs-Matrix für effizientere Planung

Sie mit wenig Aufwand eine hohe Wirkung erzielen (Abb. 16). Diese clevere kleine Matrix hilft Ihnen auch dabei, die undankbaren Aufgaben zu identifizieren, deren Aufwand hoch, die Wirkung jedoch gering ist. Das kann immer dann nützlich sein, wenn Sie in kurzer Zeit viele Dinge erledigen müssen, wie etwa beim Abschluss eines Projektes oder vor einem wichtigen Anlass.

Die beiden Achsen und ihre Werte stellen dabei bewährte Kategorien als Schablone in der Matrix dar und reduzieren dadurch die Komplexität eines Aufgabenportfolios. Zudem signalisieren die Bezeichnungen der vier Felder bereits erste

Handlungsimplikationen, wie z.B. dass „schnelle Erfolge" rasch umgesetzt werden sollten. Darüber hinaus können Sie die Dynamik von Matrizen zur Gesprächsführung nutzen, indem Sie die Komplexität einer Matrix schrittweise erhöhen: Beginnen Sie, wie am Beispiel der Aufwand-Wirkungs-Matrix gezeigt, zunächst mit einer 4-Felder-Matrix und positionieren Sie Ihre Optionen in die vier Felder, indem Sie sich für jede Option zunächst nur für „oben" oder „unten" und „links" oder „rechts" entscheiden. Durch die spätere Ersetzung der vier Felder durch neun Felder können Sie dann eine präzisere Abstimmung und Anpassung der ursprünglichen Positionierung der Optionen vornehmen (Abb. 17 rechts).

Der Wechsel von der 4-Felder-Matrix zu der 9-Felder-Matrix führt zu einem präziseren Verständnis und hilft dabei, einen Gruppenkonsens zu erzielen. Dieses Vorgehen können Sie sowohl mithilfe einer Software, z.B. Let's Focus, unterstützen als auch mit Post-it®-Zettel oder Moderationskarten auf einer Pinnwand.

„Prioritäten setzen heißt auswählen,
was liegenbleiben soll."

HELMAR NAHR

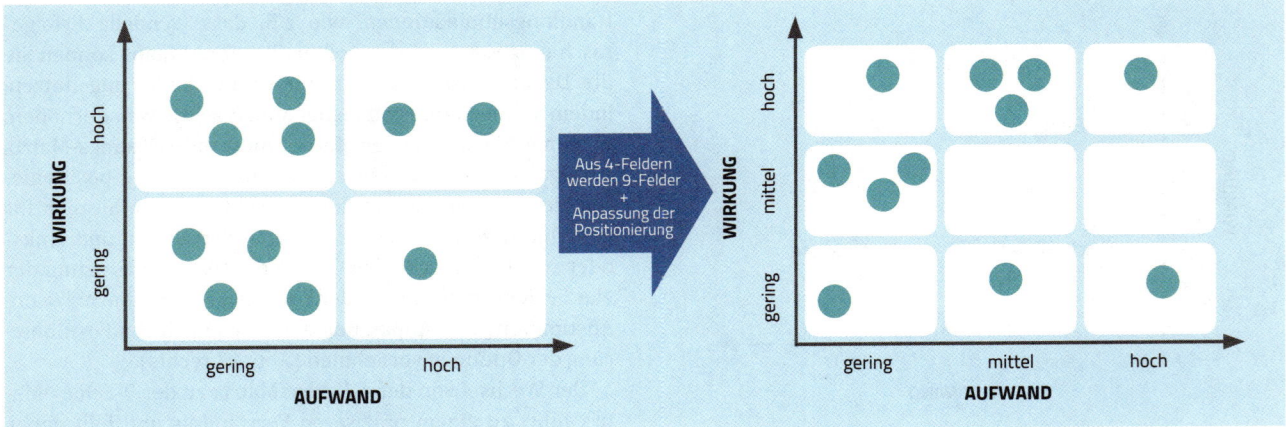

Abbildung 17: Dynamische Gesprächsführung durch Wechsel von 4 auf 9 Felder

Die Aufwand-Wirkungs-Matrix bietet so insgesamt vier Strategien für das Abarbeiten von Projekten und Tätigkeiten an:

1. Projekte und Tätigkeiten, die einen geringen Aufwand benötigen und gleichzeitig eine hohe Wirkung haben, bedeuten *schnelle Erfolge*. Damit können Sie Erfolgserlebnisse für sich und Ihr Team erkennen und schaffen. Es hilft Ihnen die wichtigsten Schritte zu priorisieren, insbesondere wenn Sie wenig Zeit haben. Dies wirkt sich motivierend auf Sie und Ihr Team aus.

2. Projekte und Tätigkeiten, die einen hohen Aufwand bedeuten, aber auch eine hohe Wirkung haben, sind *wesentliche Projekte*. Damit können Sie langfristig wichtige Projekte erkennen, für die Sie zwar einen hohen Aufwand in Kauf nehmen müssen, aber gleichzeitig wissen, dass es sich für Sie lohnen wird.

3. Projekte und Tätigkeiten, die für Sie einen geringen Aufwand bedeuten, jedoch auch eine geringe Wirkung haben, sind *Lückenfüller-Tätigkeiten*. Versuchen Sie nach Möglichkeit, entweder auf diese Projekte zu verzichten oder überlegen Sie sich, ob und wie Sie deren Wirkung erhöhen können.

4. Projekte und Tätigkeiten, die einen hohen Aufwand bedeuten, jedoch eine geringe Wirkung haben, sind *undankbare Aufgaben*. Vermeiden Sie diese oder suchen Sie nach Möglichkeiten, den Aufwand für diese Projekte und Tätigkeiten zu reduzieren.

Mit der vorgestellten Aufwand-Wirkungs-Matrix und der Dynamisierung durch schrittweises Verfeinern der Felder können Sie Ihre nächsten Schritte effizienter planen und „schnelle Erfolge" erzielen. Im nächsten Abschnitt strukturieren wir diese Idee in einem schrittweisen Vorgehen und geben Ihnen anschließend eine Tour durch die wichtigsten Managementmatrizen.

▌▌● Vorgehen

Trotz der Einfachheit der Matrix ist es sinnvoll, wenn Sie eine Matrix Schritt für Schritt erstellen. Die folgenden fünf Schritte zeigen, wie Sie schnell und sinnvoll eine Matrix entwickeln, Optionen positionieren und wie Sie im Anschluss neue Erkenntnisse daraus gewinnen.

1. **Achsen definieren:** Wählen Sie zunächst die beiden Achsen, die für Ihre Optionen relevant sind. Dabei können Sie entweder eine der in diesem Kapitel vorge- stellten berühmten Vorlagen verwenden oder eigene Achsen entwickeln. Wenn es z.B. um die effizientere Planung mit der Aufwand-Wirkungs-Matrix geht, dann verwenden Sie die beiden Achsen „Aufwand" und „Wirkung" (Abb. 16). **Schlüsselfrage: Nach welchen beiden Achsen wollen Sie die Optionen segmentieren?**

2. **Ausprägungen der Achsen definieren:** Legen Sie nun für beide Achsen jeweils zwei, drei, oder vier Ausprägungen fest, in die Sie die Optionen unterteilen wollen. Je nach Anzahl der Ausprägungen entsteht dadurch eine 4-Felder-Matrix (2x2 Felder), eine 9-Felder-Matrix (3x3 Felder) oder eine 16-Felder-Matrix (4x4 Felder). Die beiden zuvor festgelegten Achsen „Aufwand" und „Wirkung" unterscheiden jeweils die beiden Ausprägungen „gering" und „hoch" (Abb. 16). Durch die spätere Präzisierung wird auf jeder Achse der mittlere Wert „mittel" hinzugefügt (Abb. 17). In diesem Beispiel sind die Werte beider Achsen identisch, dies muss jedoch nicht der Fall sein. In der Übersicht der 4-Felder-Matrizen in diesem Kapitel werden Sie sehen, dass es auch unterschiedliche Werte für jede Achse geben kann. **Schlüsselfrage: In welche (2-4) Ausprägungen wollen Sie die beiden Achsen jeweils unterteilen?**

3. **Optionen positionieren:** Übertragen Sie nun jede Option in die leere 4-Felder-Matrix. Bestimmen Sie zunächst für jede Option, ob sie oben oder unten positioniert werden soll und anschließend, ob die Option links oder rechts positioniert werden soll. Wenn Sie z.B. die Tätigkeit „bestehende Ansprechpartner kontaktieren" als „Aufwand → Gering" und „Wirkung → Hoch" definiert haben, dann können Sie diese Tätigkeit in das obere linke Feld mit der Bezeichnung „Schnelle Erfolge" in der Matrix positionieren.
Schlüsselfrage: Welche Option passt in welches Feld in der Matrix?

4. **Erkenntnisse gewinnen:** Wenn Sie alle Optionen positioniert haben, dann schauen Sie sich das Gesamtbild an. Halten Sie Ausschau nach Bereichen mit besonders vielen, besonders wenigen oder gar keinen Optionen. Was können Sie bezüglich der Anordnung der Optionen erkennen? Schauen Sie nach Optionen, die Sie visuell als Ausreißer erkennen können. Was können Sie über diese Option aussagen?
Schlüsselfrage: Was springt Ihnen ins Auge? Wo gibt es viele, wo wenige, wo keine Optionen?

5. **Handlungsimplikationen erkennen:** Im fünften Schritt können Sie für die Optionen in den vier Feldern entsprechende Handlungsimplikationen ableiten und Entscheidungen treffen. Exemplarisch haben wir dies bereits im Einführungsbeispiel für die vier Handlungsfelder erörtert.
Schlüsselfrage: Wie lauten die Handlungsimplikationen für die Optionen in den einzelnen Feldern der Matrix?

Lassen Sie uns dieses Vorgehen nun anhand einer realen Fragestellung durchspielen.

 **Praxisbeispiel**

Ein Start-up-Unternehmen verdient sein Geld mit der Organisation von Anlässen für die Mitarbeiter von Großunternehmen im IT-Bereich und möchte diese Veranstaltungen nun auf Mitarbeiter im Personal-Bereich ausweiten. Die beiden Eigentümer sitzen mit den beiden Event Management Spezialisten zusammen und überlegen, wie sie Sponsoren für derartige Events gewinnen können.

Sie nutzen die Aufwand-Wirkungs-Matrix, um ihre Ideen zu positionieren. Dabei hilft ihnen die Einteilung von Aufwand und Wirkung in jeweils gering und hoch, um ihre Ideen zu konkretisieren. Beispielsweise überlegt sich der Verantwortliche für Sponsoren, dass es ein geringer Aufwand wäre, die bestehenden Sponsorenkontakte im IT-Bereich zu kontaktieren und diese nach Kontakten in ihrem Unternehmen

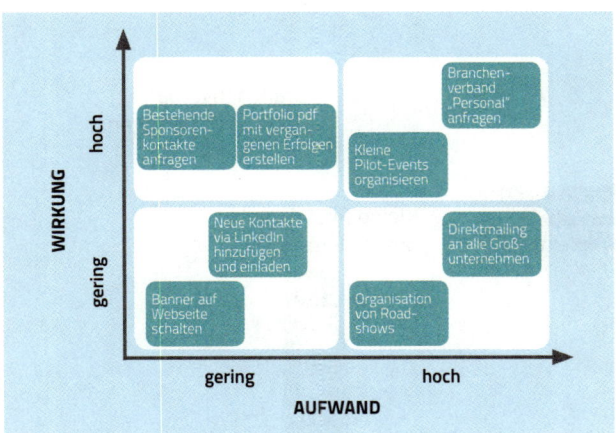

Aspekt *mehr Wirkung* für Elemente im unteren linken Feld zu erzielen, sondern auch zu eruieren, wie man den *Aufwand* für die beiden rechts liegenden Felder *reduziert*, also wie man z.B. ein Direktmailing mit geringerem Aufwand organisieren kann. Diese erweiterten Denkvarianten führen zu einer neuen Dynamik im Team und die Matrix wird mit besseren Ideen ergänzt (Abb. 19).

Bei der Anwendung der Aufwand-Wirkungs-Matrix konnte das Team verstehen, wie die beiden Dimensionen der Matrix und deren Werte eine bewährte Struktur vorgeben (Schablonen-Prinzip). Daneben konnten Sie sehen, wie Sie mithilfe des Wechsels von vier Feldern zu neun Feldern und unter Verwendung von Pfeilen, die einen Wechsel von einem Feld zum anderen suggerieren, mehr Dynamik in die Gesprächsführung bringen können (Leitfaden-Prinzip). Zudem konnten Sie bereits erste Erkenntnisse und Handlungsimplikationen aus den Bezeichnungen der Felder, wie z.B. „Schnelle Erfolge", generieren (Einblick-Prinzip).

Im folgenden Abschnitt finden Sie einige Darstellungsvarianten von Matrizen, damit Sie dieses wichtige und einfache Denkwerkzeug besser ausreizen und damit in Stereo denken lernen. Daran anschließend finden Sie eine Galerie von bekannten 4-Felder-Matrizen mit bewährten Achsen.

Abbildung 18: Die Aufwand-Wirkungs-Matrix zur Akquise von neuen Sponsoren

im Personal-Bereich zu fragen, was eine hohe Wirkung erzielen könnte. In dieser Weise positionieren die Teilnehmer der Runde alle Ideen auf der Aufwand-Wirkung-Matrix (Abb. 18).

Nach der Positionierung der Ideen beschließt das Team, weiter an diesen Gedanken zu feilen. Statt lediglich mehr Ideen zu entwickeln, überlegen die Manager, wie sie den Ideen mit geringem Aufwand aber auch geringem Effekt mehr Wirkung geben können. Daraufhin kommt die Matrix in Bewegung und es entwickelt sich eine neue Dynamik im Gespräch. Die Überlegungen gehen dahin, nicht nur den

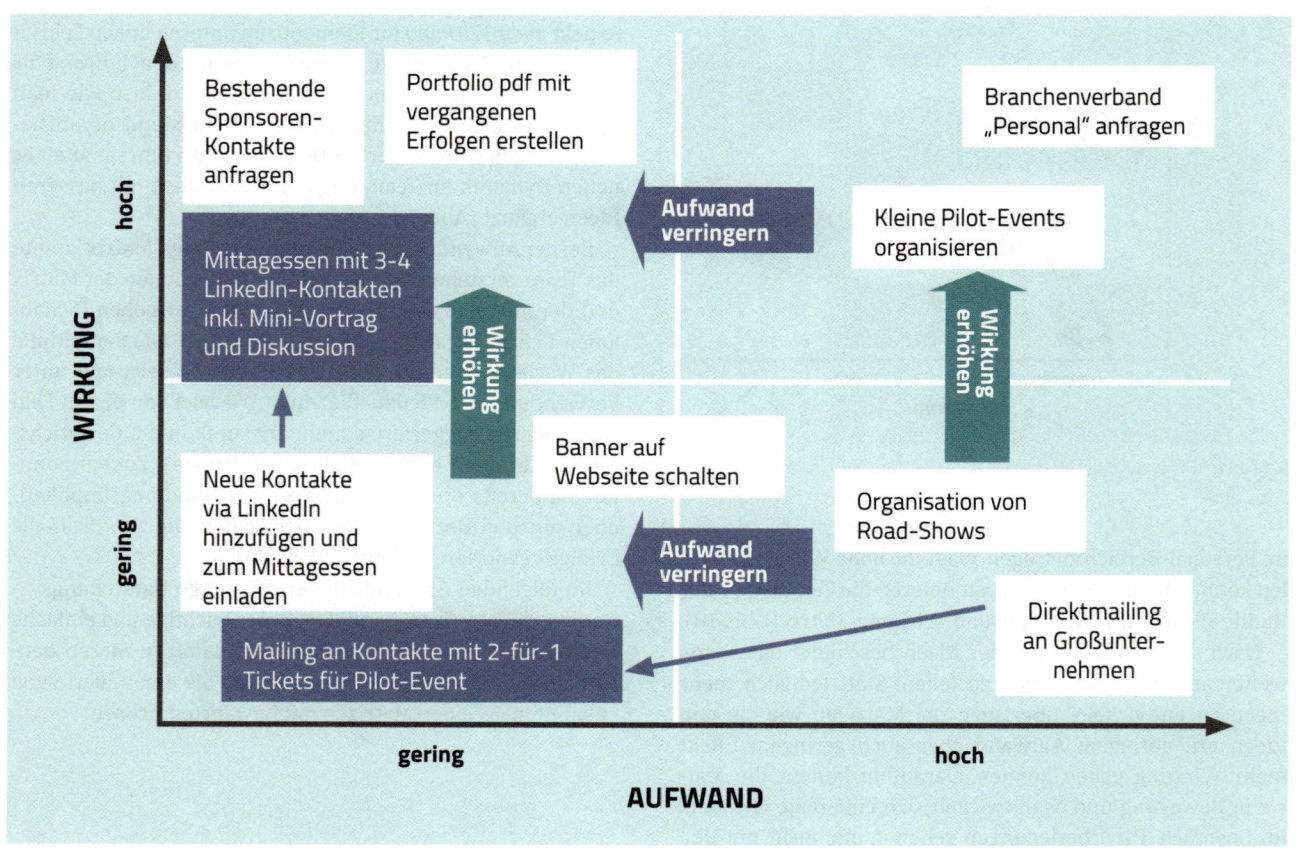

Abbildung 19: Die Aufwand-Wirkung-Matrix zur Akquise von neuen Sponsoren

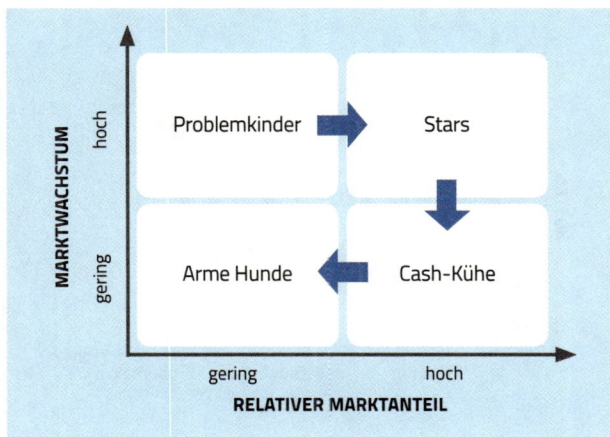

Abbildung 20: Gesprächsführung durch Entwicklungspfade am Beispiel der BCG-Matrix

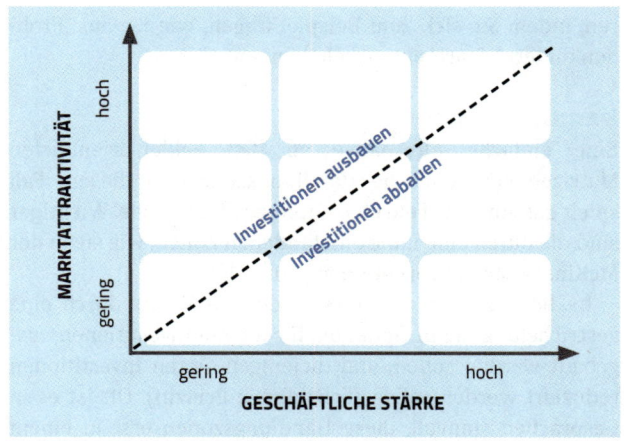

Abbildung 21: Handlungszonen in der McKinsey Matrix

IV. Varianten

Mit den folgenden Varianten können Sie Matrizen optimieren, um bewährte Strukturen vorzugeben, das Gespräch zu strukturieren und neue Erkenntnisse zu erlangen. Diese Varianten heißen: (a) Entwicklungspfade, (b) Handlungszonen, (c) Optionsgrößen, (d) Einfärbung, (e) die 8-Felder-Matrix und (f) das Kompromiss-Feld.

Entwicklungspfade

Sie können in einer Matrix Entwicklungspfade mit Hilfe von Pfeilen aufzeigen. Die sogenannte BCG-Matrix zeigt die idealtypische Entwicklung von Geschäftseinheiten (Abb. 20) nach deren Marktanteil und dem Wachstum des Marktes selbst. Ziel ist es dabei möglichst, viele Stars im Geschäftsportfolio zu besitzen, also Geschäfte mit hohem Marktanteil in wachsenden Branchen.

Durch diese Entwicklungspfade können Sie Gespräche über einzelne Prozesse und Produkte aber auch über das Gesamtportfolio und zukünftige Entwicklungen strukturieren, indem Sie sich zum Beispiel fragen, wie Sie aus ‚Problemkindern' ‚Stars' entwickeln können.

Handlungszonen

Eine einfache Alternative zu den Felder-orientierten Matrizen sind einfache Handlungszonen. In diesem Fall spielt das einzelne Feld eine untergeordnete Rolle. Wichtiger sind die durch eine Linie entstandenen Zonen, wie sie in der McKinsey-Matrix vorkommen (Abb. 21).

In diesem Beispiel unterscheidet die Matrix durch eine gestrichelte Linie in Optionen, für die die Investitionen ausgebaut werden sollen, und diejenigen, deren Investitionen reduziert werden sollen (Schablonen-Prinzip). Oft ist es in Gesprächen sinnvoll, diese Handlungszonen erst in einem zweiten Schritt einzublenden, nachdem die Teammitglieder die bestehenden Optionen oder Objekte bereits platziert haben. Sonst wird vielleicht bereits die Platzierung der Elemente in der Matrix äußerst taktisch und nach Eigeninteressen vorgenommen.

Optionsgrößen

Sie können den Optionen durch die Verwendung von Größenunterschieden ergänzende Informationen hinzufügen und somit das Potenzial für neue Erkenntnisse erhöhen (Einblick-Prinzip).

In der Projekt-Portfolio-Matrix erhalten Sie damit neben der Position in Bezug auf die beiden Achsen „Zeit" und „Kos-

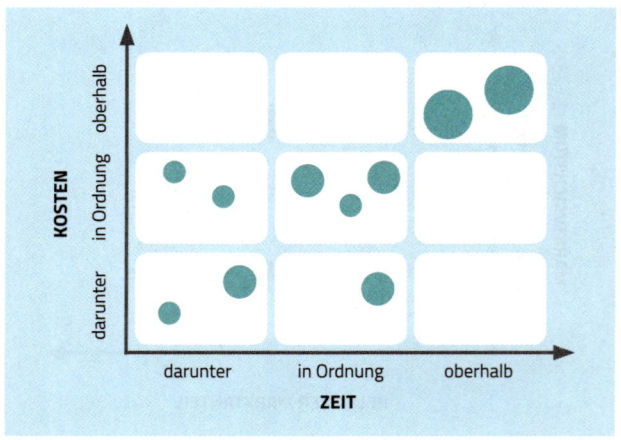

Abbildung 22: Mehr Einblick durch die Verwendung von Visualisierungsformen in der Matrix

ten" zusätzlich über die Größe der Kreise eine Erkenntnis über die Dimension des Projektes gewinnen, wenn z.B. die Größe der Kreise für die strategische Wichtigkeit der Projekte steht (Abb. 22). Im Beispiel in Abbildung 22 können Sie dadurch erkennen, dass die beiden wichtigsten Projekte, die einzigen Projekte sind, die sowohl was die Zeit als auch was die Kosten geht oberhalb des vereinbarten Rahmens sind.

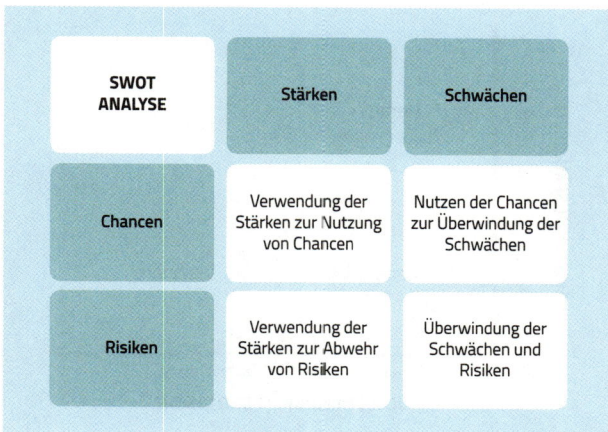

Abbildung 23: SWOT Analyse mit der 8-Felder-Matrix

Einfärbung

Zusätzlich können Sie über die farbliche Kodierung der Felder in einer Matrix vorher definierte Kategorien vorgeben. Bei einer Risikoanalyse können die Farben dem Risikoniveau entsprechen, wie etwa grün für ein geringes Risiko, gelb für ein mittleres Risiko und rot für einen hohen Risikograd (Schablonen-Prinzip).

8-Felder-Matrix

Anhand der SWOT-Matrix sehen Sie, dass es nicht immer vier Felder sein müssen, die die Welt bedeuten, sondern dass es auch acht Felder sein können. Die SWOT-Matrix beschreibt die Stärken und Schwächen einer Organisation und die Chancen und Risiken des Marktes (Schablonen-Prinzip). Sie ist die wohl am häufigsten missverstandene Matrix, da sie oftmals mit nur vier Feldern dargestellt wird, sie besteht jedoch aus acht Feldern.

Zunächst müssen Sie sich jeweils der Stärken, Schwächen, Chancen und Risiken bewusstwerden und diese in den grünen Feldern notieren (Abb. 23). Auf Basis dieser Beschreibungen entwickeln Sie nun vier Optionen: (1) Verwendung der Stärken zur Nutzung der Chancen, (2) Nutzung der Chancen zur Überwindung der Schwächen, (3) Verwendung der Stärken zur Abwehr der Risiken, und (4) Überwinden der Schwächen und Risiken. Die einzelnen Komponenten, wie z.B. „Chancen", können oftmals leicht benannt werden, jedoch ist die Entwicklung von Strategien schwierig, wie z.B. die Verwendung der Stärken zur Abwehr der Risiken.

Kompromiss-Feld

Sie können die klassische 4-Felder-Matrix mit einem fünften Kompromiss-Feld in der Mitte der Matrix ergänzen, indem Kompromisse positioniert werden können. Dieses zusätzliche Feld dient dazu, Kompromisse explizit zu machen, und hilft Ihnen vor allem dann, wenn Sie statt Kompromissen eher extreme Positionen anstreben wollen (Leitfaden-Prinzip).

Nachdem Sie nun einige Varianten zur Optimierung von Matrizen kennengelernt haben, folgt wie versprochen eine Übersicht von bekannten 4-Felder-Matrizen, die Sie als Inspirationsquelle nutzen können.

Inspiration durch bekannte 4-Felder-Matrizen

Die folgenden 4-Felder-Matrizen helfen Ihnen bei der Positionierung von Optionen und der Entscheidungsfindung in den Bereichen Wettbewerb durch den Gartner Magic Quadrant, das Wettbewerberverhalten, die McKinsey-Wettbewerb-Typologie und Porters Wettbewerbsmatrix, für den Bereich Kunden-Management durch die Kundenmatrix, für den Bereich Projekt-Management durch die Projektmatrix und für Wachstumsstrategien durch die Ansoff-Matrix. Wie sie unschwer erkennen können, kommt auch der fantasie- und ausdrucksvollen Bezeichnung der vier Felder eine wichtige Bedeutung zu, um die kommunikative Funktion von Matrizen zu stärken.

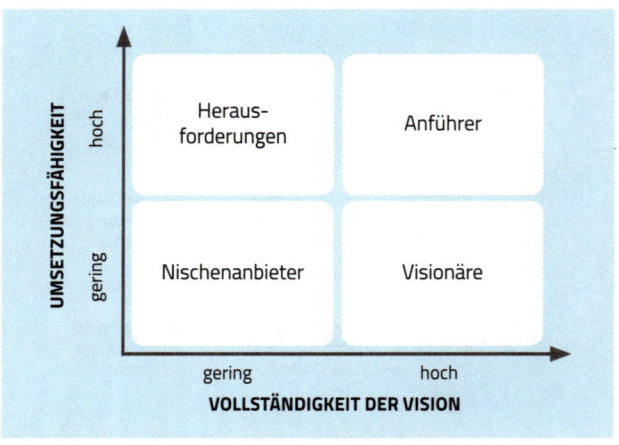

Abbildung 24: Gartner Magic Quadrant

Gartner Magic Quadrant

Positionierung von Wettbewerbern/Anbietern, insbesondere im Technologiebereich, auf den zwei Achsen: Umsetzungsfähigkeit und Vollständigkeit der Vision. Beide Achsen sind jeweils in „gering" und „hoch" unterteilt, so dass sich vier Felder ergeben: Herausforderer, Anführer, Nischenanbieter und Visionäre.

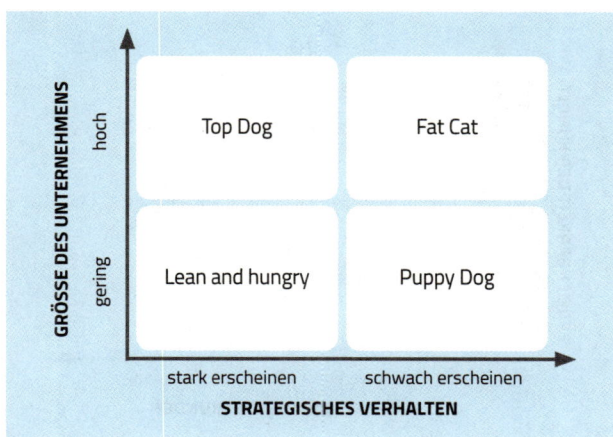

Abbildung 25: Wettbewerberverhalten

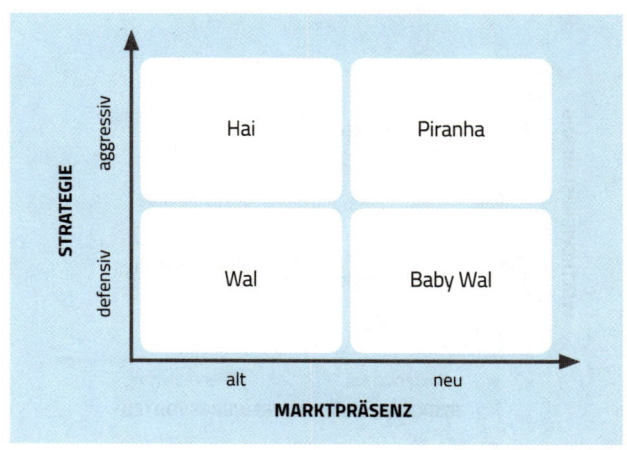

Abbildung 26: McKinsey Wettbewerb-Typologie

Wettbewerberverhalten

Positionierung von strategischem Wettbewerberverhalten auf zwei Achsen: Größe des Unternehmens und strategisches Verhalten. Dementsprechend ergeben sich die vier Felder: Top Dog (Bestie), Fat Cat (Schnurrkater), Lean and hungry (kleiner Kampfhund) und Puppy Dog (Welpen).

McKinsey Wettbewerb-Typologie

Positionierung des Wettbewerberverhaltens nach McKinsey in defensive oder aggressive Strategie und alte oder neue Marktpräsenz und der entsprechenden vier Felder: Hai, Piranha, Wal und Baby Wal Konkurrenten.

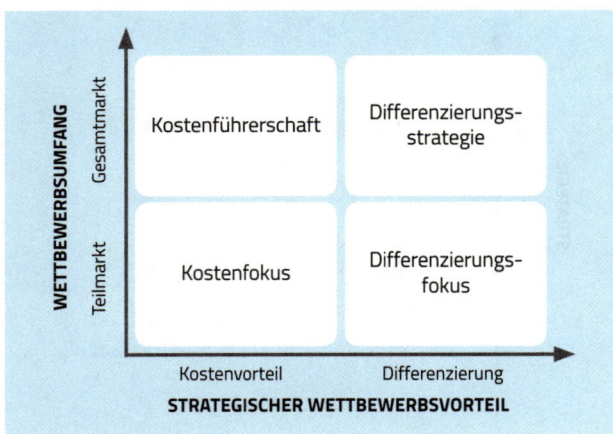

Abbildung 27: Wettbewerbsmatrix nach Porter

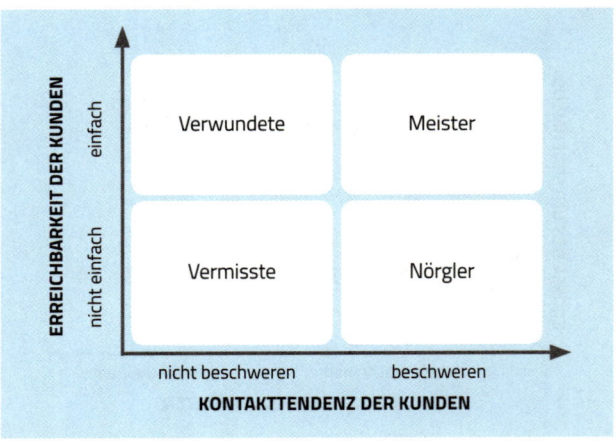

Abbildung 28: Kunden-Matrix

Wettbewerbsmatrix nach Porter

Positionierung von generischen Wettbewerbsstrategien auf den beiden Achsen: Wettbewerbsumfang (Teilmarkt, Gesamtmarkt) und strategischer Wettbewerbsvorteil (Kostenvorteil, Differenzierung) und die sich daraus ergebenen vier Felder: Kostenführerschaft, Differenzierungsstrategie, Kostenfokus und Differenzierungsfokus.

Kunden-Matrix

Positionierung von Kunden auf zwei Achsen: Erreichbarkeit der Kunden (nicht einfach, einfach) und Kontakttendenz der Kunden (nicht beschweren, beschweren), aus denen sich entsprechend vier Felder resultierenden: Verwundete, Meister, Vermisste und Nörgler.

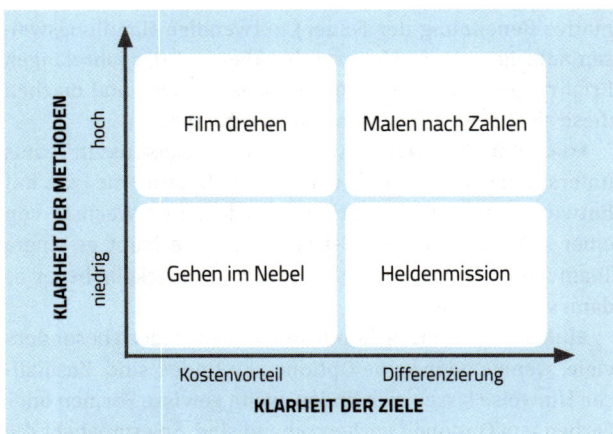

Abbildung 29: Projekt-Matrix

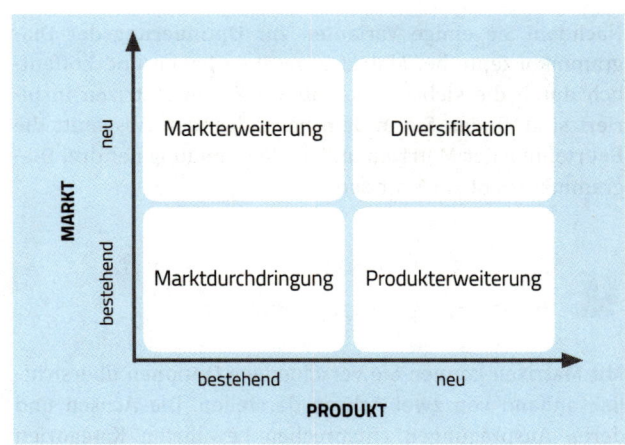

Abbildung 30: Ansoff-Matrix

Projekt-Matrix

Positionierung von Projekttypen durch die beiden Achsen: Klarheit der zu verwendenden Methoden (niedrig, hoch) und Klarheit der Ziele (niedrig, hoch) und den sich daraus ergebenen vier Felder: Film drehen, Malen nach Zahlen, Gehen im Nebel und Heldenmission.

Ansoff-Matrix

Die Ansoff-Matrix, oder z.T. auch Produkt-Markt-Matrix genannt, findet Anwendung in der Analyse und Planung von Wachstumsstrategien von Unternehmen. Die Ansoff-Matrix unterscheidet die beiden Achsen Produkt und Markt, die jeweils in die beiden Ausprägungen „bestehend" und „neu" unterschieden werden, woraus sich vier Handlungsfelder ergeben: Markterweiterung, Diversifikation, Marktdurchdringung und Produkterweiterung.

Nachdem Sie einige Varianten zur Optimierung der Diagrammkonzepte bei Matrizen gesehen haben und hoffentlich durch die sieben bekannten 4-Felder-Matrizen inspiriert sind, finden Sie in dem nachfolgenden Abschnitt die Beurteilung der Matrizen und die Verwendung der drei Diagrammkonzepte in Matrizen.

V. Beurteilung des Dynagrams

Mit Matrizen können Sie verschiedene Optionen übersichtlich anhand von zwei Achsen darstellen. Die Achsen und deren Ausprägungen entsprechen bewährten Kategorien und helfen Ihnen somit, Ihre Optionen zu beurteilen und Prioritäten zu setzen. Matrizen helfen bei produktiven Gesprächen und machen neue Möglichkeiten sichtbar.

Trotz dieser Vorteile kann die Matrix aufgrund ihrer stark vereinfachten Darstellung auch als Realitätsverzerrung kritisiert werden. Daher sollten Sie bei der Verwendung vorsichtig sein und gleiche Sachverhalte mit unterschiedlichen Matrizen visualisieren.

Schablone: Matrizen teilen Optionen durch bewährte Kategorien in handlungsrelevante, leicht merkbare Bereiche auf. Diese Bereiche können einem Feld oder einer Zone in der Matrix entsprechen. Zudem kann die Matrix als Stellgerüst für sinnvolle Diskussionen dienen und (durch die informative Benennung der Felder) notwendige Handlungsweisen aufzeigen. Viele Matrizen beruhen auf der jahrelangen Erfahrung von Beratern und Wissenschaftlern und machen diese als 4-Felder-Schablone einfach nutzbar.

Leitfaden: Matrizen können den Gesprächsfluss in Teams unterstützen, wenn sie als dynamische Diagramme (z.B. mit Entwicklungspfaden) begriffen werden. Der Wechsel von einer 4-Felder- zu einer 9-Felder-Matrix erlaubt es einem Team zuerst einen groben Konsens zu entwickeln, bevor es dann schärfer über Details nachdenkt.

Einblick: Achten Sie darauf, in welchen Feldern besonders viele, wenige oder keine Optionen zu finden sind. Zusätzliche Hinweise lassen sich finden, wenn gewisse Formen oder Farben von Optionen vorherrschend sind. So ermöglicht die Matrix Erkenntnisse auf einen Blick.

Und auf der folgenden Seite schließlich die Beurteilung der Matrizen durch unsere beiden Kollegen:

Anna Lyse: „Ich finde die Matrix schon gut, weil ich einen schnellen Überblick erhalte. Dennoch wirkt sie auf mich zu flach, denn wie kann ich, z.B. bei der Ansoff-Matrix, die Stärken und Schwächen des Unternehmens aufführen und wo sehe ich, was die Konkurrenz macht? Da würde ich dann schon mehrere Matrizen zusammen nutzen, wie z.B. die Ansoff-Matrix mit der 8-Felder SWOT Matrix."

Kai Zit: „Mit den Matrizen fühle ich mich einfach wohl, die kenne ich. Da kann ich sehr schnell ablesen, auf was oder wen ich mich fokussieren soll und entsprechende Entscheidungen fällen. Matrizen versteht wirklich jeder, auch über Sprach- und Abteilungsbarrieren hinweg. Wenn Du einen Manager wie mich erreichen willst, dann sags mit einer Matrix."

Geben Sie bitte nun Ihre eigene Bewertung für die Matrizen auf der Innenseite des Buchdeckels ab.

VI. Fazit & erste Schritte

Machen wir uns nichts vor: Die Informationen in einer Matrix sind oft nur eine extrem selektive Momentaufnahme. Wir müssen die vier Felder, die die (Management-)Welt bedeuten, deshalb regelmäßig aktualisieren, mit einer gesunden Dosis Skepsis hinterfragen und vor allem mit weiteren Informationen und Darstellungsformen *ergänzen*, um ein stimmiges Gesamtbild zu erhalten. Für Ihre eigene Arbeit mit Matrizen empfehlen wir, das Rad nicht neu zu erfinden, sondern mit bewährten Schablonen bzw. Achsen zu arbeiten. Nichtsdestotrotz kann für ein spezifisches Problem auch eine Matrix Marke „Eigenbau" nützlich sein. Achten Sie dabei auf relevante und voneinander relativ unabhängige Achsen mit klaren Ausprägungen. Vergessen Sie dabei auch nicht, die Felder der Matrix mit klaren, informativen, überraschenden und leicht merkbaren (handlungsleitenden) Überbegriffen zu versehen. Das macht Ihre Matrix nicht nur besonders nützlich, sondern auch spannender, ja vielleicht sogar faszinierend. Womit wir wieder beim gleichnamigen Film und der Ausgangsfrage dieses Kapitels gelandet sind.

Weitergedacht

— Ansoff, H.I. (1965). Checklist for Competitive and Competence Profiles. In Ansoff, H.I. (Hrsg.), Corporate Strategy, New York: McGraw-Hill.

zum Rating (Einklappseite)

DAS LIEBESDREIECK

Beziehungen verstehen

Denkdimensionen:  Überblick und Detail

 Ist und Soll

 Vergangenheit und Zukunft

 Innen und Außen

Kernprinzip: Schablone

 Einblick

Anwendungsfelder: Beziehung zu Partner/in, Beziehung zur Arbeit, Beziehung zu sich selber, Beziehung zu Marken, Beziehung zur Schwiegermutter oder zum Finanzamt

▌• Hintergrund, Kernidee und Anwendungsbereiche

Auf den ersten Blick mag Ihnen ein Liebesdiagramm in einem Buch für Manager ungewöhnlich erscheinen. Sie werden jedoch überrascht sein, wie vielseitig und weit über die klassische Beziehung hinaus Sie dieses Diagramm anwenden können, von der Analyse des eigenen Berufes, über die Bindung an Marken, bis hin zu ihrem eigenen Selbstverständnis.

Robert Sternberg ist einer der renommiertesten Psychologen der Vereinigten Staaten. Er war Präsident der Psychologenvereinigung und beschäftigte sich lange Jahre mit unterschiedlichen Intelligenzmodellen. Dabei versuchte er, die daraus gewonnenen Erkenntnisse auf die Beziehung zwischen Menschen zu übertragen. So entstand seine Dreieckstheorie der Liebe, in der Sternberg davon ausgeht, dass sich das Phänomen der Liebe aus drei Komponenten zusammensetzt, die wir in Form eines Dreiecks darstellen können. Jede Seite des Dreiecks bezeichnet dabei eine Liebeskomponente, nämlich: Vertrautheit, Leidenschaft und Bindung (Abb. 31).

Vertrautheit, im Originaldiagramm wird dies auch mit Intimität bezeichnet, ist die emotionale Komponente einer Beziehung. Sie ist eng mit dem Konstrukt der Sympathie verbunden und umfasst positive Gefühle, emotionale Unterstützung und die Pflege einer von Vertrauen getragenen Verständigung. Leidenschaft, die auch als Passion bezeichnet wird, ist die motivationale Komponente einer Beziehung,

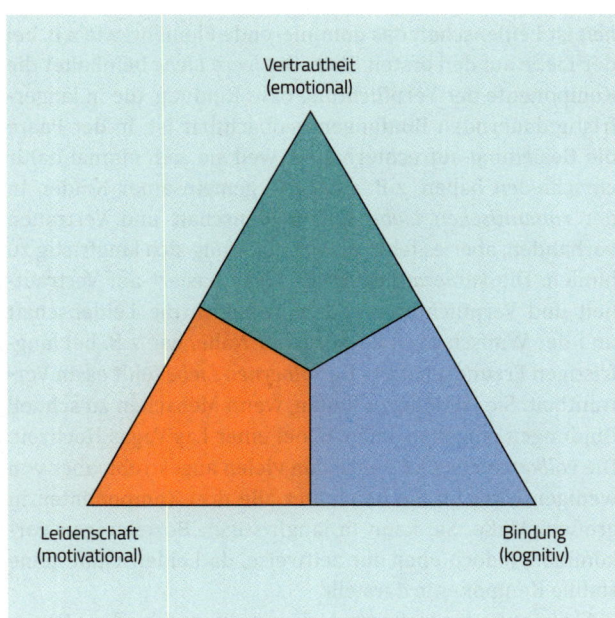

Abbildung 31: Die drei Komponenten der Liebe

tung bezeichnet wird, ist die kognitive Komponente, die man in kurzfristig oder langfristig unterteilen kann. Findet ein Mensch einen anderen sympathisch und verbringt Zeit mit diesem, ohne an eine langfristige Beziehung zu denken, dann ist es zunächst eine kurzfristige Bindung. Wenn jedoch darüber nachgedacht wird, ob dieser Mensch die richtige Partnerin oder der richtige Partner ist, dann handelt es sich um eine längerfristige Bindung.

Diese drei Komponenten beeinflussen sich gegenseitig und treten gemeinsam auf, wobei die drei Bereiche nicht in jeder Beziehung eine gleich große Bedeutung haben und im Diagramm entsprechend verschieden große Flächen einnehmen. In engen Beziehungen spielt Vertrautheit eine größere Rolle als in Beziehungen, die nur wenig Nähe aufweisen. Die Beziehungsdauer muss auch in Betracht gezogen werden, denn in kurzen Beziehungen kann Leidenschaft eine größere Rolle spielen als Vertrautheit, die sich erst entwickeln muss.

Sternberg unterscheidet so acht Arten von Beziehungstypen (Abb. 32). Menschen können im Laufe ihres Lebens unterschiedliche Arten der Liebe durchleben; sei es mit den gleichen oder unterschiedlichen Partnern.

da sie ein hohes Engagement fördert. Sie beinhaltet, dass man sich vom anderen angezogen fühlt, dass man seine/ihre Nähe schätzt, dass man den Wunsch hat, sich dem anderen auch körperlich hinzugeben, und das Verlangen hat, dass der andere dies auch tut. Bindung, die auch als Verpflich-

„Wenn einem die Treue

Spaß macht, dann ist es Liebe."

JULIE ANDREWS

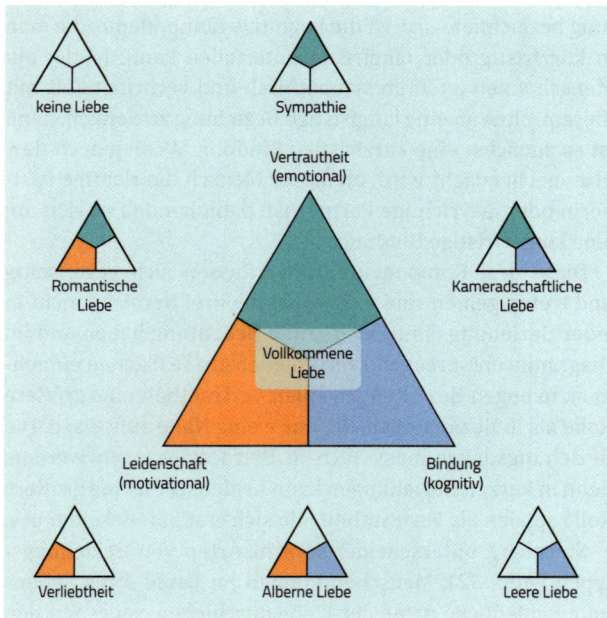

Abbildung 32: Acht Beziehungstypen bzw. Arten der Liebe

heit ist Leidenschaft das dominierende Element, wie z.B. bei der Liebe auf den ersten Blick. Die *leere Liebe* beinhaltet die Komponente der Verpflichtung bzw. Bindung, die in längerfristig dauernden Bindungen beobachtbar ist, in der Paare die Beziehung aufrechterhalten, weil sie sich einmal dafür entschieden haben, z.B. aufgrund gemeinsamer Kinder. In der *romantischen Liebe* sind Leidenschaft und Vertrauen vorhanden, aber es fehlt die Verpflichtung sich langfristig zu binden. Die *kameradschaftliche Liebe* basiert auf Vertrautheit und Verpflichtung, es fehlen jedoch die Leidenschaft und der Wunsch nach körperlicher Nähe, wie z.B. bei langfristigen Freundschaften. Der *albernen Liebe* fehlt es an Vertrautheit. Sie ist dann zu finden, wenn Menschen zu schnell Bindungen eingehen, wie z.B. bei einer Las Vegas Hochzeit. Die *vollkommene Liebe* wird von vielen angestrebt, aber von wenigen erreicht. Sie beinhaltet alle drei Komponenten in großem Maße. Sie kann in langfristigen Beziehungen vorkommen, jedoch eher nur zeitweise, da Leidenschaft keine stabile Komponente darstellt.

Sie können das Liebesdreieck nun auf verschiedene Beziehungen anwenden. Neben der Anwendung auf klassische Liebesbeziehungen mit Ihrem Partner oder Ihrer Partnerin, können Sie das Diagramm verwenden, um Ihre Beziehung zu sich selbst, zu Ihrer Arbeit und zur Analyse von Kundenbeziehungen und Beziehungen zwischen Kunden und Marken zu verwenden.

Bei der *Nicht-Liebe* ist keine der drei Komponenten vorhanden, wie z.B. bei oberflächlichen Interaktionen zwischen Menschen. *Sympathie* ist fokussiert auf Vertrautheit, wie z.B. in kurzen Beziehungen oder Freundschaften. Bei *Verliebt-*

Nachfolgend und im weiteren Verlauf dieses Kapitels finden Sie zahlreiche Beispiele, die aufzeigen, dass das Liebesdreieck weit über die Liebesbeziehung hinaus Erkenntnisse liefern kann. Nach der Vorstellung der drei Komponenten des Diagramms und den acht Arten der Liebe, werden Sie nun anhand der Beschreibung des Vorgehens sehen, wie Sie viele Formen von Beziehungen visuell analysieren und damit besser verstehen können.

▌▌▌ Vorgehen

Wie können Sie das Liebesdreieck als dynamisches Diagramm nutzen, um Beziehungen besser zu verstehen und vielleicht auch anders zu gestalten? Probieren Sie das folgende Vorgehen in vier Schritten aus:

1. **Beziehung identifizieren:** Überlegen Sie sich zunächst, welche Beziehung Sie sich genauer anschauen wollen. Dabei kann es sich um eine Beziehung zu einer Person (z.B. Partner/in, sich selbst), einer Sache oder Tätigkeit (z.B. Arbeit) oder auch zwischen einer Gruppe und einer Sache (z.B. Kundengruppe und Marke) handeln. **Schlüsselfrage: Welche Beziehung (zu wem oder was) wollen Sie analysieren?**

2. **Komponenten einschätzen:** Schätzen Sie diese Beziehung in Bezug auf die drei Komponenten Vertrautheit, Leidenschaft und Bindung ein. Dabei kann es sich um eine niedrige, mittlere oder hohe Intensität handeln. Tragen Sie die Intensität entsprechend in das Diagramm ein. Vergewissern Sie sich, dass die jeweilige Intensität der drei Komponenten im Verhältnis zueinander stimmt. Je mehr Sie einen Teil des Diagramms einfärben, desto ausgeprägter ist die Komponente. **Schlüsselfrage: Wie hoch ist die Intensität der drei Komponenten in Bezug auf die Beziehung?**

3. **Beziehung analysieren:** Schauen Sie sich die Intensität der drei Komponenten an. Halten Sie dabei Ausschau nach besonders vollen und besonders leeren Bereichen im Diagramm. Sie können zusätzlich das Gesamtbild des Diagramms mit den acht Arten der Beziehung vergleichen und so eine Beurteilung vornehmen. Schauen Sie, welche der drei Komponenten für Sie stimmig sind und wo Sie sich eine Veränderung wünschen. **Schlüsselfrage: Wie sieht das Gesamtbild des Diagramms aus? Wie ist die Situation für jede der drei Komponenten? Was soll sich ändern?**

4. **Handlungsimplikationen entwickeln:** Überlegen Sie sich nun, wie Sie (falls nötig) Veränderungsschritte konkret angehen können. Planen Sie Maßnahmen, um

die identifizierten Potenziale anzugehen bzw. Defizite zu beheben.

Schlüsselfrage: Welche Handlungschancen ergeben sich aus dem Diagramm?

Sie können mit dem Liebesdreieck Ihre Beziehungen am einfachsten mit Stift und Papier analysieren. Zeichnen Sie das Dreieck in schwarz und wählen Sie für die drei Komponenten jeweils eine Farbe, wie in unserem Beispiel orange für Leidenschaft, grün für Vertrautheit und blau für Bindung. Ein weiterer Vorteil einer derartigen Skizze ist, dass das Diagramm auf einem Blatt Papier oder Flipchart einen vorläufigen Charakter bekommt, was gerade bei Beziehungsanalysen von Vorteil sein kann. Sie können das Diagramm ebenfalls direkt oder später als Reinzeichnung in gängigen Grafikprogrammen wie z. B. mit Adobe InDesign® oder auch mit PowerPoint® erstellen.

In den nächsten beiden Abschnitten zeigen wir Ihnen anhand von Praxisbeispielen, wie das Vorgehen unterschiedlich genutzt werden kann, und mithilfe der Varianten sehen Sie, wie Sie das Diagramm dynamisch für Gespräche nutzen können.

 **Praxisbeispiel**

Anhand des folgenden Alltagsbeispiels werden Sie den Mehrwert des Liebesdreiecks rasch erkennen können: Herr Schmitt ist ständig unzufrieden, er kann jedoch nicht genau sagen, woran dies liegt. Von einem Freund hat er das Buch „Die drei Ehen" von David Whyte empfohlen bekommen, indem der Autor die drei wesentlichen Beziehungen im Leben beschreibt, die er als drei Ehen bezeichnet. Neben der klassischen Beziehung zum Partner bzw. zur Partnerin stellt der Autor die Beziehung zu sich selbst und die Beziehung zur Arbeit in den Mittelpunkt. Whyte schreibt, dass das Abenteuer darin besteht, ein Leben lang ein offenes und ehrliches Gespräch über diese drei Beziehungen zu führen.

Dies nimmt sich Herr Schmitt zu Herzen und plant ein offenes Selbstgespräch über diese drei Beziehungen. Dafür verwendet er das Liebesdreieck. Er legt sich demnach auf die drei Beziehungen zu seiner Partnerin, zu sich selbst und zu seiner Arbeit fest und bestimmt für jede Beziehung die Intensität der drei Komponenten, die er in drei Diagrammen festhält (Abb. 33).

Er betrachtet die drei Diagramme und etwas sticht ihm sofort ins Auge: die Farbe blau. Er scheint in allen Beziehungen sehr viel kognitive Bindung zu haben, aber eher wenig Leidenschaft. Zudem erkennt er, dass die Arbeit nur noch aus reiner Pflichterfüllung besteht. Das Diagramm über sich selber offenbart ihm, was er schon lange vermutet hat, es fehlt ihm an Leidenschaft und Tiefgang. Im Gegensatz dazu ist er froh, in der Beziehung zu seiner Partnerin ein großes Maß an Vertrautheit und Bindung zu erkennen, auch wenn die Leidenschaft etwas auf der Strecke geblieben ist.

Obwohl es also insbesondere bei der Arbeit nicht rosig aussieht, ist er froh, dass er sich auf schnelle Weise eine Übersicht verschaffen konnte. Durch das Diagramm sieht er Chancen für persönliche Entwicklungen: Er entscheidet sich zunächst dazu, seinem vergessenen Hobby des Angelns wieder nachzugehen und einen Angelausflug mit seinem besten Freund zu planen. Zudem erinnert er sich an die große Passion seiner Partnerin für klassische Konzerte und will sie

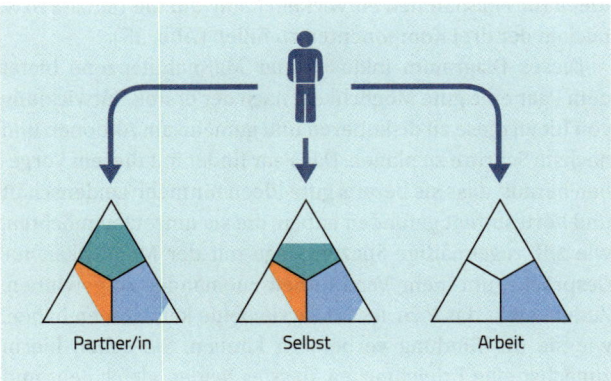

Abbildung 33: Die drei wesentlichen Beziehungen bzw. Ehen unseres Lebens

mit Konzertkarten überraschen. Neben diesen unmittelbaren Aktionen plant er zudem für die nächsten Monate, einen Coach zu kontaktieren, um ein Gespräch über berufliche Entwicklungen zu führen.

Neben dieser sehr persönlichen Verwendung kann das Liebesdreieck auch für rein berufliche Zwecke verwendet werden. So eignet es sich auch dafür, Beziehungen zu Marken besser zu verstehen, wie das folgende Beispiel zeigt.

In diesem fiktiven Beispiel wird eine Kundenbeziehung zu drei Marken exemplarisch dargestellt (Abb. 34). Die erste Marke ist Apple, deren Kundenbeziehung in diesem Fall von einem hohen Maß an Leidenschaft geprägt ist und weniger Vertrautheit und Bindung aufweist. Die zweite Marke ist Microsoft, deren Kundenbeziehung vor allem auf Bindung besteht und weniger Leidenschaft und Vertrautheit beinhaltet. Die dritte Marke entspricht einem lokalen Computerhändler, der sehr viel Vertrautheit in der Beziehung zu seinen Kunden genießt, jedoch weniger Leidenschaft und Bindung. Zudem unterscheiden sich die Diagramme in ihrer Größe, was das Ausmaß der Zuneigung widerspiegelt.

Aus der Abbildung können Sie erkennen, dass jede Marke eine eigene dominante Komponente in ihrer Kundenbeziehung hat, während die anderen beiden Komponenten weniger ausgeprägt sind. Dies bringt die Erkenntnis für Markenmanager mit sich, wie die dominanten Komponenten weiterhin gestärkt werden können, aber auch, an welchen

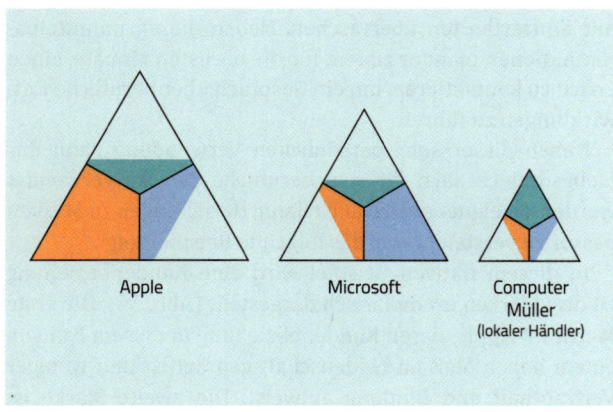

Abbildung 34: Exemplarische Darstellung von Kundenbeziehungen zu Marken

Beziehungsaspekten für die Marke das Marketing arbeiten muss.

Neben diesen beiden Beispielen gibt es einige Varianten des Liebesdreiecks, mit denen Sie den Mehrwert des Diagramms weiter ausreizen können und insbesondere in Gesprächen mit anderen mehr Dynamik entwickeln können, wie der folgende Abschnitt zeigt.

 **Varianten**

Anhand von drei Varianten werden Sie sehen, wie Sie für die erkannten Defizite in den drei Komponenten der Beziehung mit sich oder mit einem Gesprächspartner Maßnahmen planen können, wie Sie verschiedene Sichtweisen auf eine Beziehung vergleichen und diskutieren können und wie Sie die Entwicklung von Beziehungen nachvollziehen können.

Angenommen, ein Paar bestimmt die drei Komponenten für seine Beziehung und stellt fest, dass alle drei Komponenten vorhanden sind, jedoch noch Raum für Verbesserung besteht. In dieser Situation bietet die zusätzliche Maßnahmenzone die Möglichkeit, dass das Paar bzw. jeder für sich, Ideen für Maßnahmen entwickeln kann, um die Defizite bzw. Lücken der drei Komponenten zu füllen (Abb. 35).

Dieses Diagramm inklusive der Maßnahmenzone bietet dem Paar eine gute Möglichkeit, nach der ersten Entwicklung von Ideen diese zu diskutieren und gemeinsam Aktionen und nächste Schritte zu planen. Das Paar findet mit diesem Vorgehen heraus, dass sie bereits gute Ideen für mehr Leidenschaft und Vertrautheit gefunden haben, die sie umsetzen möchten, wie z.B. regelmäßige Spaziergänge mit der Möglichkeit für Gespräche, um mehr Vertrautheit zueinander zu gewinnen. Zudem stellt das Paar fest, dass sie beide keine Ideen haben, wie sie die Bindung verbessern können. Sie sehen hierin zunächst eine Erleichterung, dass es beiden gleich geht und

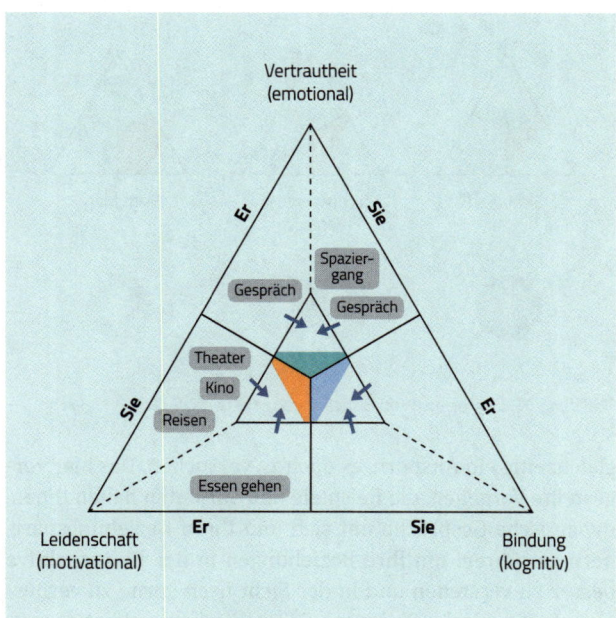

Vertrautheit
(emotional)

Er

Sie

Spazier-
gang

Gespräch

Gespräch

Theater

Kino

Reisen

Sie

Er

Essen gehen

Er

Sie

Leidenschaft
(motivational)

Bindung
(kognitiv)

Abbildung 35: Maßnahmenzone für Ideen und Aktionen zur Optimierung der Lücken

Es ist toll, wenn sich ein Paar auf diese Weise mehr Verständnis für die eigene Situation und auch neue Impulse verschafft. Es ist jedoch nicht immer so einfach, da oftmals verschiedene Sichtweisen der Beziehungspartner auf die gemeinsame Beziehung bestehen. Um die Diskussion und neue Erkenntnisse über unterschiedliche Interpretationen von Beziehungen zu ermöglichen, steht Ihnen folgende zweite Variante zur Verfügung.

Bei dieser Variante unterstützt das Diagramm das Gespräch durch ein schrittweises Vorgehen. Zunächst schätzen die beiden Beziehungspartner separat die Beziehung zueinander in Bezug auf die drei Komponenten ein. Anschließend werden diese beiden Einschätzung in einem neuen Diagramm übereinander gelegt und verglichen (Abb. 36).

Das Diagramm hilft dabei, dass beide Beziehungspartner erkennen, wie sie die Beziehung einschätzen, wie der oder die andere die Beziehung sieht und welche Gemeinsamkeiten und Unterschiede in der Einschätzung bestehen. Auf dieser Grundlage können unterschiedliche Wahrnehmungen besprochen werden.

Zum Beispiel scheint für den Mann das Maß an Leidenschaft durchaus erfüllt zu sein, während die Frau hier ein hohes Defizit sieht, sodass die beiden diskutieren könnten, was Leidenschaft für sie denn bedeutet. Nach einer ersten Erkenntnis und Diskussion über die Unterschiede kann auch hier die zuvor beschriebene Maßnahmenzone angewandt werden.

beschließen, sich zunächst um mehr Leidenschaft und Vertrautheit zu kümmern mit der Vermutung, dass es danach mit der Bindung automatisch besser wird.

Neben der Maßnahmenzone und dem Vergleich zweier Sichtweisen in einer Beziehung zeigt die dritte Variante die Entwicklung von Beziehungen und verdeutlicht damit, dass Beziehungen selten statisch sind, sondern sich im Verlauf der Zeit verändern.

Um eine Zweierbeziehung zu verstehen, hilft manchmal der Blick zurück zu den Anfängen der Beziehung. Egal, ob es sich dabei um die Beziehung zu einem anderen Menschen, einem Objekt oder einer Marke handelt. Wie hat z.B. die Beziehung zu meinem Partner bzw. meiner Partnerin begonnen, wie hat sie sich weiterentwickelt und wo steht sie heute? Die folgenden drei Entwicklungsszenarien bilden mögliche und oftmals typische Entwicklungen von Beziehungen ab (Abb. 37).

Anhand dieser drei exemplarischen Darstellungen können Sie reflektieren und erkennen, ob die Beziehung mit Leidenschaft und „Liebe auf den ersten Blick" begonnen hat und dann mit der Zeit Vertrautheit und Bindung hinzukamen. Oder ob die Beziehung alternativ mit einer guten Freundschaft angefangen hat und sich über Leidenschaft und Bindung dann „Liebe den besten Freund" ergeben hat. Oder ob nach dem Motto „Geld macht sexy" die Bindung zu Beginn im Vordergrund stand und sich im Anschluss Leidenschaft und Vertrautheit ergeben haben.

Wie zu Beginn dieses Kapitels erwähnt, streben wir danach, alle drei Komponenten der Liebe zu entfalten – was selten gelingt. Dies ist auf der einen Seite beruhigend und

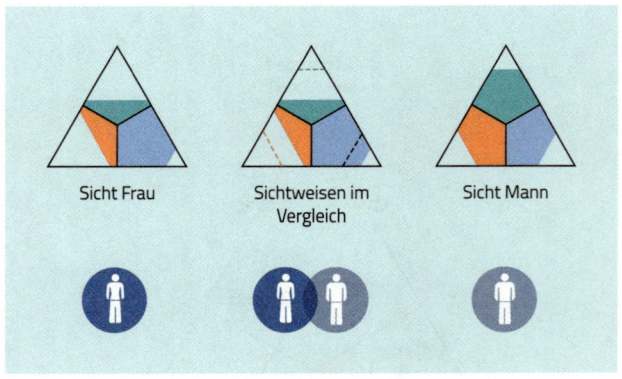

Abbildung 36: Sichtweisen von Beziehungspartnern im direkten Vergleich

gleichzeitig ein Ansporn, es doch zu versuchen. Das hier vorgestellte Vorgehen, die Beispiele und Varianten helfen Ihnen, dynamische Gespräche mit sich und Ihren Beziehungspartnern zu führen, um Ihre Beziehungen in der Retrospektive besser zu verstehen und in der Sicht nach vorne zu verbessern. Der dänische Philosoph Sören Kierkegaard hat es treffend formuliert: Wir müssen das Leben rückwärts verstehen, aber vorwärts leben.

V. Beurteilung des Dynagrams

Sicher sind Beziehungen weitaus komplexer als das Liebesdreieck vermuten lässt und es wäre vermessen zu sagen, dass man mit diesem Diagramm alle Aspekte einer Beziehung analysieren und besprechen kann. Dennoch sind die drei Komponenten Leidenschaft, Vertrautheit und Bindung zentral für jede Beziehung und erlauben zumindest eine erste Einschätzung. Dies gilt sowohl für zwischenmenschliche Beziehungen als auch abstraktere Beziehungen wie zur Arbeit oder zwischen Kunden und Marken.

In Bezug auf die drei Diagrammprinzipien ist das Liebesdreieck wie folgt zu beurteilen:

Schablone: Das Liebesdreieck nutzt eine äußerst bekannte und empirisch validierte Struktur der Liebe und deren drei Komponenten Leidenschaft, Vertrautheit und Bindung. Es stellt diese in einer einfachen und doch flexiblen (erweiterbaren) Form dar, die unterschiedlich genutzt werden kann.

Leitfaden: Das Diagramm hilft dem Einzelnen ein Gespräch mit sich selber zu führen, indem es zunächst die Einschätzung der drei Komponenten erfordert, anschließend das Erkennen von besonders vollen und besonders leeren Komponenten ermöglicht und abschließend die

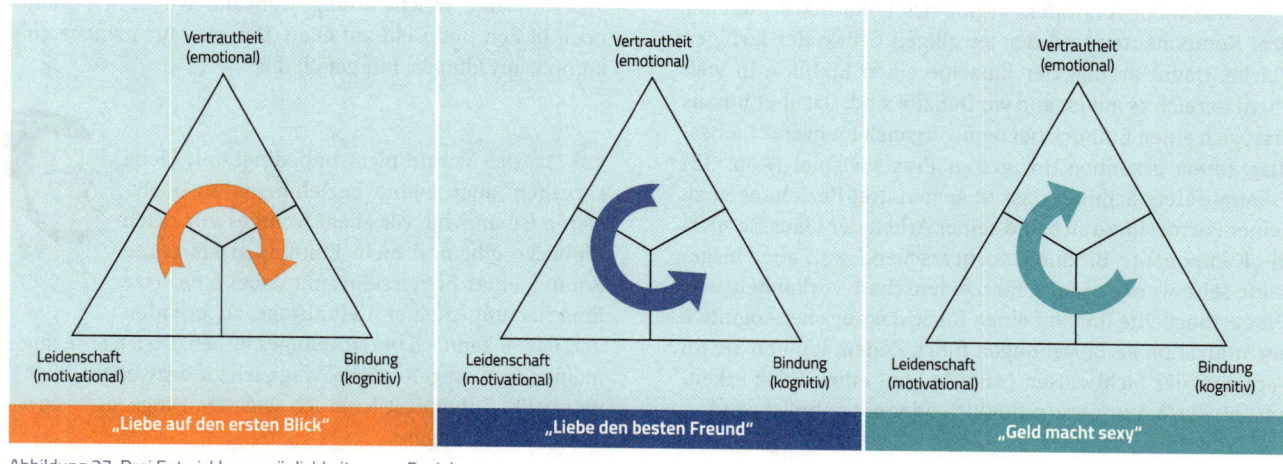

Abbildung 37: Drei Entwicklungsmöglichkeiten von Beziehungen

Generierung von Ideen für Handlungen fordert, um die Defizite pro Komponente auszugleichen. Zusätzlich unterstützt das Diagramm das Gespräch zwischen Beziehungspartnern, indem es eine Maßnahmenzone bereitstellt, in der zunächst Ideen notiert und anschließend Aktionen geplant werden können. Zudem ermöglicht das schrittweise Vorgehen bei der Gegenüberstellung zweier Sichtweisen, dass sich die Beziehungspartner zunächst über ihre eigene Sichtweise bewusst werden, dann die Sichtweise des anderen sehen, um anschließend beide Sichtweisen übereinander in einem Diagramm zu sehen. Dies unterstützt das Verständnis und die Gesprächsführung.

Einblick: Der Aha-Effekt ergibt sich beim Betrachten der drei Komponenten und der jeweiligen Größe der farbigen Fläche. Damit erlangt der Einzelne einen Einblick, in welchem Bereich es gut ist und wo Defizite sind. Darüber hinaus lässt sich einen Einblick bei dem Vergleich mehrerer Liebesdiagramme erkennen. Im ersten Praxisbeispiel (Abb. 33) erkannte Herr Schmitt, dass in seinen drei Beziehungen zu seiner Partnerin, zu sich und seiner Arbeit der blaue Bereich, die Komponente Bindung, vorherrschend war, aber insgesamt sehr wenig orange für Leidenschaft vorhanden war. Dies ermöglichte ihm auf einen Blick, dass er eher kognitive als motivationale Beziehungen führt. Zudem können Sie im Vergleich der Sichtweisen (Abb. 36) auf einen Blick erkennen, ob diese sehr unterschiedlich oder eher ähnlich sind.

Und hier schließlich die Beurteilung des Kurven-Diagramms durch unsere beiden Kollegen:

Anna Lyse: „Beziehungen sind doch in Wirklichkeit viel komplexer als es diese drei Komponenten Glauben machen. Spannend finde ich aber die Gegenüberstellung zweier Sichtweisen. Das würde ich gerne mal für die ein oder andere Beziehung anwenden. Ich würde für die Maßnahmenplanung die Ideen und Aktionen mit meinem Freund in Kategorien aufteilen, z.B. nach Aufwand: Welche Idee bedeutet viel Aufwand, welche wenig. Aufwand würde ich dann noch in Zeit und Geld aufteilen. Das mag für manche zu kompliziert klingen, mir gefällt das."

Kai Zit: „Ich würde nicht unbedingt von Liebe sprechen, aber meine Beziehungen zu analysieren ist sinnvoll, vor allem wenn es mir rasch Einblicke gibt und mein Empfinden klärt. Die Komponenten helfen selbst mir dabei, eine erste Einschätzung meiner Gefühlslage zu erhalten und davon kann ich bereits einiges lernen. Ob ich es je mit meiner Frau wagen würde, wage ich zu bezweifeln, aber wer weiß. Zumindest kann ich wichtige Dinge so besser zur Sprache bringen."

Bitte beurteilen Sie nun selbst die Relevanz und das primäre Einsatzgebiet des Liebesdreiecks für Ihren persönlichen Kontext im Dynagram-Raster auf der Innenseite des Buchdeckels.

VI. Fazit & erste Schritte

So wie eine Beziehung, so ist auch das Liebesdreieck ein durch und durch dynamisches Phänomen. Nutzen Sie die in diesem Kapitel vorgestellten Möglichkeiten, um Ihre Gespräche über Beziehungen zu dynamisieren. Sie werden sehen, dass Sie bereits mit kleinen Schritten neue Erkenntnisse über sich, Ihre Arbeit, eine Marke oder den Partner bzw. die Partnerin erlangen werden. Daneben kann es richtig Spaß machen, nicht nur die Beziehung besser zu verstehen, sondern auch neue Ideen für ihre Vitalisierung zu entwickeln.

Beginnen Sie mit sich selber und analysieren Sie die Beziehung zu Ihrem Partner bzw. Ihrer Partnerin, indem Sie die Beziehung anhand der drei Komponenten einschätzen. Das kann Ihnen dabei helfen, auch in Beziehungsaspekten klarer zu kommunizieren. Darüber hinaus können Sie Ihre Beziehung zu Ihrer Arbeit und, wenn Sie mögen, auch zu sich selbst einschätzen. Das kann zu spannenden Erkenntnissen und visuellen Aha-Momenten führen.

Weitergedacht

_ Sternberg, R.J. (1984). Toward a triarchic theory of human intelligence. Behavioral and Brain Sciences, 7, 269-287.
_ Sternberg, R.J. (1986). A triangular theory of love. Psychological Review, 93, 119–135.
_ Sternberg, R.J., Grajek, S. (1984). The nature of love. Journal of Personality and Social Psychology, 47, 312-329.
_ Whyte, D. (2009). The Three Marriages: Reimagining Work, Self and Relationship. New York: Riverhead Books.

zum Rating (Einklappseite)

KRAFTFELD-DIAGRAMM

Das Für und Wider verstehen

Denkdimensionen:    Überblick und Detail

   Ist und Soll

    Quantitativ und Qualitativ

    Analog und Digital

Kernprinzip: Schablone

    Einblick

Anwendungsfelder   Analyse von bestehenden Situationen und von möglichen Vorhaben, Motivationscheck, Vergleich zweier Entscheidungsoptionen

Hintergrund, Kernidee und Anwendungsbereiche

Das Kraftfeld-Diagramm ist eine Weiterentwicklung der Kraftfeldanalyse, die ursprünglich von Kurt Lewin zur Analyse von sozialen Situationen entwickelt wurde. Dieser Bezugsrahmen stellt die Faktoren bzw. Kräfte dar, die eine Situation beeinflussen können. In diesem Kapitel nutzen wir das Kraftfeld-Diagramm vor allem zur Unterstützung von Entscheidungssituationen und Veränderungen.

Für das Kraftfeld-Diagramm unterscheiden wir haltende Kräfte, auf der linken Seite, von ziehenden Kräften auf der rechten Seite. Diese Kräfte beziehen sich auf einen derzeitigen oder einen gewünschten Status, z.B. sich für eine andere Stelle bewerben, der in der Mitte dargestellt ist (Abb. 38).

Kräfte sind nicht nur Einstellungen, sondern auch Emotionen, denen häufig Einstellungen, insbesondere in Bezug auf Veränderung, zugrunde liegen. Um Akzeptanz oder Widerstand gegenüber einer Veränderung zu verstehen, ist es wichtig, diese Kräfte und die darunterliegenden Werte und Erfahrungen von einzelnen Personen oder Gruppen herauszuarbeiten. Durch das Kraftfeld-Diagramm werden diese verborgenen Elemente durch die Benennung der haltenden und ziehenden Kräfte sichtbar und dadurch diskutierbar.

Das Kraftfeld-Diagramm unterstützt Sie auf zwei Arten bei Entscheidungsfindungen. Erstens hilft es Ihnen zu entscheiden, ob Sie mit dem Vorhaben oder der Entscheidung

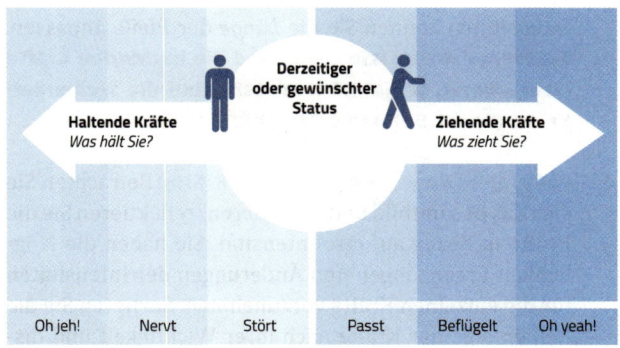

Abbildung 38: Kernbereiche des Kraftfeld-Diagramms

Im nächsten Abschnitt sehen Sie, wie Sie mit einem schrittweisen Vorgehen das Beste aus dem Kraftfeld-Diagramm zur Analyse Ihrer Entscheidungen und Veränderungen herausholen können.

▌▌. Vorgehen

Die Kraftfeld-Diagramme können Sie in Einzelarbeit oder in einer kleinen Gruppe von 2 bis 6 Personen verwenden. Entweder benutzen Sie ein Flipchart oder eine interaktive Software, so dass jeder das Diagramm gut sehen kann. Die folgenden Schritte helfen Ihnen dabei:

1. **Definieren der Situation:** Definieren Sie die Situation, die Sie analysieren wollen. Dabei kann es sich um eine derzeitige Situation oder Entscheidung handeln, die Sie besser verstehen wollen. Alternativ kann es sich auch um einen gewünschten Status, ein Ziel oder eine Vision in der Zukunft handeln, wie z.B. eine andere Stelle oder eine mögliche Selbstständigkeit

weitermachen wollen oder nicht. Und zweitens bringt Sie das Kraftfeld-Diagramm dazu, sich Gedanken zu machen, wie Sie die ziehenden Kräfte stärken können, die das Vorhaben unterstützen, und wie Sie die haltenden Kräfte abschwächen können, die das Vorhaben verhindern, sodass das Vorhaben insgesamt vorwärtskommt.

Sie können diese Methode zur Unterstützung von Entscheidungsfindungen, insbesondere für die Planung und Umsetzung von Veränderungsvorhaben in Organisationen verwenden. Sie eignet sich, um ein umfassendes Verständnis über die verschiedenen Kräfte in Bezug auf mögliche Veränderungen zu erlangen und deren Ursachen und Intensität zu analysieren.

„Kraft, die sich in der Ruhe versichtbart,
ist gehaltene Kraft."

FRIEDRICH VON SCHILLER

Schlüsselfragen: Welche Situation oder Entscheidung wollen Sie analysieren? Handelt es sich um einen derzeitigen oder gewünschten Status?

2. **Identifizieren der Kräfte:** Überlegen Sie sich, welche haltenden und ziehenden Kräfte auf die Situation oder das Vorhaben einwirken. Notieren Sie die haltenden Kräfte auf der linken Seite und die ziehenden Kräfte auf der rechten Seite des Kraftfeld-Diagramms. Alternativ können Sie die Kräfte zunächst auflisten und in einem nächsten Schritt in das Diagramm übertragen.

Schlüsselfragen: Wenn Sie an die Situation oder das Vorhaben denken, was hält Sie zurück und was zieht Sie?

3. **Evaluieren der Kräfte:** Evaluieren Sie die Intensität der haltenden und ziehenden Kräfte. Unterscheiden Sie die haltenden Kräfte in drei Intensitäten: „Stört" für schwach haltende, „Nervt" für mäßig haltende bzw. blockierende, und „Oh jeh!" für stark haltende Kräfte, die eine Veränderung fast unmöglich machen. Unterscheiden Sie anschließend ebenfalls für die ziehenden Kräfte den jeweiligen Intensitätsgrad anhand dieser drei Kriterien: „Passt" für schwach ziehende, „Beflügelt" für mittelstark ziehende, und „Oh yeah!" für sehr stark ziehende Kräfte. Entsprechend Ihrer Einschätzung der

Intensitäten können Sie die *Länge* der Pfeile anpassen.
Schlüsselfragen: Wie stark sind die haltenden Kräfte (Stört, Nervt, Oh jeh!)? Wie stark sind die ziehenden Kräfte (Passt, Beflügelt, Oh yeah!)?

4. **Reflektieren und Diskutieren der Kräfte:** Betrachten Sie sich das Gesamtbild und diskutieren/reflektieren Sie die Kräfte in Bezug auf ihre Intensität. Sie haben die Möglichkeit Ergänzungen und Änderungen der Intensitäten für die einzelnen Kräfte vorzunehmen. Sortieren Sie die Reihenfolge der Kräfte nach ihrer Wichtigkeit und diskutieren Sie die Konsequenzen. Entscheiden Sie, welche Kräfte veränderbar sind in Bezug auf die Situation oder das Vorhaben, sodass Sie diese Kräfte beeinflussen können, und welche Kräfte starr und unveränderbar sind.
Schlüsselfragen: Welche Kräfte sind wichtig, welche weniger wichtig? Welche Kräfte können beeinflusst werden? Welche Kräfte sind starr und unveränderbar?

5. **Entwerfen der Strategie:** Entwerfen Sie eine Strategie, mit der Sie die ziehenden Kräfte stärken können und/oder die haltenden Kräfte abschwächen können. Es ist grundsätzlich einfacher, haltende Kräfte zu entkräften als ziehende Kräfte weiter zu stärken.
Schlüsselfragen: Wie können Sie die haltenden Kräfte entkräften? Wie können Sie die ziehenden Kräfte weiter stärken?

6. **Priorisieren der Handlungsschritte:** Überlegen Sie sich, welche Handlungsschritte Sie vornehmen können, welche die größte Wirkung haben werden. Identifizieren Sie die Ressourcen, die Sie benötigen und entscheiden Sie, wie Sie die Handlungsschritte implementieren wollen. **Schlüsselfragen: Welche nächsten Handlungsschritte sind für Sie möglich? Welche Ressourcen benötigen Sie dafür? Welche Handlungsschritte priorisieren Sie?**

Nachdem Sie nun im Schnelldurchlauf erfasst haben, wie Sie mit sechs Schritten Ihr Kraftfeld darstellen können, sehen Sie im nächsten Abschnitt anhand eines Beispiels, wie Sie das Kraftfeld-Diagramm für Entscheidungssituationen konkret nutzen und welche Erkenntnisse Sie daraus gewinnen können.

III. Praxisbeispiel

Ein Mitarbeiter eines Beratungsunternehmens hat sich in den vergangenen zwei Jahren innerhalb der Geschäftsstelle in Zürich hochgearbeitet. Doch während der letzten Monate ist ihm klargeworden, dass es für ihn in der Geschäftsstelle nicht weiter nach oben gehen kann. Er überlegt, sich für eine Position in der New Yorker Hauptgeschäftsstelle zu bewerben, ist sich jedoch nicht sicher, ob es den großen Aufwand wert ist. Er nutzt das Kraftfeld-Diagramm, um sich bewusst zu werden,

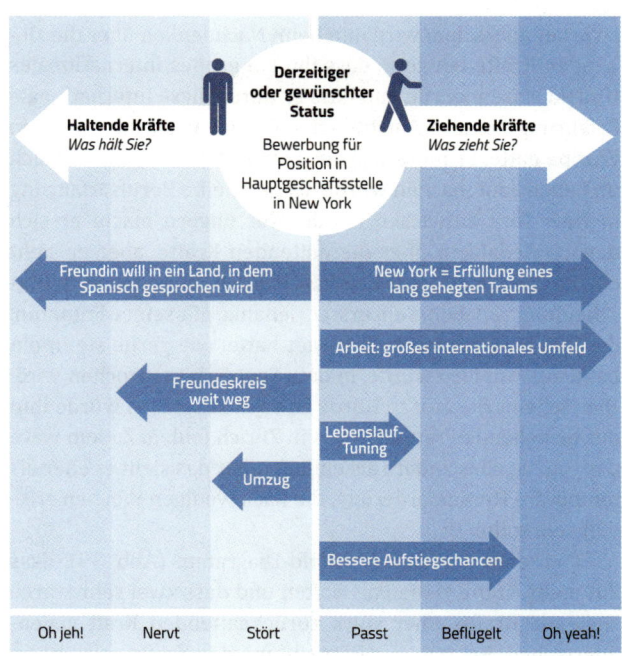

Abbildung 39: Bewerbung für eine Stelle in New York mit Hilfe des Kraftfeld-Diagramms

was ihn nach New York zieht und was ihn zurückhält (Abb. 39). Es war für ihn schon immer ein Traum nach New York zu gehen, nicht nur als Ferienaufenthalt, sondern um dort auch zu arbeiten. Zudem wird ihm beim Nachdenken über die ziehenden Kräfte bewusst, dass ihn ein großes internationales Umfeld reizen würde und dass er durch diese internationale Erfahrung bessere Aufstiegschancen in Asien oder auch in Europa hätte. Er muss sich auch eingestehen, wie gut es sich im Lebenslauf machen würde, wenn er eine Berufserfahrung in New York aufweisen würde. Nur ungern macht er sich danach Gedanken über die haltenden Kräfte, aber er sieht ein, dass er sich dieser bewusst werden muss, um eine Entscheidung zu fällen. Sein erster Gedanke gilt seiner Freundin, die ihm bereits mehrfach gesagt hatte, wie gerne sie in ein Land auswandern würde, in dem Spanisch gesprochen wird. Dies scheint die größte Hürde zu sein. Zusätzlich würde ihm der bestehende Freundeskreis in Zürich fehlen. Zudem wäre der Umzug alles andere als einfach, aber das sieht er eher als temporäre Herausforderung, die nach wenigen Wochen erledigt sein sollte.

Er erkennt aus dem Kraftfeld-Diagramm (Abb. 39), dass ihn mehr Kräfte ziehen als halten und dass zwei sehr starke ziehende Kräfte einer stark zurückhaltenden Kraft gegenüberstehen. Bei näherer Betrachtung der Kräfte erkennt er, dass sich die ziehenden Kräfte vor allem auf sein Arbeitsleben beziehen und die beiden größten haltenden Kräfte auf soziale Aspekte, wie die Freundin und den Freundeskreis, weisen. Deshalb überlegt er, das Gespräch mit seiner Freundin zu suchen und sie aktiv in die Entscheidungsfindung miteinzubeziehen, indem er ihr das Diagramm zeigt und sie bittet, das Diagramm um ihre Kräften zu ergänzen. Somit ergibt sich ein Gesamtbild für die Situation. Da er weiß, wie wichtig eine entspannte Umgebung für wichtige Gespräche ist, bucht er ein Wochenende in den Bergen mit seiner Freundin, um dort herauszufinden, ob er sich für die New Yorker Hauptgeschäftsstelle bewerben soll.

Mit diesem Praxisbeispiel konnten Sie sehen, wie das Kraftfeld-Diagramm dem Mitarbeiter durch bewährte Kategorien (haltende und ziehende Kräfte) im Denkprozess geholfen hat, eine Sicht auf die Situation zu erhalten und nächste Schritte zu planen. Im nächsten Abschnitt werden Sie sehen, wie Sie das Kraftfeld-Diagramm für eine Entscheidung zwischen zwei Optionen nutzen können.

IV. Varianten

Sie können das Kraftfeld-Diagramm auch nutzen, um zwei mögliche Entscheidungsoptionen gegenüberzustellen. Damit erkennen Sie nicht nur das Verhältnis zwischen haltenden und ziehenden Kräften einer Option, sondern können auch optionsübergreifend neue Erkenntnisse erlangen, die Ihnen bei der Entscheidungsfindung helfen. Zudem finden Sie in diesem Abschnitt weitere Varianten, wie Sie mit Stift und Papier Kräfte visualisieren, wie Sie diese Kräfte quantifizieren und wie Sie Ihren Einfluss auf die Kräfte darstellen können.

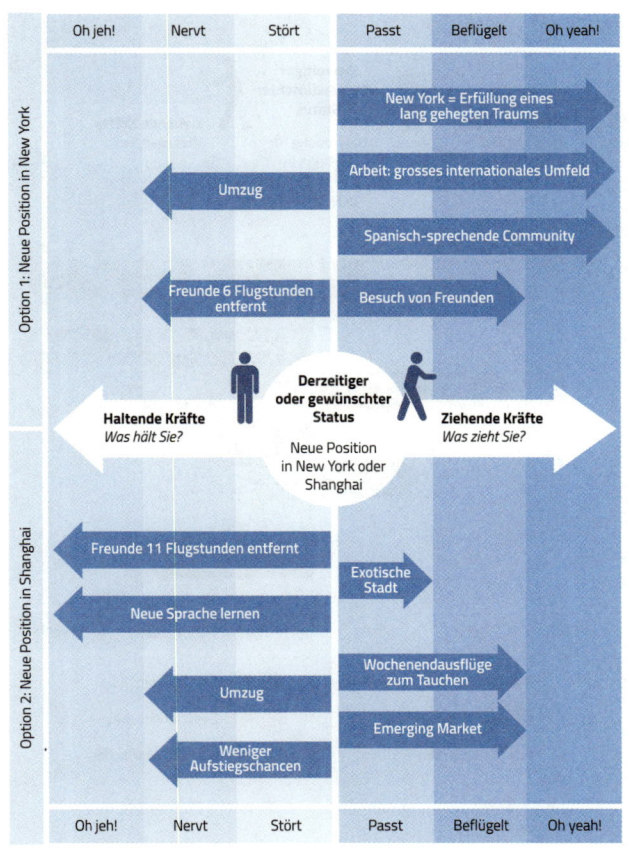

Oh jeh!	Nervt	Stört	Passt	Beflügelt	Oh yeah!

Option 1: Neue Position in New York

New York = Erfüllung eines lang gehegten Traums

Arbeit: grosses internationales Umfeld

Umzug

Spanisch-sprechende Community

Freunde 6 Flugstunden entfernt

Besuch von Freunden

Haltende Kräfte
Was hält Sie?

Derzeitiger oder gewünschter Status
Neue Position in New York oder Shanghai

Ziehende Kräfte
Was zieht Sie?

Option 2: Neue Position in Shanghai

Freunde 11 Flugstunden entfernt

Exotische Stadt

Neue Sprache lernen

Wochenendausflüge zum Tauchen

Umzug

Emerging Market

Weniger Aufstiegschancen

Oh jeh!	Nervt	Stört	Passt	Beflügelt	Oh yeah!

Abbildung 40: Vergleich zweier Optionen: New York (oben) vs. Shanghai (unten)

Angenommen der Mitarbeiter im vorherigen Beispiel konnte seine Freundin schließlich überzeugen nach New York zu gehen. Im Laufe des Bewerbungsverfahrens wird ihm von der Hauptgeschäftsstelle mitgeteilt, dass neben New York insbesondere Shanghai eine weitere Möglichkeit sei. Nachdem er bereits gute Erfahrungen mit dem Kraftfeld-Diagramm gemacht hat, nutzt er es erneut, um die Optionen New York vs. Shanghai gegenüber zu stellen (Abb. 40).

Der Mitarbeiter übernimmt die beiden wichtigsten ziehenden Kräfte aus dem vorherigen Beispiel, die Erfüllung eines lang gehegten Traums und das große internationale Umfeld, und fügt nach der Diskussion mit seiner Freundin hinzu, dass es eine Spanisch-sprechende Community in New York gibt. Zudem wird ihnen beim Vergleich mit Shanghai bewusst, dass es nach New York nur sechs Flugstunden sind und dass einige Freunde sie besuchen kommen würden. Für Shanghai notieren sie die längere Flugzeit von elf Stunden als große haltende Kraft, denn das würde die wichtigen Besuche von Freunden schwieriger machen. Zudem empfinden sie die Stadt als exotisch und würden sich über Wochenendausflüge zum Tauchen freuen, was jedoch keine große ziehende Kraft hat. Zuletzt fällt ihm auf, dass die Aufstiegschancen in New York weitaus besser sind als in Shanghai, da dort die globale Firmenzentrale ihren Sitz hat.

Beim Betrachten des Diagramms erkennt er, dass New York nach wie vor die erste Wahl ist. Es gibt drei wichtige ziehende Kräfte, die Shanghai nicht bieten kann. Zudem sind die

Entfernung zu Shanghai und die fehlenden Aufstiegschancen zu starke zurückhaltende Kräfte. Er nutzt die Argumente aus dem Kraftfeld-Diagramm, um seine Begründung gegenüber dem Arbeitgeber zu erläutern. Dabei erwähnt er nicht nur die haltenden Kräfte von Shanghai, sondern auch die ziehenden. Die Personalleiterin empfiehlt ihm, die Bedeutung des asiatischen Marktes und der sog. Emerging Markets nicht zu unterschätzen und legt ihm die Option nahe, nach 12-18 Monaten in New York entscheiden zu dürfen, ob er weiter in New York bleiben möchte oder für ein weiteres Jahr nach Shanghai ziehen möchte. Der Mitarbeiter ist sehr glücklich über den Entscheidungsverlauf und macht sich an die Arbeit, die umfassende Bewerbung für die Position in New York zu erstellen.

Neben dieser Variante für die Gegenüberstellung von zwei Optionen können Sie das Kraftfeld-Diagramm mit vorgegebenen Kategorien variieren. Eine Möglichkeit ist das ,Well Being'-Konzept, das von dem renommierten Marktforschungsinstitut Gallup im Rahmen einer groß angelegten Studie in 150 Ländern untersucht wurde. Das Ergebnis sind fünf essentielle Elemente, die im Laufe des Lebens zum menschlichen Wohlbefinden beitragen. Sie können die haltenden und ziehenden Kräfte entsprechend dieser fünf Elemente unterteilen in: Berufliches, Soziales, Finanzielles, Gesundheitliches, und Gemeinschaftliches. In Abbildung 41 sehen Sie, wie sich dadurch die ursprüngliche Abbildung 39 verändert. Sie erkennen nun mit einem Blick, welche Farben und damit Kategorien vorrangig für die Kräfte genutzt wurden. Die

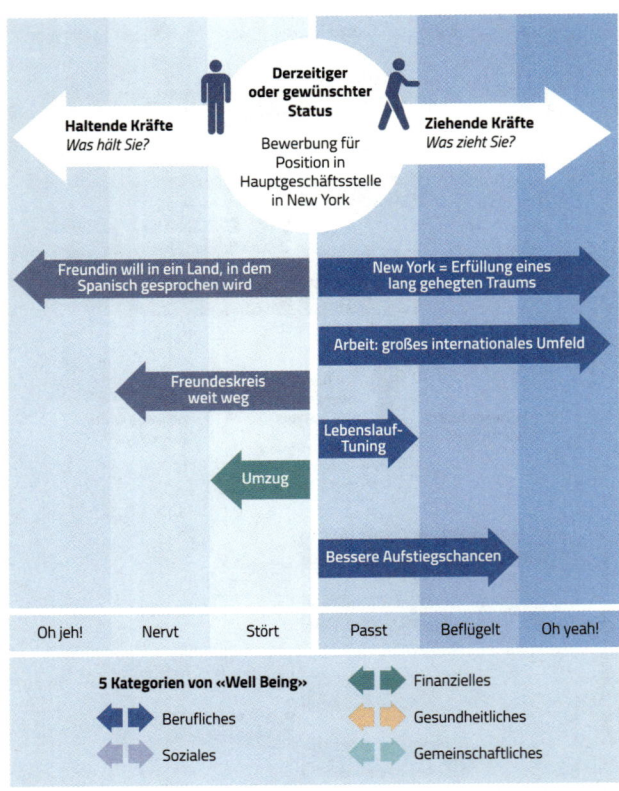

Abbildung 41: Farbkodierung der Kräfte nach den fünf Elementen des „Well Being"

ziehenden Kräfte sind ausschließlich arbeitsbezogen und bei den haltenden Kräften sind die sozialbezogenen Kräfte vorherrschend. Gleichzeitig sehen Sie, dass weder haltende noch ziehende Kräfte für Gesundheitliches und Gemeinschaftliches notiert wurden. Dadurch wird der Mitarbeiter daran erinnert, dass er noch nicht ganzheitlich an alle Kräfte gedacht hat. Die fünf aufgeführten Kategorien erinnern ihn daran. Neben diesen Kategorien des „Well Being" können Sie andere sinnvolle Kategorien wie z.B. „Rational" und „Emotional" unterscheiden oder in Bezug auf die Ressourcen „Personen", „Kapitel", und „Anlagen" differenzieren.

Es lässt sich zudem eine Schnellversion des Kraftfeld-Diagramms mit Stift und Papier zeichnen. Dabei fokussieren Sie sich auf die Unterscheidung zwischen haltenden Kräften auf der linken Seite und ziehenden Kräften auf der rechten Seite. Die Länge der Pfeile müssen Sie bei dieser Variante nicht unterscheiden.

Alternativ können Sie neben der qualitativen Bewertung in die zuvor genannten sechs Kategorien ebenfalls eine quantitative Bewertung vornehmen. Geben Sie dabei den haltenden und ziehenden Kräften je nach Intensität einen, zwei oder drei Punkte. Addieren Sie die Punkte aller Pfeile der zurückhaltenden Kräfte auf der linken Seite und die Punkte aller Pfeile der ziehenden Kräfte auf der rechten Seite. So erhalten Sie eine totale Punktzahl beider Seiten, die Sie gegenüberstellen können. Dadurch erhalten Sie neben der qualitativen Bewertung eine Quantifizierung der Kräfte, die Ihnen zusätzlich bei einer Entscheidung helfen kann.

Neben den beiden Varianten mit Stift und Papier als auch der quantitativen Bewertung können Sie zusätzlich die Veränderbarkeit der Kräfte visuell sichtbar machen. Geben Sie Kräften, die kaum veränderbar sind, eine starke Außenlinie des Pfeils und denen, die Sie stärker verändern können, eine dünne Außenlinie des Pfeils. Um nach wie vor die Übersicht zu wahren, empfiehlt sich eine Unterscheidung in drei Kategorien von Außenlinien: dünn für leicht veränderbare Kräfte, mittel für schwer veränderbare Kräfte und dick für nicht veränderbare Kräfte. So erhalten Sie auf einen Blick eine Übersicht über Ihren Einfluss auf die Veränderbarkeit der Kräfte.

Nach dem Praxisbeispiel und den Varianten des Kraftfeld-Diagramms finden Sie in den nächsten Abschnitten die Beurteilung des Diagramms, die Verwendung der drei Diagrammkonzepte und die ersten Schritte ins Ausprobieren.

V. Beurteilung des Dynagrams

Das Kraftfeld-Diagramm ist einfach und doch sehr wirkungsvoll. Bereits über die Unterscheidung in die haltenden und ziehenden Kräfte erhalten Sie wertvolle Erkenntnisse über die Einstellungen und Emotionen gegenüber dem Vorhaben oder der Entscheidung.

Zudem können Sie über die Intensität der Kräfte Ihre Diskussion präzisieren, erreichen eine gemeinsame Betrachtung der Situation und können für sich oder mit anderen gemeinsam nächste Schritte planen, um die ziehenden Kräfte zu stärken und die haltenden Kräfte zu entkräften.

Schablone: Die Unterteilung der Kräfte in haltende Kräfte im linken Bereich und ziehende Kräfte im rechten Bereich entspricht einer bewährten und klaren Struktur in Anlehnung an Kurt Lewin (Abb. 38). Zudem helfen Ihnen die alltagsnahen und leicht merkbaren Begriffe bei der Bewertung der Kräfte (Abb. 39). Für die haltenden Kräfte vom schwachen „Stört" zum mittleren „Nervt" bis zum starken „Oh jeh!". Für die ziehenden Kräfte vom schwachen „Passt" zum mittleren „Beflügelt" zum starken „Oh yeah!". Darüber hinaus können Sie die haltenden und ziehenden Kräfte jeweils in bekannte und bewährte Kategorien wie z.B. das „Well Being"-Konzept (Abb. 41) unterteilen.

Leitfaden: Die Gesprächsführung wird unterstützt, indem zunächst die derzeitige oder gewünschte Situation definiert wird. Danach werden in Bezug auf die zuvor definierte Situation die haltenden und ziehenden Kräfte aufgelistet und deren Intensität durch die Länge der Pfeile definiert. Im Anschluss wird eine Strategie entworfen, um die haltenden Kräfte zu entkräften und die ziehenden Kräfte zu stärken. Das Farbsystem kann darauf aufmerksam machen, worüber noch nicht gesprochen wurde.

Einblick: Neue Erkenntnisse entstehen durch den Vergleich der haltenden Kräfte auf der linken Seite mit den ziehenden Kräften auf der rechten Seite. Dies kann für eine Option erfolgen (Abb. 39) aber auch für den Vergleich von zwei Optionen, bei dem Sie neben dem Vergleich von links und rechts auch oben und unten vergleichen (Abb. 40). Dabei erhalten Sie einen Einblick in die Situation durch den Vergleich der Anzahl und Länge der Pfeile auf jeder Seite. Zusätzlich können Sie über die Farbkodierung der Pfeile neue Erkenntnisse über die Verteilung der bewährten Kategorien gewinnen (Abb. 41). Und falls Sie die Stärke der Außenlinie der Pfeile unterschieden haben in Bezug auf die Beeinflussbarkeit dieser Kräfte, dann sehen Sie auf einen Blick, wie viel Einfluss Sie auf die Kräfte haben.

Und hier schließlich die Beurteilung des Kraftfeld-Diagramms durch unsere beiden Kollegen:

Anna Lyse: „Hier kann ich ins Detail gehen, das gefällt mir. Ich würde eben nicht nur zwischen den beiden Kräften und deren Intensitäten unterscheiden, sondern mir vor allem bewährte Kategorien suchen, um die Stärken jeweils nochmal zu unterteilen. Da fand ich das Konzept des Well-Being besonders spannend für mich, um ein ganzheitliches und detailliertes Verständnis über die Entscheidungssituation zu erlangen. Das werde ich auch einer Kollegin von mir vorschlagen, die gerade an einem Dilemma kaut."

Kai Zit: „Mir reicht zunächst die Unterscheidung in haltende und ziehende Kräfte, das hilft mir schon beim Analysieren von bestehenden Situationen und von Entscheidungen für die Zukunft. Zudem finde ich die Option mit Stift und Papier charmant. Diese würde ich mit der Quantifizierung der Intensität der Kräfte verbinden, dann habe ich schnell einen Vergleich zwischen den haltenden und ziehenden Kräften."

Nun ist Zeit für Ihre Beurteilung des Kraftfeld-Diagramms. Wie beurteilen Sie den Mehrwert des Kraftfeld-Diagramms? Tragen Sie Ihre Beurteilung rechts auf der Innenseite des Buchdeckels ein.

VI. Fazit & erste Schritte

Das Kraftfeld-Diagramm kann äußerst hilfreich sein, wenn es darum geht, sich Argumente für oder gegen ein Vorhaben bewusst zu machen und diese zu analysieren. Es sind insbesondere die *impliziten* Annahmen, Emotionen und Einstellungen, die durch dieses Diagramm explizit gemacht werden und dadurch diskutierbar werden. Ob alleine oder in Gruppen, dieses Diagramm bietet einen einfachen und schnellen Mehrwert.

Machen Sie sich zunächst Gedanken zu der Situation bzw. dem Vorhaben, das Sie analysieren wollen. Starten Sie doch mit einer derzeitigen oder zukünftigen Situation, die Sie besser verstehen wollen und die Ihnen momentan noch sehr unsicher scheint.

Notieren Sie die haltenden und ziehenden Kräfte und identifizieren Sie deren Intensität. Bereits jetzt zeigen sich erste Erkenntnisse. Wenn Sie weitere Kräfte identifizieren wollen, dann können Sie auf bewährte Kategorien zurückgreifen (Abb. 41). Verwenden Sie das Diagramm als Gesprächsgrundlage mit einer anderen Person und fragen Sie sie nach ihrer Einschätzung der Kräfte für Ihre Situation.

Weitergedacht

— Hovland, I. (2005). Successful Communication: A Toolkit for Researchers and Civil Society Organisations, ODI Working Paper 227, London: ODI.

— Lewin K. (1943). Defining the „Field at a Given Time." Psychological Review. 50: 292–310. Republished in Resolving Social Conflicts & Field Theory in Social Science, Washington, D.C.: American Psychological Association, 1997.

— Rath, T., & Harter, J.K. (2010). Wellbeing: The Five Essential Elements. Washington D.C.: Gallup Press.

zum Rating (Einklappseite)

STAKEHOLDER-DIAGRAMME

Die Interessen aller im Blick

Denkdimensionen:		
	Überblick und Details	
	Innen und Außen	

Kernprinzip:		
	Schablone	
	Einblick	

Anwendungsfelder: Strategieumsetzung, Konfliktlösung, Planung von Veränderungsvorhaben, Projektmanagement, die eigene Karriere voranbringen u.v.m.

▌● Hintergrund, Kernidee und Anwendungsbereiche

Kennen Sie das? Sie gehen zum Sommerfest Ihres Unternehmens und wissen nicht, mit wem Sie nun genau Ihre Zeit verbringen sollen. Es mag nicht naheliegend klingen, aber vielleicht hilft Ihnen dieses Kapitel bei Ihrer Entscheidung.

Wenn Sie ein Vorhaben oder Projekt erfolgreich umsetzen wollen, dann ist es wichtig, dass Sie dabei die Stakeholder oder Interessensgruppen und deren Perspektive nicht vergessen. Mit einer systematischen Analyse behalten Sie die Übersicht und können mögliche Probleme antizipieren. Mit Stakeholdern sind Einzelpersonen, Gruppen oder Organisationen gemeint, die Ihr Vorhaben beeinflussen können und die von Ihrem Vorhaben beeinflusst werden. Sie unterscheiden sich zudem durch den Grad der Involvierung, deren Interesse in Bezug auf ein Vorhaben, deren Herkunft und Erfolgskriterien. Mit einem „Stake" kann ein Interesse, ein Recht oder ein Besitztum gemeint sein. Wenn eine Person oder eine Gruppe durch eine Entscheidung beeinflusst wird, so hat sie ein Interesse an dieser Entscheidung. Häufig ist die Situation mit verschiedenen Stakeholdern und unterschiedlichen „Stakes" komplex.

Stakeholder-Diagramme helfen Ihnen dabei, Ihre Stakeholder dynamisch zu analysieren. Die Dynamik entsteht durch den Wechsel zwischen drei Diagrammen, die Sie in diesem Kapitel kennenlernen werden. Jedes Diagramm

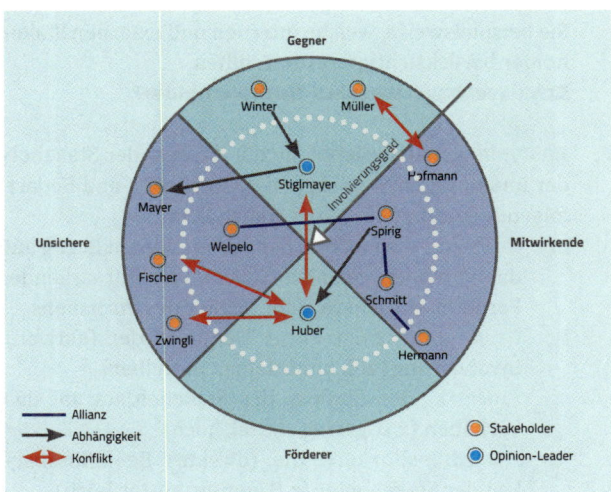

Abbildung 42: Beispiel eines Stakeholder-Diagramms für ein Projekt

nen und wer Sie beeinflussen kann. Das Stakeholder Sonne Diagramm deckt die inhaltliche Komponente ab, indem es die Ziele und Synergien zwischen Zielen der wichtigsten Stakeholder aufzeigt. Dieses Vorgehen kann einmalig stattfinden oder regelmäßig wiederholt werden.

Das Ziel von Stakeholder-Diagrammen ist die Priorisierung von Stakeholdern und dadurch der systematische Umgang mit deren Perspektive, um ein Vorhaben oder Projekt erfolgreich durchzuführen. Abbildung 42 zeigt ein Beispiel für ein Stakeholder Radar Diagramm für ein Projekt an, in dem die Stakeholder nach Interesse (Gegner, Unsichere, Mitwirkende, Förderer) und dem Grad der Involvierung (innerer und äußerer Kreis) unterteilt sind.

Die Analyse von Stakeholdern durch Stakeholder-Diagramme ist dann besonders angeraten, wenn man die Ziele und Interessen Dritter hinreichend bedenken muss und wenn man weitere Gruppen in die Aktivitäten einbeziehen oder zumindest konsultieren soll. Dies erfolgt bei der Umsetzung von Strategien, bei der Planung von Veränderungen, bei einer Konfliktlösung oder beim Management einer Abteilung oder eines Projektes.

kann jedoch auch einzeln genutzt werden. Das Stakeholder Radar Diagramm können Sie nutzen, um die Position und den Involvierungsgrad der Stakeholder zu identifizieren. Zusätzlich können Sie die Beziehungen der Interessensgruppen untereinander visualisieren. So können beispielsweise (finanzielle oder hierarchische) Abhängigkeiten, (Ziel- oder Beziehungs-) Konflikte oder Allianzen durch entsprechende Pfeile signalisiert werden. Mit dem Stakeholder Ranking Diagramm können Sie darstellen, wen Sie beeinflussen kön-

„Erfolgreiche Stakeholder-Beziehungen dienen als Quelle

nachhaltiger Wettbewerbsvorteile für Unternehmen."

ROBERT A. PHILIPPS

Achten Sie bei der Erstellung eines Stakeholder-Diagramms auf das folgende Vorgehen, das Ihnen dabei hilft, die Komplexität der Situation Schritt für Schritt zu reduzieren. Sie werden sehen, dass Sie sich mit diesem Vorgehen schnell einen Überblick verschaffen und durch die Visualisierung von verschiedenen Perspektiven bestimmte Stakeholder und Themen priorisieren können.

▌▌● Vorgehen

Gehen Sie in vier Schritten vor, um geeignete Ansätze für den Umgang mit Stakeholdern entwickeln zu können. Zunächst müssen Sie die relevanten Anspruchsgruppen identifizieren. In diesem Kontext steht die Frage nach der Legitimation von Ansprüchen sowie der sinnvollen Kategorisierung von Stakeholdern. Danach analysieren Sie deren „Stakes", die sich durch verschiedene Kriterien ausdrücken lassen. Im Anschluss stellen Sie die Stakeholder visuell dar, um abschließend deren Wichtigkeit für Sie bzw. für das Vorhaben zu priorisieren und mögliche Konfliktpunkte zu erkennen.

1. **Identifizieren:** Listen Sie die relevanten Gruppen, Organisationen und Einzelpersonen auf, die einen Anspruch in Bezug auf das Vorhaben haben könnten. Überlegen Sie beispielsweise, welche internen und externen Stakeholder berücksichtigt werden sollten.
Schlüsselfrage: Wer sind die Stakeholder?

2. **Analysieren:** Analysieren Sie die „Stakes" der Stakeholder und notieren Sie sich, je nach Vorhaben und Bedarf, folgende Angaben für jeden Stakeholder:
   a. **Position:** Die Position der Stakeholder in Bezug auf das Vorhaben. Sind die Stakeholder Mitwirkende, Förderer, Unsichere, oder Gegner des Vorhabens.
   b. **Grad der Involvierung:** Der Grad der (aktiven) Involvierung (z.B. unmittelbar, mittelbar).
   c. **Einfluss:** Der Einfluss des Stakeholders auf das Vorhaben (z.B. gering, mittel, hoch).
   d. **Beeinflussbarkeit:** Die (direkte) Beeinflussbarkeit der Stakeholder (z.B. gering, mittel, hoch).
   e. **Herkunft:** Die Herkunft des Stakeholders (z. B. innerhalb oder außerhalb der Organisation).
   f. **Ziele:** Die Ziele der Stakeholder (z. B. Profit, Wachstumsrate, Kundenzufriedenheit, Aktienkurs oder Gemeinwohlbeitrag) und Zielsynergien zwischen einzelnen Stakeholdern.

Überlegen Sie sich dabei, welche dieser Kriterien am wichtigsten sind und wie Sie die Stakeholder sinnvoll kategorisieren wollen. Sie können beispielsweise überprüfen, wer in welchem Maß involviert ist und wer das Projekt gefährden könnte, oder Sie könnten schauen, wer einen großen Einfluss auf Sie hat und wen Sie wiederum beeinflussen können. **Schlüsselfrage: Welche Kategorien zur Analyse der Stakeholder sind relevant?**

3. **Visualisieren:** Stellen Sie nun die Stakeholder und die in Schritt 2 ausgewählten Kategorien visuell dar. Visualisieren Sie das komplexe Zusammenspiel zwischen möglichen (Streit-) Punkten und Beziehungen. Hierfür steht Ihnen eine Reihe von Stakeholder-Diagrammen zur Verfügung:

   a. **Stakeholder Radar Diagramm:** Zur Darstellung der *Position* und des *Involvierungsgrads* der Stakeholder.

   b. **Stakeholder Ranking Diagramm:** Zur Darstellung des *Einflusses* der Stakeholder auf das Projekt und der *Beeinflussbarkeit* der Stakeholder durch Sie.

   c. **Stakeholder Sonne Diagramm:** Zur Darstellung von *Herkunft, Zielen* und *Zielsynergien* der Stakeholder.

Legen Sie sich dabei nicht nur auf eine Darstellungsform fest, sondern nutzen Sie die Dynamik durch die Verwendung von mehreren Stakeholder-Diagrammen gleichzeitig, um so die Situation der Stakeholder in Bezug auf das Vorhaben aus verschiedenen Perspektiven zu betrachten.

Schlüsselfrage: Welche Möglichkeiten und Herausforderungen stellen die Stakeholder in Bezug auf das Vorhaben dar?

4. **Priorisieren:** Nutzen Sie die visuelle Darstellung, um die Stakeholder auf Basis ihrer Wichtigkeit für Sie bzw. für das Vorhaben zu priorisieren und um mögliche Streitpunkte zu erkennen. Damit sind Sie in der Lage, fokussiert vorzugehen und die nächsten Schritte im Umgang mit den Stakeholdern zu planen. **Schlüsselfrage: Welche Stakeholder sind am wichtigsten? Welche Streitpunkte sind erkennbar?**

Sie können die Stakeholder-Diagramme mit einer Software interaktiv erstellen und dynamisch nutzen. Alternativ können Sie die Stakeholder-Diagramme mit Stift und Papier und mithilfe von entsprechenden Vorlagen zeichnen. Sowohl die Software als auch die Vorlagen als PDF finden Sie als Download auf der Webseite zu diesem Buch unter www.dynagrams.org.

Anhand eines Praxisbeispiels werden wir nachfolgend zeigen, wie Ihnen diese Vorgehensweise hilft, die wichtigen Stakeholder und Themen zu erkennen und zu priorisieren.

 **Praxisbeispiel**

Anhand des folgenden Beispiels und der beiden darauffolgenden beiden Varianten werden Sie sehen, wie Sie drei Stakeholder-Diagramme dynamisch zusammen nutzen können. Achten Sie dabei darauf, wie Sie die Erkenntnisse eines Dia-

gramms in das nächste Diagramm übertragen können. Die Dynamik entsteht durch den Übergang und Wechsel zwischen den Diagrammen, was mit folgendem Beispiel beginnt.

Der Leiter der Marketingabteilung eines Mittelstandunternehmens erkennt, dass der schwindende Umsatz der Produkte weniger mit der Produktqualität als mehr mit der Positionierung der Produkte und des Unternehmens sowie mit der Wahrnehmung des Unternehmens durch seine Kunden zusammenhängt. Aufgrund dieser Situation möchte er eine Markenberatung beauftragen, eine neue Strategie für die Unternehmensmarke zu entwickeln und damit erstmalig alle Produkte unter einem Dach auf dem Markt zu positionieren. Aus Erfahrung weiß er, dass dies ein aufwändiges Projekt ist, dessen Erfolg sich jedoch langfristig an den Umsatzzahlen auszahlen wird.

Bevor der Marketingleiter den Geschäftsführer mit diesem Projektvorschlag behelligt, möchte er die unterschiedlichen internen Stakeholder identifizieren und deren Position und Involvierungsgrad bezüglich eines strategischen Markenprojekts analysieren, um dann die wich-

Stakeholder	Position	Grad der Involvierung
Leiter Rechnungswesen	Gegner	Mittelbar
Vertrieb	Förderer	Mittelbar
Projekt Team	Mitwirkende	Unmittelbar
Marketing Team	Mitwirkende	Unmittelbar
Geschäftsleitung	Unsichere	Mittelbar
Geschäftsführer	Unsichere	Unmittelbar
Leiter Personal	Förderer	Unmittelbar
Personalentwicklung	Förderer	Mittelbar
Leiter Buchhaltung	Gegner	Mittelbar
Weiterbildung	Förderer	Mittelbar
Leiter Finanzen	Gegner	Unmittelbar
Leiter Marketing	Mitwirkende	Unmittelbar

Abbildung 43: Tabellarische Übersicht der Stakeholder und deren Position und Involvierung

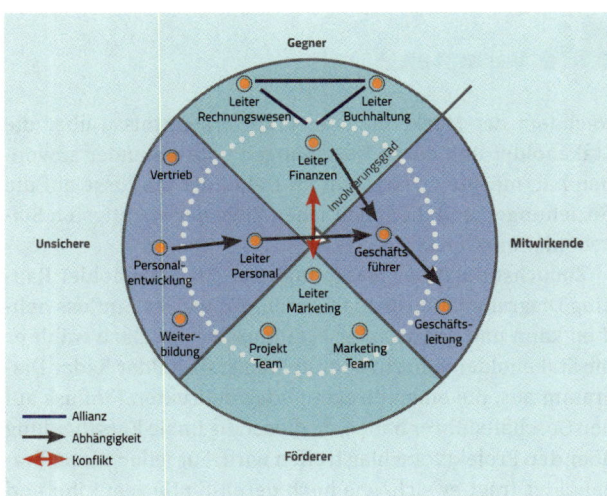

Abbildung 44: Stakeholder Radar Diagramm für ein strategisches Markenprojekt

Die tabellarische Ansicht stellt eine gute Ausgangsbasis dar. Anschließend erstellt er mit diesen Angaben das Stakeholder Radar Diagramm (Abb. 44). Diese Visualisierung der Stakeholder hilft ihm dabei, die Beziehungen zwischen den Stakeholdern und deren Qualität (Allianz, Einfluss, Konflikt) zu bestimmen.

Aufgrund der visuellen Darstellung des Stakeholder Radars erkennt der Marketingleiter folgende Implikationen für das Markenprojekt. Er sollte vor der Einreichung des Projektvorschlags trotz Konflikts das Gespräch mit dem Leiter der Finanzen suchen, da dieser einen großen Einfluss auf den Geschäftsführer hat, um dessen Argumente gegen ein solches Projekt zu kennen und bei einer internen Projektpräsentation zu berücksichtigen. Aufgrund der Allianz zwischen dem Leiter Finanzen und den beiden Leitern für Rechnungswesen und Buchhaltung wäre es sinnvoll, idealerweise die Argumente dieser drei in einer Sitzung zu hören und zu versuchen, sie von diesem Projekt zu überzeugen. Zudem muss er den Aspekt der Mitarbeiterintegration bei diesem Projekt in der Projektpräsentation mehr in den Vordergrund rücken, um die Unterstützung der Personalabteilung und insbesondere des Personalleiters zu bekräftigen. Zudem ist er froh zu erkennen, dass der Konflikt mit dem Leiter Finanzen der einzige Konflikt zwischen den Stakeholdern ist.

Die visuelle Darstellung durch das Stakeholder Radar Diagramm hilft dem Marketingleiter, die wichtigsten Stakeholder bereits in der Vorbereitung des Projektes zu erkennen

tigsten Stakeholder zu priorisieren und mögliche Streitpunkte zu antizipieren.

Zunächst identifiziert der Marketingleiter unterschiedliche Gruppen und Einzelpersonen und deren Position hinsichtlich eines möglichen Markenprojektes und unterscheidet diese nach „Mitwirkende", „Förderer", „Unsichere" und „Gegner". Zusätzlich notiert er für jeden Stakeholder den Grad der Involvierung in „unmittelbar" und „mittelbar". Zunächst listet er diese Angaben in einer Tabelle auf (Abb. 43).

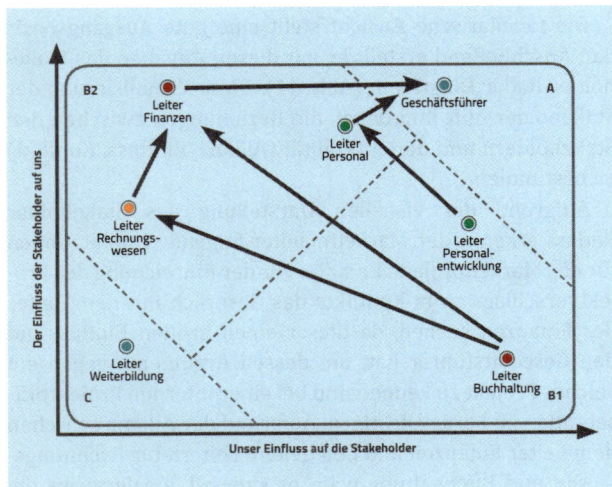

Abbildung 45: Stakeholder Ranking Diagramm aus Sicht des Marketingleiters

und mit entsprechenden Maßnahmen zu adressieren. Neben der Verwendung dieses Diagramms kann der Marketingleiter weitere Stakeholder-Diagramme ergänzend verwenden. Im folgenden Kapitel stellen wir Ihnen zwei weitere Varianten vor.

IV. Varianten

Nachdem der Marketingleiter erste Erkenntnisse über die Stakeholder und deren Beziehungen untereinander gewonnen hat, möchte er sich nun im Detail die Einflüsse auf die Beziehungen und die inhaltlichen Ziele der wichtigsten Stakeholder anschauen.

Zunächst nutzt der Marketingleiter das Stakeholder Ranking Diagramm, um zu analysieren, auf wen er Einfluss nehmen kann und von wem er beeinflussbar ist. Dazu wählt er die Stakeholder vom zuvor erstellten Stakeholder Radar Diagramm aus, die einen direkten oder indirekten Einfluss auf den Geschäftsführer haben, da dieser die finale Entscheidung über den Projektvorschlag treffen wird. Für jeden dieser Stakeholder fragt er sich, wie hoch deren Einfluss auf ihn und damit auf das Projekt ist (gering, mittel oder hoch) und wie hoch der Einfluss des Marketingleiters auf diese Stakeholder ist (gering, mittel oder hoch) und verortet die Stakeholder entsprechend auf dem Stakeholder Ranking Diagramm. Bei der Übertragung der Stakeholder von dem Radar Diagramm auf das Ranking Diagramm markiert er die einzelnen Stakeholder entsprechend ihrer Position im Radar Diagramm: Förderer erhalten eine grüne Markierung, Gegner eine rote Markierung und Unsichere eine blaue Markierung (Abb. 45).

Aus dieser Abbildung erkennt der Marketingleiter, dass er vor allem Einfluss auf den Leiter der Personalentwick-

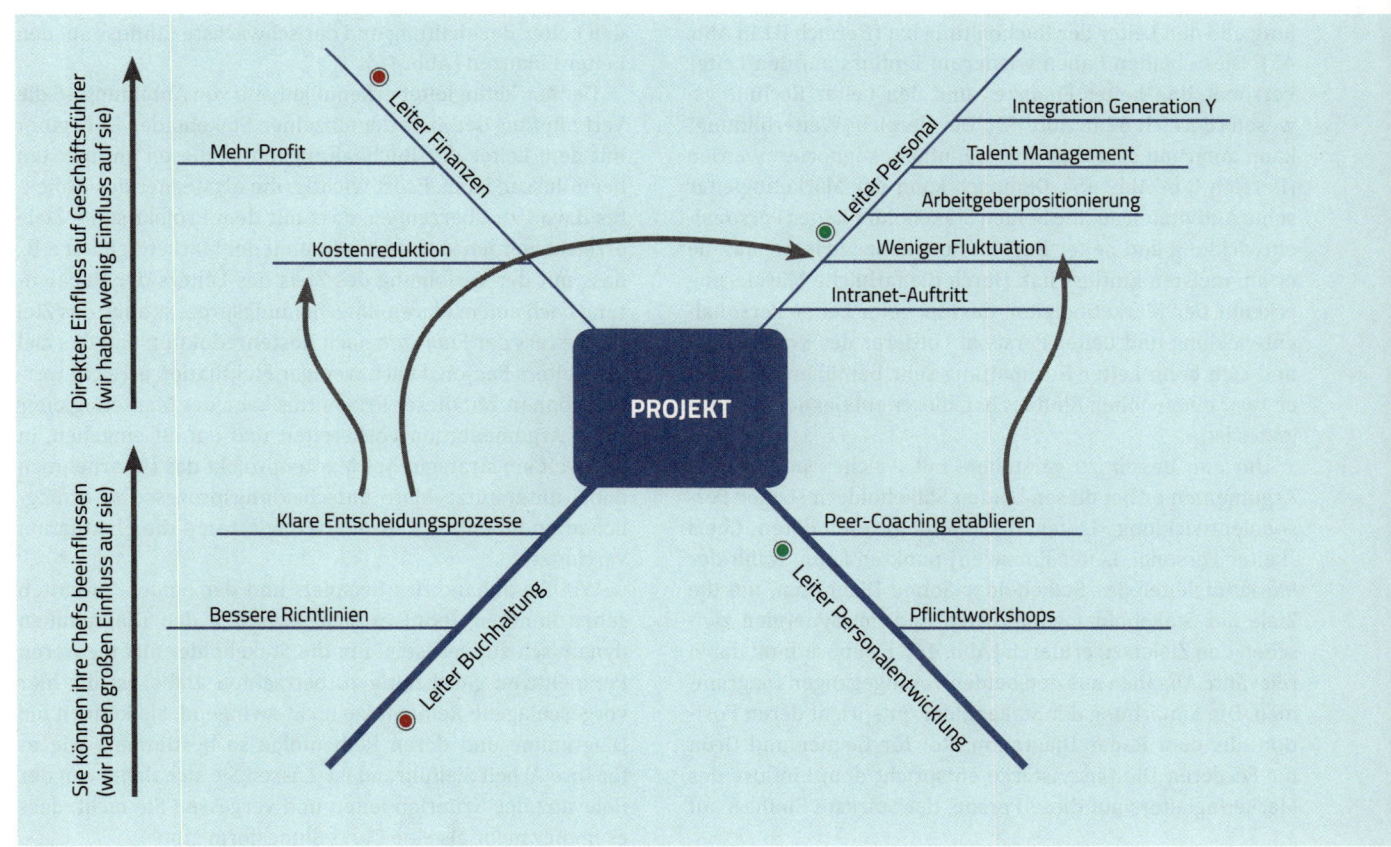

Abbildung 46: Stakeholder Sonne für die vier wichtigsten Stakeholder

lung und den Leiter der Buchhaltung hat (Bereich B1 in Abb. 45). Diese beiden haben wiederum Einfluss auf den Leiter Personal, den Leiter Finanzen und den Leiter Rechnungswesen (Bereich B2 in Abb. 45). Der Bereich „Weiterbildung" kann aufgrund seines geringen Einflusses ignoriert werden (Bereich C in Abb. 45). Demnach kann der Marketingleiter seine Aktivitäten auf die beiden Stakeholder Leiter Personalentwicklung und Leiter Buchhaltung konzentrieren, auf die er am meisten Einfluss hat. Durch die farbliche Markierung erkennt der Marketingleiter, dass er beim Leiter Personalentwicklung und Leiter Personal Förderer des Projekts hat und sich beim Leiter Buchhaltung sehr bemühen muss, da er zwar einen hohen Einfluss hat, dieser ein Gegner des Projektes ist.

Um nun besser zu verstehen, mit welchen inhaltlichen Argumenten er bei diesen beiden Stakeholdern (Leiter Personalentwicklung, Leiter Buchhaltung) und deren Chefs (Leiter Personal, Leiter Finanzen) punkten kann, wählt der Marketingleiter das Stakeholder Sonne Diagramm, um die Ziele der Stakeholder zu verorten und um Synergien zwischen den Zielen zu eruieren (Abb. 46). Er übernimmt dabei relevante Angaben aus den beiden vorangegangen Diagrammen. Die Einfärbung der Stakeholder entspricht deren Position aus dem Radar Diagramm, Rot für Gegner und Grün für Förderer. Die Linienstärke entspricht dem Einfluss des Marketingleiters auf diese Person, der stärkste Einfluss auf

den Leiter Buchhaltung und der schwächste Einfluss auf den Leiter Finanzen (Abb. 46).

Der Marketingleiter erkennt anhand von Abbildung 46 die Verknüpfung der Ziele der einzelnen Stakeholder. Er beginnt mit dem Leiter der Buchhaltung, da er diesen am meisten beeinflussen kann. Es ist wichtig, ihn als Gegner des Projektes davon zu überzeugen, dass mit dem Projekt seine Ziele erreicht werden können. So erkennt der Marketingleiter z.B., dass mit der Verfolgung des Ziels des Leiters der Buchhaltung nach einem klaren Entscheidungsprozess auch das Ziel des Leiters der Finanzen nach Kostenreduktion und das Ziel des Leiters Personal nach weniger Fluktuation erreicht werden können. Mit dieser Erkenntnis kann der Marketingleiter seine Argumentation vorbereiten und darauf eingehen, in wie weit ein strategisches Markenprojekt das Unternehmen dabei unterstützt, klare Entscheidungsprozesse zu ermöglichen und damit u.a. Kosten reduziert und die Fluktuation verringert.

Wie Sie anhand des Beispiels und der beiden Varianten sehen konnten, lohnt es sich, zwischen den Diagrammen dynamisch zu wechseln, um die Stakeholder aus mehreren Perspektiven gleichzeitig zu betrachten. Dabei ist die hier vorgeschlagene Reihenfolge nicht zwingend. Sie können die Diagramme und deren Reihenfolge so bestimmen, wie es für Ihre Arbeit zielführend ist. Lassen Sie sich dabei von der Relevanz der Kriterien leiten und vergessen Sie nicht, dass es immer mehr als eine Darstellungsform gibt.

Die drei vorgestellten Stakeholder-Diagramme bieten einige Vorteile in der Analyse von Interessen und Perspektiven, sollten jedoch nicht als Allheilmittel gesehen werden. Eine ausführlichere Beurteilung finden Sie im folgenden Kapitel.

V. Beurteilung des Dynagrams

Die Stakeholder-Diagramme reduzieren die oftmals komplexen Beziehungen von Stakeholdern zueinander und zum vorliegenden Projekt bzw. Anliegen. Diese visuellen Darstellungen ermöglichen neue Erkenntnisse auf einen Blick. Dabei ist es von Vorteil, die Erkenntnisse des einen Diagramms auf das andere zu übertragen, um die Dynamik durch den Wechsel der Diagramme zu optimieren.

Sie müssen sich jedoch bewusst sein, dass jedes einzelne Diagramm nur einen Ausschnitt darstellt, indem Sie sich auf zwei bis drei Kriterien fokussieren. Ziehen Sie daher keine voreiligen Schlüsse aus der Sicht eines Diagramms, sondern fügen der einen Perspektive eine zweite hinzu. So bekommen Sie ein umfassendes Verständnis von der Situation.

Schablone: Die gewählten Kategorien der drei Stakehol-der-Diagramme (Position und Involvierungsgrad des Stakeholder Radar Diagramms, Einfluss und Beeinflussbarkeit des Stakeholder Ranking Diagramms, Herkunft und Ziele des Stakeholder Sonne Diagramms) entsprechen insofern Gesetz-mäßigkeiten, als dass sie sich als Unterscheidungsmerkmale bewährt haben *(Schablonenprinzip)*.

Leitfaden: Der logische Aufbau der Stakeholder-Diagramme unterstützt Gespräche in Projektgruppen *(Leitfadenprinzip)*. Ein Gespräch, das durch das Stakeholder Ranking Diagramm (Abb. 45) unterstützt wird, kann durch die Aufteilung der Stakeholder in vier Bereiche (A, B1, B2, C) strukturiert werden.

Einblick: Jedes der drei Stakeholder-Diagramme ermöglicht Ihnen eine neue Erkenntnis ohne kognitiven Aufwand durch bloßes Anschauen des Diagramms *(Einblickprinzip)*. In Abbildung 44 wird auf einen Blick deutlich, dass es nur einen einzigen Konflikt unter den Stakeholdern gibt. In Abbildung 45 erkennen Sie, dass der Marketingleiter einen hohen Einfluss auf genau zwei Personen hat, den Leiter Personalentwicklung und den Leiter Buchhaltung im Bereich B1, und dass er über diese beiden Personen wiederum einen Einfluss auf die Stakeholder im Bereich B2 hat. In Abbildung 46 erkennen Sie, dass ein Ziel des Leiters Buchhaltung Synergien mit zwei Zielen anderer Stakeholder hat. Sie sehen also, dass Sie über das Übertragen von Erkenntnissen von einem Diagramm auf das nächste neue Einblicke erhalten können.

Die folgenden Zitate verdeutlichen die Einschätzung typischer Benutzer.

Anna Lyse: „Wenn wir ein Stakeholder-Diagramm verwenden, sehen wir oft Dinge, an die wir vorher nicht gedacht haben. So zum Beispiel weitere Betroffene oder Nebenziele, die man vergessen hat. Es macht auch die Diskussionen über ein Vorhaben sachlicher, was gerade bei dem Thema Stakeholder relevant ist. So kann man auch Emotionen einfacher außen vor lassen und sich auf die legitimen Interessen und wechselseitigen Beziehungen der Beteiligten konzentrieren."

Kai Zit: „In Diskussionen verlieren wir uns oft in der Komplexität der Beziehungen und Interessen der verschiedenen Interessensgruppen und Beteiligten. Daher ist es für mich unerlässlich, sich durch die Stakeholder-Diagramme zu fokussieren und rasch Klarheit über deren Ziele und Einfluss zu gewinnen. Schwierig finde ich jedoch manchmal die richtige Auswahl und Anwendung der Klassifikationskriterien, denn oft fehlen einem auch wichtige Informationen über gewisse Interessensgruppen. Zumindest zeigt einem eine Stakeholderkarte in diesem Fall auch auf, welche Fragen man noch nicht geklärt hat."

Es ist nun Zeit für Ihre Beurteilung der Stakeholder-Diagramme. Glauben Sie das ist für Ihr Aufgabenfeld relevant? Wie beurteilen Sie den Mehrwert dieser Umsichtsdiagramme? Tragen Sie Ihre Beurteilung rechts auf der Innenseite des Buchdeckels ein.

VI. Fazit & erste Schritte

Die Analyse von Stakeholdern erscheint oftmals sehr komplex, da es viele Dinge zu berücksichtigen gilt. Die Stakeholder-Diagramme helfen, diese Komplexität zu reduzieren, indem die Sicht auf die Stakeholder in verschiedene Fokusbereiche aufgeteilt wird.

Sie erhalten damit einen fokussierten Blick und entsprechende Erkenntnisse auf die Situation. Wenn Sie mehrere Stakeholder-Diagramme parallel nutzen, dann profitieren Sie von verschiedenen Blickwinkeln auf die gleiche Situation und einer Kombination von Erkenntnissen.

Mithilfe dieser Erkenntnisse können Sie Ihr Vorgehen priorisieren und entsprechend Projekte, Konfliktlösungen und der Umsetzung von Strategien gezielter vorbereiten und angehen. Sie sind entsprechend informiert und wissen, mit wem Sie Ihre Zeit bei der Sommerfeier des Unternehmens verbringen könnten.

Beginnen Sie mit der Identifizierung von Stakeholdern, die Ihr Vorhaben beeinflussen können und die davon betroffen sind. Überlegen Sie sich, welche Information über diese Stakeholder wichtig ist und notieren Sie diese anhand von Kriterien für jeden Stakeholder.

Suchen Sie sich zwei bis drei Kriterien heraus, die für das Projekt am wichtigsten sind. Schauen Sie sich die drei beschriebenen Stakeholder-Diagramme an und verorten Sie Ihre Stakeholder entsprechend auf einem dieser Diagramme.

Schauen Sie sich das Stakeholder-Diagramm an. Springt Ihnen etwas ins Auge? Überrascht Sie etwas? Gibt es vielleicht Bereiche, in denen sich besonders viele oder besonders wenige Stakeholder befinden? Notieren Sie Ihre Beobachtungen. Bei Bedarf können Sie die Stakeholder auf ein zweites und auch drittes Stakeholder-Diagramm verorten. Achten Sie dabei darauf, dass Sie die Erkenntnisse aus dem ersten Diagramm auf die anderen Diagramme übertragen können.

Weitergedacht

— Carroll, A. B. (1993). Business & Society: Ethics and Stakeholder Management. Cincinnati, Ohio: South-Western Publishing.
— Eppler, M. J. & Pfister, R. A. (2012). Sketching at work – 35 starke Visualisierungs-Tools für Manager, Berater, Verkäufer, Trainer und Moderatoren. Stuttgart: Schäffer Poeschel.

zum Rating (Einklappseite)

DAS KURVEN-DIAGRAMM

Abhängigkeiten erkunden, verstehen und nutzen

Denkdimensionen:  Ist und Soll

 Vergangenheit und Zukunft

 Quantitativ und Qualitativ

 Analog und Digital

Kernprinzip: Schablone

Anwendungsfelder: Problemanalyse; Planung; erkennen, warum man seinen Informations-konsum einschränken und seine E-Mails nicht ständig lesen sollte.

Hintergrund, Kernidee und Anwendungsbereiche

Keine Angst, beim Thema Kurven-Diagramm versetzen wir Sie nicht zurück in den Mathematikunterricht. In diesem Kapitel geht es nicht um klassische Kurvendiskussionen, Sinusgraphen oder zweite Ableitungen. Sie werden vielmehr sehen, dass Kurven-Diagramme auch jenseits der Mathematik oder Statistik äußerst nützliche und verblüffend einfache konzeptionelle Denk- und Diskussionshilfen sein können.

Ob es um das richtige Maß an Informationen über den Kunden geht, um eine gesunde Work-Life-Balance oder um den eigenen Führungsansatz, Kurven-Diagramme helfen dabei, Einflüsse und Abhängigkeiten besser zu verstehen, indem man seine eigenen Vermutungen und Annahmen über Ursache und Wirkung (sowie die richtige Dosierung) mit einem einfachen Diagramm explizit – und damit diskutierbar – macht.

Durch die Beschränkung auf zwei wichtige Größen und deren gegenseitige Beeinflussung können wir Probleme besser verstehen und neue Lösungsmöglichkeiten finden – wenn wir dynamisch und in Stereo, sprich in Varianten, denken.

Beim Kurven-Diagramm heißt dies, verschiedene Verlaufsmuster zu besprechen und diese auf ihre Plausibilität hin zu überprüfen. So zeigen beispielsweise die beiden Diagramme auf der Folgeseite, dass ein Mehr an Informationen nicht unbedingt zu besseren Entscheiden führen muss (wie

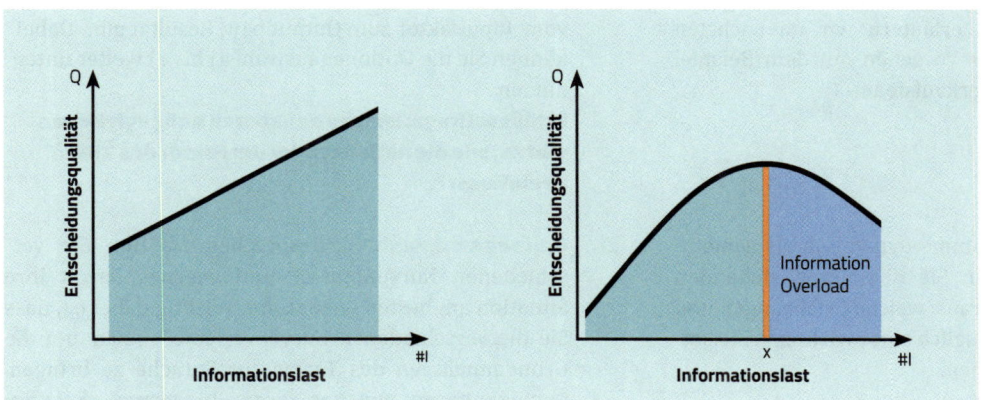

Abbildung 47: eine naive und eine richtige Darstellung der menschlichen Informationsverarbeitung

dies in der Ausgangsgrafik links suggeriert wird): Ab einem gewissen Sättigungs- oder Überforderungspunkt x schadet uns nämlich jede zusätzliche Information mehr als sie uns nützt: das bekannte Information-Overload-Phänomen. Ab dem Punkt x verwirrt uns jede zusätzliche Information mehr als sie Klarheit schafft. Der Grund hierfür ist unsere beschränkte Aufnahmefähigkeit von Informationen und unsere Tendenz, bei Informationsstress „mentale Abkürzungen" zu nehmen und beispielsweise nur noch auf diejenigen Informationen zu achten, die unsere eigene vorgefasste Meinung bestätigen.

Neben diesen beiden Varianten, könnten in einer entsprechenden Diskussion auch noch weitere mögliche Verläufe

(qualitativ, also ohne genaue Quantifizierung) besprochen werden, um den jeweils optimalen Informationsstand auszuloten. Entscheidend dabei ist, dass ein Kurven-Diagramm nicht als Fakt hingenommen wird, sondern im Gespräch die passende Verlaufskurve entwickelt bzw. ausgewählt wird.

„Man muss hart dafür arbeiten,

sauber und klar zu denken. Aber es lohnt sich."

STEVE JOBS

Wie Sie dies tun können, erläutern wir im nächsten Abschnitt und illustrieren das Vorgehen mit dem Beispiel einer Besprechung in einem Verkaufsteam.

Vorgehen

Wie nutzt man Kurven-Diagramme dynamisch als gemeinsames Denkwerkzeug? Folgen Sie den unten stehenden Schritten und finden Sie so heraus, welche Erfahrungen und Meinungen in Ihrem Team bezüglich einer wichtigen Zielsetzung und Einflussgröße bestehen.

1. **Lösungsvariable und Treibervariable identifizieren:** Als vertikale y-Achse nehmen Sie den Grad ihrer Zielerfüllung oder Lösung des Problems. Es handelt sich dabei sozusagen um das Resultat, das Sie erzielen möchten (z.B. Umsatz, Qualität, Zufriedenheit etc.). Als horizontale x-Achse wählen Sie den wichtigsten, durch Sie beeinflussbaren (Input-) Faktor (also z.B. investiertes Marketingbudget, Kontrollen, Serviceleistungen oder investierte Zeit etc.).
   Schlüsselfrage: Was ist unser Ziel oder Problem? Wie können wir dieses gezielt beeinflussen?

2. **Optionen entwickeln:** Diskutieren Sie mit Ihren Teamkollegen, welche prinzipiellen Einflussmöglichkeiten es

vom Inputfaktor zum Output bzw. Resultat gibt. Dabei können Sie die Optionenauswahl a) bis e) weiter unten nutzen.
   Schlüsselfrage: Welche denkbaren Abhängigkeiten gibt es, wie die Aktivität oder der Faktor das Ziel beeinflusst?

3. **Optionen auswählen:** Besprechen Sie nun die verschiedenen Kurvenmuster und welches davon Ihre Situation am besten wiedergibt. Wichtig dabei ist, dass Sie die verschiedenen Kurvenverläufe nutzen, um die Grundannahmen des Teams zur Sprache zu bringen.
   Schlüsselfrage: Welches Kurven-Diagramm passt am besten und warum?

4. **Konsequenzen diskutieren:** Besprechen Sie zum Schluss die Konsequenzen der Abhängigkeit und welches demnach die optimale „Dosis" darstellt.
   Schlüsselfrage: Was lernen wir daraus über das optimale Niveau unserer Aktivität?

Für den zweiten Schritt in dieser Vorgehensfolge sind die folgenden Abhängigkeitsarten bzw. Linien und Kurvenverläufe als Diskussionsgrundlage äußerst nützlich:

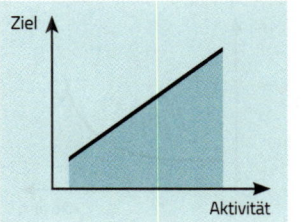 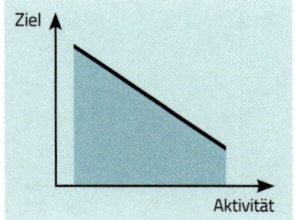 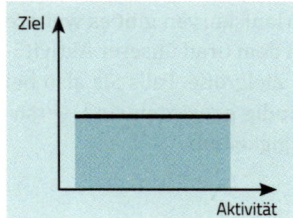 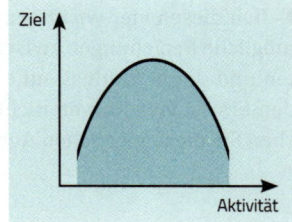

(a)

positives Verhältnis

Mehr Aktivität führt zu mehr Zielerreichung (z.B. mehr Qualitätskontrollen führen zu höherer Produktqualität).

(b)

negatives Verhältnis

Die Aktivität ist kontraproduktiv: mehr von ihr führt zu weniger Zielerreichung (z.B. mehr Kontrollen reduzieren das Vertrauensverhältnis mit den Mitarbeitern).

(c)

neutrales (wirkungsloses) Verhältnis

Die Aktivität hat keinen Einfluss auf das Ziel (z.B. auch, wenn man die Internetsuche ausweitet, versteht man das Thema nicht unbedingt besser).

(d)

Kippverlauf

Bis zu einem gewissen Grad hilft die Aktivität fürs Ziel, dann schadet sie, wird kontraproduktiv (so zum Beispiel der Grad an Diversität in einer Gruppe und ihr Einfluss auf die Leistungsfähigkeit des Teams).

Neben diesen vier wichtigen Verlaufskurven gibt es weitere mögliche Beziehungen zwischen dem Grad unserer Aktivitäten und deren Einfluss auf eine Zielgröße. Falls Sie also bei den ersten vier Kurven nicht fündig geworden sind, versuchen Sie diese möglichen Abhängigkeiten:

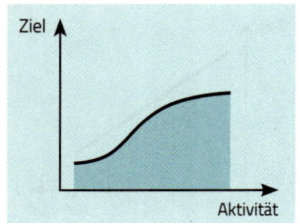

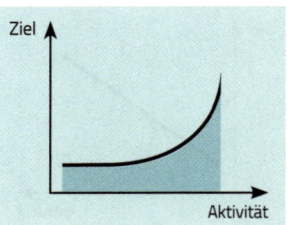

(e)
Sattelpunkt
Es kann z.B. sein, dass eine Aktivität bis zu einem bestimmten Intensitätsniveau hilft, aber dann plötzlich frappant Wirkung verliert, auch wenn wir sie weiter steigern. Ein Beispiel für diesen Verlauf sind Aktivitäten, bei denen es sich einfach nicht lohnt Perfektionist zu sein, wie etwa beim Recherchieren aller möglichen Feriendestinationen oder beim online Preisvergleich: Ab einem gewissen Punkt kommt man dem optimalen Suchresultat schlicht nicht mehr näher.

(f)
Exponentialkurve:
Es gibt Situationen, bei denen ab einem gewissen Punkt jede zusätzlich investierte Minute eine große Verbesserung bei der Zielerreichung bewirkt.
Viele Netzwerkeffekte weisen diesen Verlauf an. Denken Sie etwa an die Verbreitung von Videos auf Youtube: Ab einem gewissen Punkt kann ein Video viral werden.

Kurven-Diagramme, wie die in diesem Kapitel besprochenen, können übrigens als rein qualitatives Erklärungswerkzeug mit den meisten gängigen Grafikprogrammen, inklusive PowerPoint®, erstellt werden. Wir würden jedoch empfehlen, mit Flipchart oder an einer Tafel zu arbeiten, um den Entwurfscharakter der Kurvenverläufe zu signalisieren. Hat man sich in der Diskussion dann auf eine passende Kurvengrafik geeinigt, so kann diese mittels Computer reingezeichnet werden.

III. Praxisbeispiel

Ein einfaches Beispiel kann illustrieren, wie man Kurven-Diagramme dynamisch verwendet. Stellen Sie sich folgende Situation vor:

Sie stellen sich die Frage, ob es für den Umsatz in Ihrem Betrieb vielleicht hilfreich sein könnte, Ihre Kunden stärker als bisher mit neuen Produkt- oder Dienstleistungsangeboten zu kontaktieren.

Ihre Zielvariable (d.h. Ihre Wunsch- oder Outputgröße) ist demnach der Umsatz, den Sie mit Ihren Produkten oder Dienstleistungen erzielen. Ihre Beeinflussungsgröße ist die Anzahl der Kontaktaufnahmen Ihrer Verkaufsmitarbeiter mit Kunden über neue Angebote.

Während Sie diese Frage mit Ihrem Verkaufsteam besprechen, zeigen sich vier verschiedene Positionen oder Sichtweisen innerhalb der Gruppe:

Ein erfahrener Verkaufsmitarbeiter meint, dass kein Einfluss der Kontakte auf den Umsatz bestünde, er meint: „Der Kunde weiß genau was er will und plant eh zu Jahresbeginn."

Ein sehr enthusiastischer Verkaufsmitarbeiter glaubt an einen positiven Einfluss, er sagt: „Je mehr der Kunde über unsere neuen Angebote weiß, desto eher ist er bereit, diese einzukaufen. Wir sollten das hochfahren."

Ein älterer Verkaufscrack sieht dies ganz anders: Er sieht einen zunächst positiven, dann aber einen negativen Einfluss auf den Umsatz und erklärt dies wie folgt: „Ab einer gewissen Kontaktzahl an wird das für den Kunden echt lästig, und er sucht sich einen weniger nervenden Anbieter."

Ein weiterer Kollege entgegnet dem, dass es wohl kaum zu derartig kontraproduktivem Verhalten kommen werde, dass lediglich die Wirkung der zusätzlichen Kontakte rapide abnehmen werde: „Die ersten drei bis vier Anrufe oder Besuche lösen vielleicht noch etwas aus, aber dann hat das praktisch keinen Einfluss mehr auf das Einkaufsverhalten des Kunden."

Mit dem Kurven-Diagramm können nun alle vier Meinungen visualisiert und am Flipchart gemeinsam besprochen werden. Dies sieht dann etwa so aus wie auf der folgenden Seite:

Meinung des erfahrenen Verkaufsmitarbeiters

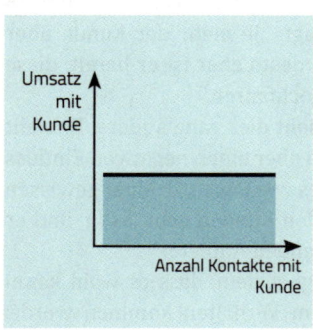

Keinen Einfluss
Umsatz bleibt auch bei Erhöhung der Kontakte gleich

Meinung des enthusiastischen Verkaufsmitarbeiters

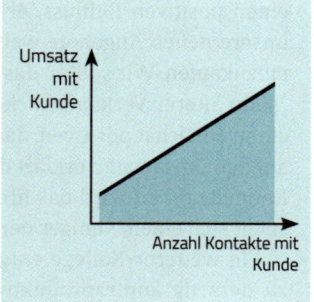

Positiven Einfluss
Je mehr Kontakte, desto mehr Umsatz

Meinung des älteren Verkaufscracks

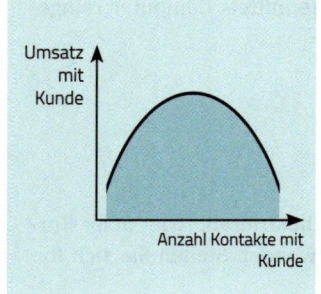

Kippenden Einfluss
Zunächst wachsenden dann sinkender Umsatz

Meinung des pessimistischen Kollegen

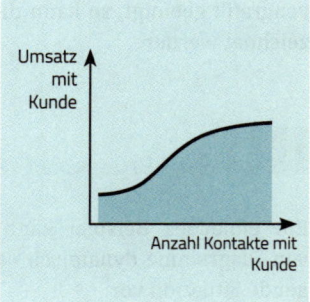

Sättigungseffekt
Zunächst positiven Einfluss dann neutral

Jeder Mitarbeiter erklärt dabei „seine" Verlaufskurve und versucht dabei, falls möglich, den optimalen Kontaktwert im Bild einzutragen.

Auf der Basis dieser Dynagrams-Diskussion wird entschieden, bestehende wichtige Kunden höchstens zweimal pro Jahr mit Ankündigungen zu kontaktieren. Es wird ebenso beschlossen, die effektiven Kundenreaktionen bzw. Umsatzentwicklungen detailliert zu erfassen. Zudem beschließt der Chef, bei einigen weniger wichtigen Kunden ein Experiment zu wagen und sechs davon monatlich zu kontaktieren, sechs weitere quartalsmäßig und weitere sechs nur einmal pro Jahr über neue Produkte persönlich zu informieren. Zum Ende des Jahres sollen dann die drei Kundengruppen miteinander verglichen werden und so eine neue, quasi validierte Abhängigkeitskurve gezeichnet werden.

IV. Varianten

Als interessante Variante des Kurven-Diagramms kann die horizontale x-Achse einfach die Zeitdimension abbilden. Kurven-Diagramme über die Zeit hinweg bieten eine interessante Diagrammform neben der Abbildung von Beziehungen zwischen Aufwand und Ertrag. Die Wochenzeitung „Die Zeit" etwa zeigt in ihrer Artikelserie „Kurven meines Lebens" anschaulich, wie man ein derartiges Kurven-Diagramm

qualitativ nutzen kann, um das Leben einer interessanten Persönlichkeit zu erzählen. Bereits im 18. Jahrhundert verwendete übrigens Lawrence Sterne eine ähnliche (äußerst amüsante) Kurve in seinem Roman Tristram Shandy, um seine Tagesverläufe (auch als Persiflage auf Wissenschaftsdiagramme) zu visualisieren.

Neben wir als Beispiel Ihren typischen Tagesablauf und Ihre Produktivität. Sie treffen frühmorgens im Büro ein, trinken einen Kaffee und setzen sich an Ihren Schreibtisch. Ihre Produktivität steigt sofort. Doch dann werden Sie unterbrochen und Ihre Produktivität (bezogen auf Ihre Aufgabe) fällt drastisch ab. Nach der Unterbrechung müssen Sie sich nun wieder mental einarbeiten und zurückfinden zum Punkt, an dem Sie vor der Störung waren (gemäß einer OECD-Studie dauert dies weit mehr als zehn Minuten). Geschieht dies während des Tages einige Male, so sinkt ihre Durchschnittsproduktivität gewaltig. Das folgende einfache Kurven-Diagramm (Abb. 48) zeigt diesen „Sägezahn-Effekt" einprägsam (das Kurvenprofil sieht aus wie ein Sägeblatt, daher der Name).

Eine in Informatikerkreisen äußerst bekannte Kurvengrafik ist das sogenannte Hypecycle-Diagramm der Gartner Group (Abb. 49). Diese Schablone dient dazu, den Reifegrad verschiedener IT-Technologien auf einem Phasenmodell zu verorten. So kann die Informatikabteilung einer Organisation besser entscheiden und planen, wann sie welche Technologie einführen möchte. Auf der relativ fixen Kurve werden verschiedene Technologien (z.B. im Bereich Dokumenten-

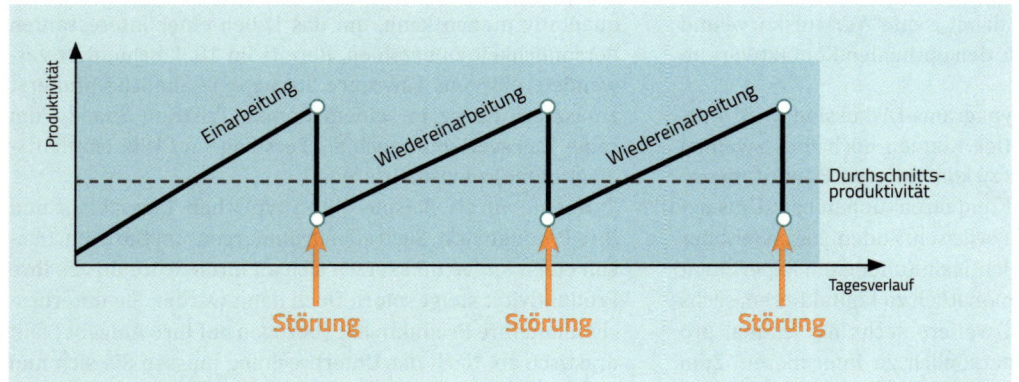

management oder Social Media) gemeinsam platziert, je nachdem, in welchem Entwicklungsstand sie sich derzeit befinden. Die Gartner Gruppe sieht dabei folgende Phasen vor: Labor- oder Entstehungsphase, Mode- oder Hypephase, Ernüchterungsphase, Tal der Tränen oder Scheintotphase und schlussendlich die Reifephase, auch Plateau der Produktivität genannt. Das Profil der Grafik (mit der steilen Welle und dem nachfolgenden Absturz und langwierigem Wiederaufstieg) beruht dabei auf der Erkenntnis, dass technologische Entwicklungen oft bezüglich ihres kurzfristigen Potenzials überschätzt werden, dann aber langfristig ihr volles Potenzial entfalten können.

Wie bei diesem Diagrammbeispiel können Sie übrigens auch in anderen Varianten dieses Diagramms nicht nur das Profil der Kurve verwenden, sondern auf den x-Achsenabschnitten bestimmte Punkte markieren und vergleichen. So wird die Diskussion eines Kurven-Diagramms gleich viel konkreter und anschaulicher.

Eine letzte, und manchmal recht komplexe Form des Kurven-Diagramms besteht aus einer Verbindung unterschiedlicher zeitlicher Kurven-Diagramme, sodass Sie Entwicklungen in Abhängigkeit verschiedener Einflussfaktoren überblicken können. Dazu werden die Kurvenverläufe einzelner Variablen mit anderen in Beziehung gesetzt und zwar indem die Diagramme kreisförmig angeordnet und entsprechend

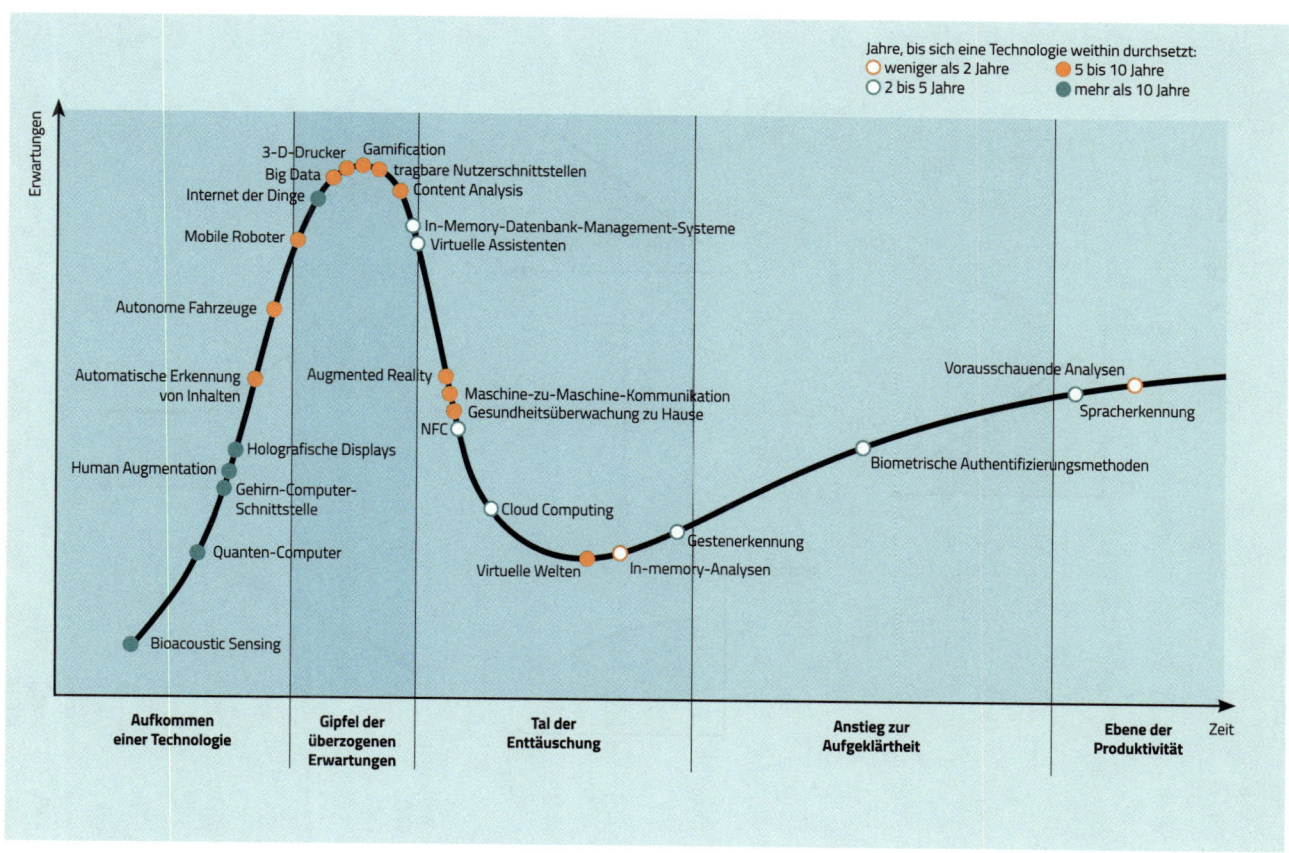

Abbildung 49: Das Gartner Hypecycle-Kurven-Diagramm. Quelle: Gartner Inc.

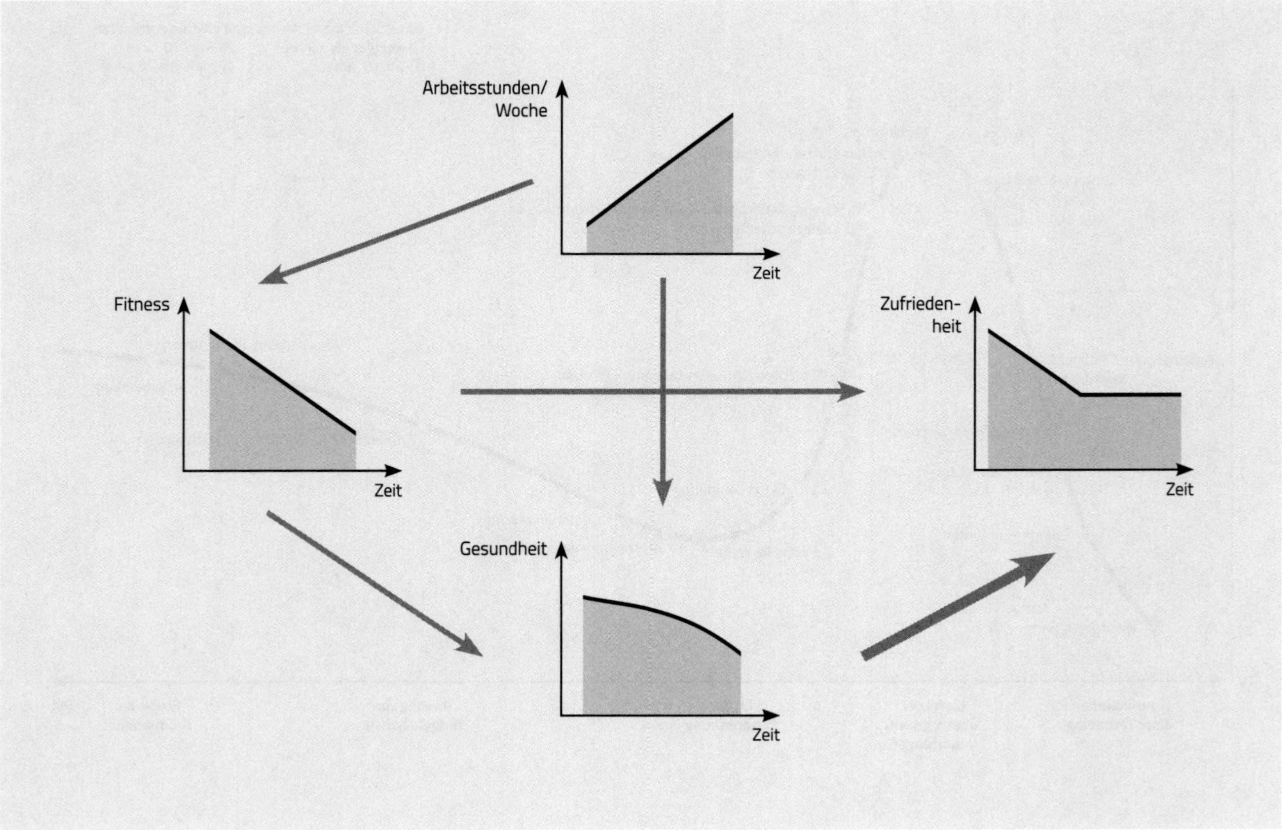

Arbeitsstunden/
Woche

Zeit

Fitness

Zeit

Zufrieden-
heit

Zeit

Gesundheit

Zeit

Abbildung 50: Ein Kurvennetz zeigt Abhängigkeiten zwischen Einflussfaktoren

verbunden werden. Das Beispiel in Abbildung 50 zeigt ein solches „Kurvennetz": Es zeigt, dass die stetige Erhöhung der Arbeitsstunden pro Woche bei dieser Person in den letzten Wochen zu einer zurückgehenden Fitness geführt hat. Dies wiederum hat ihre Zufriedenheit auf ein niedrigeres Niveau absinken lassen. Zudem hat die reduzierte Fitness auch zu einer langsam abnehmenden Gesundheit geführt. Die Person hat zudem den Eindruck, dass sich die hohe Anzahl Arbeitsstunden direkt negativ auf die Gesundheit auswirkt (z.B. aufgrund von Schlafmangel). Die langsam reduzierte Gesundheit trägt wesentlich zum reduzierten Zufriedenheitsgefühl bei (vgl. dicker Pfeil).

V. Beurteilung des Dynagrams

Natürlich reicht es bei vielen Themen nicht, alles auf einzig zwei Faktoren (einen Input- und einen Outputfaktor) zu reduzieren. Nichtsdestotrotz kann ein Kurven-Diagramm gute Gespräche bewirken und Grundannahmen über Kausalitäten an die Oberfläche bringen.

In Bezug auf die drei Diagrammprinzipien ist das Kurven-Diagramm wie folgt zu beurteilen:

Schablone: Das Diagramm nutzt eine äußerst bekannte Struktur des kartesischen Koordinatensystems und verwendet dabei die Konventionen von einfachen mathematischen Funktionen.

Leitfaden: Die Erstellung der Kurven-Diagramme unterstützt ein entsprechendes Gespräch produktiv, da beim Diagrammzeichnen zuerst Einigkeit über die Achsenbezeichnung (horizontal und vertikal) erzielt werden muss, sodann verschiedene Kurvenverläufe besprochen werden und zum Schluss ein Fazit visuell eingetragen werden kann. Im Gegensatz zu anderen Diagrammen gibt es jedoch sonst keinen Gesprächsverlauf vor.

Einblick: Der Aha-Effekt ist bei dieser Art von Diagramm nicht direkt ablesbar. Er entsteht vielmehr durch die Diskussion verschiedener alternativer Kurven und durch den entsprechenden Zwang, die eigenen Grundannahmen zu äußern und mit Argumenten zu untermauern.

Auf der folgenden Seite schließlich die Beurteilung des Kurven-Diagramms durch unsere beiden Kollegen:

Anna Lyse: „Natürlich vereinfacht das Kurven-Diagramm komplizierte Abhängigkeiten stark und reduziert sie auf zwei Elemente. Doch für eine erste Annäherung an ein Phänomen oder ein Problem ist dies äußerst hilfreich, besonders in einer Gruppe. So kommen durch die Diskussion möglicher Verläufe viele Grundannahmen zu Tage und wir sehen als Team, wo wir einig gehen und wo es noch Besprechungsbedarf gibt."

Kai Zit: „Beim Lösen von Problemen stellt sich immer die Frage nach dem richtigen Ansatz und dem richtigen Maß. Mit dem Kurvendiagram kann man diese Frage systematisch und zügig gemeinsam besprechen. Mir helfen inbesondere die klaren Optionen von Verläufen aus denen ich auswählen kann. Vielleicht wäre hier sogar weniger mehr."

Nun ist Zeit für Ihre Beurteilung des Kurven-Diagramms. Denken Sie, dass Sie einfache Verlaufsgrafiken für Besprechungen bei der Arbeit oder eher für die Denkarbeit zu Hause nutzen könnten? Wie beurteilen Sie den Mehrwert dieses einfachen Diagnosewerkzeugs? Tragen Sie Ihre Beurteilung am Ende rechts auf der Innenseite des Buchdeckels ein.

VI. Fazit & erste Schritte

Auch ein Kurven-Diagramm sollte nicht als statisches Werkzeug verstanden werden, mit dem Messergebnisse präsentiert werden. Es kann dynamisch genutzt werden, indem man verschiedene Kurven-Szenarien gemeinsam bespricht und so den Einfluss eines Faktors auf einen anderen erörtert. Um erste Erfahrungen mit Kurven-Diagrammen zu machen, empfehlen wir Ihnen mit zwei oder drei Varianten zu arbeiten. Generell ist die zeitliche Kurvenvariante intuitiver zu verstehen als die Grundform mit Ursache und Wirkung.

Weitergedacht

— Bresciani, S., Eppler, M.J. (2010). Gartner's Magic Quadrant and Hype Cycle. The Case Centre. Fallstudie. Erhältlich online unter: http://www.knowledge-communication.org/pdf/908-029-1.pdf, abgerufen am 1. Februar 2016

zum Rating (Einklappseite)

STRATEGIEPROFILE

Neue Nischen finden

Denkdimensionen:  Überblick und Detail

 Vergangenheit und Zukunft

 Quantitativ und Qualitativ

 Divergent und Konvergent

 Analog und Digital

Kernprinzip: Schablone

 Einblick

Anwendungsfelder: systematische Analyse von Marktfaktoren, Wettbewerbern und alternativen Angeboten, kreative Produktentwicklung, Dienstleistungen und Strategien

I. Hintergrund, Kernidee und Anwendungsbereiche

Das Profildiagramm ist eine an sich altbekannte Methode für visuelle Vergleiche, die von den INSEAD Professoren Kim und Mauborgne für ihren Ansatz der ‚Strategie als blauen Ozean' auf den Strategiekontext angewandt wurde. Dieses Konzept hilft Unternehmen, sich in der Strategiearbeit nicht ausschließlich auf den Wettbewerb zu konzentrieren, sondern den Fokus auf die Schaffung von neuen Märkten zu verschieben, um damit die Bedrohung durch die Konkurrenz irrelevant zu machen. Mit „Blue Oceans" sind die Möglichkeiten für eine Entwicklung und Erschließung neuer Märkte gemeint, im Gegensatz zu den von Blut getränkten ‚Red Oceans', in denen harter Wettbewerb stattfindet. Als Beispiel führen die Autoren den Cirque du Soleil an, der das Zirkuskonzept ganz neu erfunden hat und beispielsweise auf Tiere oder traditionelle Clowns verzichtet, dafür aber eine Geschichte erzählt; dazu mehr im Praxisbeispiel.

Das Strategieprofil ist dabei der zentrale Bezugsrahmen zur Diagnose und Planung einer klaren Blue-Ocean-Strategie. Die horizontale Achse zeigt die Wettbewerbsfaktoren, in die momentan von den Wettbewerbern investiert wird. Die vertikale Achse zeigt die Angebotsintensität der Wettbewerber in Bezug auf diese Wettbewerbsfaktoren (Abb. 51).

Das Strategieprofil unterstützt Sie dabei, zwei Ziele zu erreichen: Erstens haben Sie die Möglichkeit, den derzeitigen

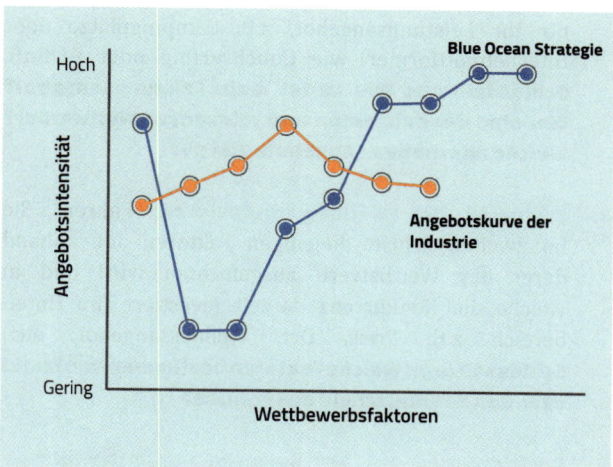

Abbildung 51: Generisches Strategieprofil

ziehen, um neue Wettbewerbsfaktoren zu eruieren und um neben Kunden auch potenzielle Neukunden anzusprechen.

Die *Leistungsangebots-Kurve* ist dabei die wesentliche Komponente des Strategieprofils. Sie ist die grafische Darstellung der relativen Leistung Ihrer Organisation in Bezug auf die wesentlichen Faktoren des Wettbewerbs (wie etwa Preis oder Service). Mit einer überzeugenden Leistungsangebots-Kurve unterscheiden Sie sich von den anderen Anbietern und finden so Ihre eigene Nische.

Neben der Anwendung auf Organisationen können Sie ebenfalls ein persönliches Strategieprofil erstellen, um herauszufinden, wie Sie sich auf dem Arbeitsmarkt von den Wettbewerbern unterscheiden und einen eigenen Markt kreieren. So könnte sich z. B. ein BWL-Student zusätzlich eine hohe Medienkompetenz aneignen und sich so seinen eigenen (Arbeitgeber-) Markt schaffen.

Die Beschreibung der Vorgehensweise im folgenden Abschnitt hilft Ihnen sowohl für das persönliche Strategie-

Stand des Marktangebotes visuell abzubilden. Diese Darstellung erlaubt es Ihnen, diejenigen Faktoren wie z. B. Produkte, Preise oder Innovationen zu erkennen, in denen der aktuelle Wettbewerb stattfindet und in welche die Konkurrenz derzeit investiert. Zweitens unterstützt Sie das Strategieprofil dabei, Ihren Fokus dahingehend zu ändern, dass Sie neben den Wettbewerbern auch mögliche Alternativen berücksichtigen. Als Fluglinie z. B. könnten Sie über die Konzentration auf andere Fluglinien hinaus alternative Transportmittel wie das Auto oder den Zug (oder gar virtuelles Reisen) in Betracht

„Das Wichtigste ist, dass Sie sich nicht nur mit Ihren Wettbewerbern messen, sondern auch mit Anbietern von Ersatzangeboten und Alternativen."

W. CHAN KIM, CO-AUTOR DES BUCHES „BLUE OCEAN STRATEGY"

profil als auch für die Erstellung eines Strategieprofils im Unternehmenskontext.

‖. Vorgehen

In diesen sieben Schritten können Sie ein Strategieprofil für Ihren Markt und Ihre Organisation erstellen: Beginnen Sie mit der Benennung der Wettbewerbsfaktoren. Positionieren Sie Ihre Konkurrenten und gegebenenfalls Alternativen, bevor Sie Ihre eigene Position festlegen. Ihre Positionierung kann sowohl Ihrer aktuellen als auch Ihrer zukünftig gewünschten Position entsprechen. Wenn Sie Ihre gewünschte Position darstellen wollen, dann hilft Ihnen Denken in Stereo, indem Sie sowohl konvergent als auch divergent denken. Mit dem konvergenten Vorgehen können Sie Faktoren eliminieren oder reduzieren und mit dem divergenten, kreativen Denken können Sie bestehende Faktoren steigern oder ganz neue Wettbewerbselemente kreieren. Aber der Reihe nach:

1. **Identifizieren des Leistungsangebots, der Wettbewerber und Alternativen:** Notieren Sie im ersten Schritt den Kern Ihres Leistungsangebots. Ein Hotel würde z. B. die Übernachtung nennen. Notieren Sie anschließend auf einer Liste bekannte Wettbewerber, wie z.B. andere Hotels, als auch alternative Angebote für Ihr Leistungsangebot, z.B. Campingplätze oder Internetplattformen wie Couchsurfing oder AirBnB. **Schlüsselfrage: Wie lautet mein Leistungsangebot? Wer sind die bekannten und relevanten Wettwerber? Welche alternativen Angebote gibt es?**

2. **Festlegen der Wettbewerbsfaktoren:** Führen Sie im zweiten Schritt diejenigen Faktoren auf, anhand derer der Wettbewerb ausgefochten wird und in welche die Konkurrenz derzeit investiert (im Hotelbereich z.B. Preis, Ort, Wellnessangebot, etc.) **Schlüsselfrage: Welche Faktoren bestimmen den Markt bzw. den Kaufentscheid des Kunden?**

3. **Positionieren des Wettbewerbs und Alternativen:** Positionieren Sie die Intensität des Leistungsangebots Ihrer relevanten Wettbewerber im Strategieprofil für jeden Wettbewerbsfaktor (wer hat z.B. welches Preisniveau). Positionieren Sie bei Bedarf zusätzlich die Alternativen zu Ihrem Leistungsangebot, die in Frage kommen. **Schlüsselfragen: Welche Wettbewerbsfaktoren haben bei der Konkurrenz eine hohe, welche eine geringe Ausprägung? Welche Wettbewerbsfaktoren haben für Alternativangebote eine hohe, welche eine geringe Intensität?**

4. **Festlegen der eigenen Positionierung:** Bilden Sie Ihr derzeitiges Leistungsangebot auf dem Diagramm ab, indem Sie bestimmen, welche bestehenden Wettbewerbsfaktoren Sie mit welcher Ausprägung anbieten. **Schlüsselfrage: Welche Faktoren weisen für unser derzeitiges Leistungsangebot welche Intensität auf?**

5. **Erkennen von Positionierungslücken:** Schauen Sie sich das Strategieprofil an und achten dabei auf besonders volle und besonders leere Bereiche. In den vollen Bereichen ist das Leistungsangebot sehr dicht und der Wettbewerb hoch. Die leeren Bereiche bieten Potenzial für eine Neupositionierung, die Sie mithilfe der nächsten beiden Schritte konkret angehen können. **Schlüsselfragen: Wo gibt es besonders volle Bereiche? Wo gibt es besonders leere Bereiche (d.h. wenige Mitbewerber pro Ausprägung)?**

6. **Konvergente Exploration von möglichen Neupositionierungen:** Entwickeln Sie neue Möglichkeiten, indem Sie bestehende Wettbewerbsfaktoren reduzieren oder eliminieren. Dadurch können Sie neue Kundengruppen gewinnen und sich von Ihren Wettbewerbern abheben. **Schlüsselfragen: Welche Faktoren, die in Ihrem Markt als gegeben hingenommen werden, sollten eliminiert werden? Welche Faktoren sollten unterhalb des Industriestandards reduziert werden?**

7. **Divergente Exploration von möglichen Neupositionierungen:** Entwickeln Sie neue Möglichkeiten für Ihr Leistungsangebot, mit dem Sie bestehende aber auch neue Kunden ansprechen können und sich vom Wettbewerb deutlich abheben. Überlegen Sie sich dafür systematisch, welche bestehenden Wettbewerbsfaktoren Sie steigern und welche neuen Faktoren Sie kreieren wollen. **Schlüsselfragen: Welche Faktoren sollten weit über den Industriestandard gesteigert werden? Welche neuen Faktoren sollten kreiert werden, die zuvor nicht in diesem Markt angeboten wurden?**

Mithilfe dieses Vorgehens in sieben Schritten sind Sie in der Lage, Ihr eigenes Strategieprofil zu erstellen und Möglichkeiten für ein neues Marktfeld zu identifizieren. Das Beispiel des Cirque du Soleil im nächsten Abschnitt gibt Ihnen zudem Inspiration für Ihr eigenes Strategieprofil.

 **Praxisbeispiel**

Der Zirkusmarkt ist ein umkämpfter Markt. Dies hat die Macher des Cirque du Soleil dazu veranlasst zu überlegen, welche Wettbewerbsfaktoren am Markt eine Rolle spielen und welche Angebotsintensität diese Faktoren für den Wettbewerb haben. Dazu haben sie zwei Gruppen von Wettbe-

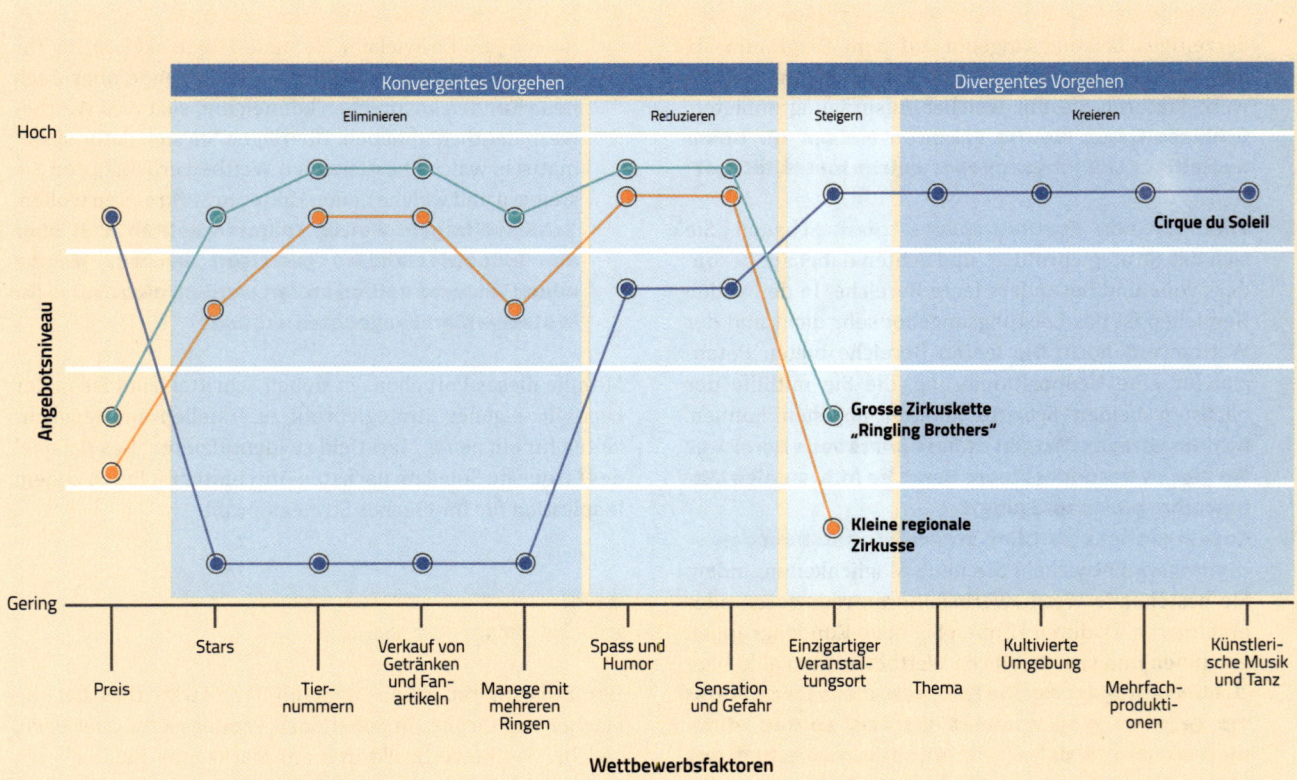

Abbildung 52: Strategieprofil für das Leistungsangebot des Cirque du Soleil

werbern verglichen: kleinere regionale Zirkusse und die große Zirkuskette „Ringling Brothers".

Zunächst führen sie dafür die Wettbewerbsfaktoren des Zirkusmarktes auf und positionieren die beiden Wettbewerbsgruppen. Anschließend analysieren sie jeden Wettbewerbsfaktor durch Denken in Stereo auf konvergente und divergente Weise. Beim konvergenten Vorgehen entscheiden sie sich, bestimmte Wettbewerbsfaktoren zu eliminieren, wie z. B. Tiernummern, oder zu reduzieren, z. B. Spaß und Humor. Beim divergenten Vorgehen entscheiden sie sich, bestimmte Wettbewerbsfaktoren zu steigern, wie z. B. die Wahl eines einzigartigen Veranstaltungsortes (inkl. Dekor), und neue Wettbewerbsfaktoren zu kreieren, wie z. B. träumerische Themen für den Zirkus zu definieren und künstlerische Musik und Tanz einzusetzen (Abb. 52).

Mithilfe dieser Anpassung der Wettbewerbsfaktoren gelang es dem Cirque du Soleil, eine einzigartige und zuvor nicht da gewesene Positionierung zu erreichen, mit der sie einen neuen Markt, einen sog. Blue Ocean, ohne Konkurrenz geschaffen haben.

Neben diesem Beispiel finden Sie im nächsten Abschnitt zwei Varianten des Strategieprofils. Die erste Variante zeigt das Strategieprofil der Fluglinie Southwest Airlines und die zweite Variante zeigt eine quantitative Darstellungsmöglichkeit des Strategieprofils mit dem softwaregestützten Parallel-Koordinaten-Diagramm.

 **Varianten**

Neben der Möglichkeit zur Positionierung von Wettbewerbern können Sie das Strategieprofil auch verwenden, um Alternativen zu Ihrem Leistungsangebot oder dem Ihrer unmittelbaren Wettbewerber darzustellen. Das Strategieprofil der Fluglinie Southwest Airlines zeigt für den Markt der Kurzstreckenflüge neben anderen Anbietern von Flugreisen auch das Auto als Alternative auf (Abb. 53).

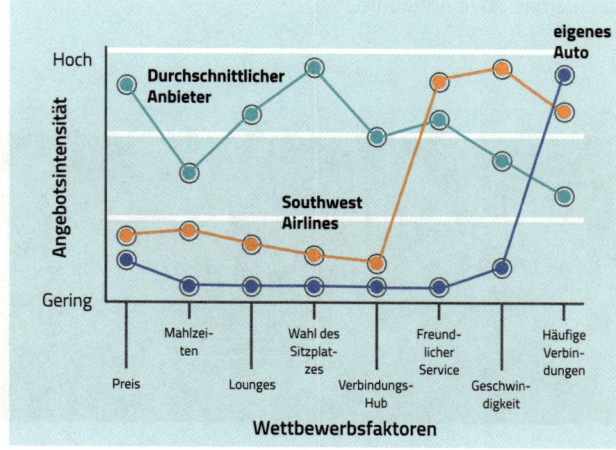

Abbildung 53: Strategieprofil für Kurzstreckenflüge inklusive dem Auto als Alternative

Dieses Strategieprofil kann zu neuen Erkenntnissen für das eigene oder zu gänzlich neuen Leistungsangeboten führen. Es ist daher ratsam, neben den bekannten Wettbewerbern auch Alternativen zu betrachten. Für ein Hotel beispielsweise reicht es nicht aus, die Analyse auf andere Hotels zu beschränken. Man sollte auch andere Anbieterkategorien von Übernachtungen in Betracht zu ziehen, wie z.B. das Unternehmen AirBnB, mit dessen Hilfe Reisende in privaten Wohnungen übernachten können. Machen Sie sich daher Gedanken zu dem Kern Ihres Leistungsangebots, denn damit identifizieren Sie nicht nur direkte Wettbewerber, sondern auch alternative Angebote.

Die zweite Variante des Strategieprofils ist das sogenannte Parallel-Koordinaten-Diagramm, das Ihnen hilft, mittels quantitativer Information die Profile unzähliger Mitbewerber oder alternativer Angebote zu vergleichen. Banken vergleichen so etwa die Eigenschaften von Dutzenden von Anlagefonds. Derartige Software, wie z.B. InfoScope der Firma Macrofocus, erlaubt bei Bedarf das Hervorheben von spezifischen Aspekten sowie das dynamische Setzen von Filtern. Probieren Sie es aus, unter www.macrofocus.com können Sie ein Programm mit illustrativen und aktuellen Beispielen herunterladen. So können Sie Profildiagramme bzw. Parallel-Ko-

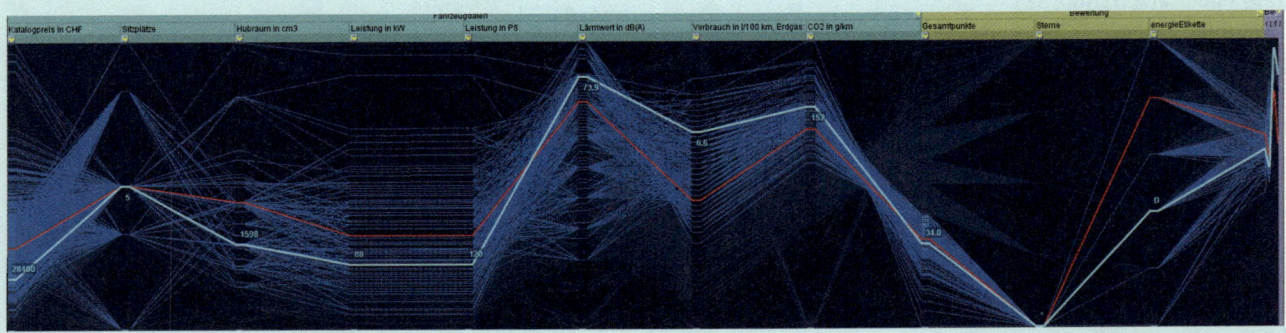

Abbildung 54: Strategieprofil im Parallel-Koordinaten-Diagramm (Beispiel Fahrzeuge) Quelle: Macrofocus.com

ordinaten-Diagramme nutzen, um Dutzende von Automobilmodellen anhand zahlreicher Kriterien zu vergleichen.

Eine letzte Variante des Strategieprofils besteht daraus, Ihr momentanes Ist-Profil nicht mit anderen Konkurrenten zu vergleichen, sondern es mit einem oder mehreren möglichen Soll-Profilen für Ihre Firma ergänzen. So sehen Sie auf einen Blick, wo Sie bereits gut aufgestellt sind und wo starke Veränderungen notwendig sind. Diese Gegenüberstellung von Ist- und Soll-Profil eignet sich auch als Kommunikationsinstrument für Change-Management-Vorhaben. Zwischen das Ist- und Soll-Profil können Sie zusätzlich auch Maßnahmen eintragen, um die entsprechenden Lücken zwischen diesen Werten zu schließen.

Anhand dieser Varianten konnten Sie sehen, dass das Strategieprofil ein starkes Visualisierungstool ist, um bestehende Wettbewerbsfaktoren und die Positionierung des Wettbewerbs darzustellen und zu analysieren. Es bietet Ihnen die Möglichkeit, die bestehende Situation bezüglich der Wettbewerbsfaktoren durch die Eliminierung, die Reduzierung, die Steigerung als auch die Schaffung ganz neuer Wettbewerbsfaktoren zu verändern. Im folgenden Abschnitt sehen Sie die Beurteilung des Strategieprofils zusammen mit der Verwendung der drei Diagrammprinzipien.

V. Beurteilung des Dynagrams

Das Strategieprofil hilft Ihnen, sich eine Übersicht über die Wettbewerbssituation zu verschaffen und dabei Potenziale für eine Neupositionierung zu erkennen. Damit können Sie in Gesprächen über die Unternehmensstrategie Zusammenhänge sichtbar zu machen, die andernfalls nicht erkennbar wären.

Natürlich hat dies einen Preis: Das Strategieprofil stellt eine starke Vereinfachung von Wettbewerbsfaktoren und Positionierungen dar, auf die Sie sich nicht ohne harte Fakten verlassen sollten. Nutzen Sie das Strategieprofil daher in Kombination mit anderen Varianten und Visualisierungstools wie z.B. dem Parallel-Koordinaten-Diagramm.

Schablone: Das Strategieprofil gibt die bewährte Struktur bestehend aus Wettbewerbsfaktoren und Angebotsintensitäten vor. Zudem gibt das Strategieprofil vier Optionen vor, um via Denken in Stereo die Wettbewerbsfaktoren zu verändern. Denken in Stereo bedeutet in diesem Fall sowohl analytisch (konvergent) wie auch kreativ (divergent) an das Thema heranzugehen (Abb. 52). Mit konvergentem Denken können Sie die bestehenden Faktoren eliminieren oder reduzieren. Mit divergentem Denken können Sie bestehende Faktoren steigern und neue Faktoren erfinden.

Leitfaden: Das Strategieprofil unterstützt die Gesprächsführung insofern, als dass Sie zunächst die bestehenden

Wettbewerbsfaktoren besprechen und festlegen, dann Wettbewerber und alternative Angebote gemeinsam positionieren, bevor Sie Ihre eigene Positionierung thematisieren. Anschließend können Sie mögliche Neupositionierungen besprechen, indem Sie bestehende Faktoren eliminieren, reduzieren oder steigern oder neue Faktoren kreieren.

Einblick: Wenn Sie den Wettbewerb oder Alternativen positioniert haben, dann bekommen Sie automatisch neue Erkenntnisse darüber, wo sich besonders viele Wettbewerber tummeln, weil deren Leistungsangebot dem Ihren gleicht, als auch insbesondere Erkenntnisse darüber, wo es Angebotslücken gibt, weil sich dort besonders wenige oder keine Wettbewerber positioniert haben. Für Neupositionierungen sind besonders die Bereiche im Strategieprofil relevant, in denen noch kein Wettbewerber ist. Beim Strategieprofil ist mittels eines Ist-Soll-Vergleiches auf einen Blick zu sehen, wo Sie bereits gut aufgestellt und nahe am Ziel sind und wo Sie noch viel Aufwand betreiben müssen. In diesem Fall können Sie auch erkennen, wie nahe oder wie entfernt Sie von den bestehenden Positionierungen der Konkurrenz stehen und wie viele Faktoren Sie eliminiert, reduziert, gesteigert oder kreiert haben. Dies erlaubt Ihnen Rückschlüsse über die Art der Veränderung von der alten auf die neue Positionierung des Leistungsangebots.

Und nun schließlich die Beurteilung des Strategieprofils durch unsere beiden Kollegen:

Anna Lyse: „Wunderbar! Da kann ich alle Wettbewerbsfaktoren analysieren und auflisten und zudem mir genauestens überlegen, welche Wettbewerber und Alternativen relevant sind. Dann würde ich jeden Faktor in Ruhe durchgehen und mir genau überlegen, ob ich mehr, weniger oder eine komplette Eliminierung des Faktors vornehmen würde. Über dieses Vorgehen würde ich sicher auch besser auf neue Faktoren kommen. Bei der Verwendung des Parallel-Koordinaten Diagramms stößt man zudem oft auf ganz neue Erkenntnisse."

Kai Zit: „Ich würde das Strategieprofil in jedem Fall schnell mit Stift und Papier auf ein Flipchart zeichnen, um nicht viel Zeit zu verlieren. Bei den Wettbewerbsfaktoren würde ich mich auf die wichtigsten zehn konzentrieren. Und dann vor allem neben dem unmittelbaren Wettbewerb auch die Alternativen verorten. Da kann ich schnell jeden Faktor durchgehen und gucken, wo sich eine Veränderung lohnen würde. Wenn ich es mit zwei bis drei Kollegen mache, dann kommen wir sicher auch schnell auf neue Faktoren."

Bitte beurteilen Sie nun selbst die Relevanz und das primäre Einsatzgebiet des Strategieprofils für Ihren persönlichen Kontext im Dynagram-Raster auf der Innenseite des Buchdeckels.

VI. Fazit & erste Schritte

Das Strategieprofil hilft Ihnen, eine visuelle Übersicht über die Wettbewerbsfaktoren zu erhalten und darüber, wie sich der Wettbewerb als auch Alternativangebote in Bezug auf diese Faktoren positionieren. Daraus ergeben sich neue Möglichkeiten für Ihr bestehendes und Ihr neues Leistungsangebot.

Das Strategieprofil eignet sich für die Zusammenarbeit in Teams vor allem für die Identifizierung und Nutzung von Potenzialen. Teams sollten sich jedoch nicht alleine auf das Strategieprofil verlassen, sondern ergänzend weitere Werkzeuge einsetzen.

Identifizieren Sie die Wettbewerbs-Faktoren, die in Ihrem Markt vorherrschend sind und die als gegeben angenommen werden. Schauen Sie, wie sich der Wettbewerb in Bezug auf diese Faktoren positioniert. Das lässt sich durch eine einfache Profilzeichnung an einem Whiteboard bewerkstelligen (vermeiden Sie PowerPoint®, da die Darstellung sonst zu „fertig" aussieht). Finden Sie dann heraus, wo es leere Bereiche gibt, die neue Möglichkeiten für Ihr Leistungsangebot sein könnten. Überlegen Sie sich für jeden Faktor, ob Sie ihn steigern, reduzieren oder sogar eliminieren wollen. Im Anschluss können Sie sich gemeinsam überlegen, welche neue Faktoren Sie anbieten können, die Sie einzigartig machen. So denken Sie auch bezüglich Ihrer eigenen Strategie in Stereo – vom Ist zum Soll, vom innen zum außen, sowohl analytisch (konvergent) als auch kreativ (divergent), qualitativ als auch (mithilfe des Parallel-Koordinaten-Diagramms) quantitativ. Die resultierende Profildarstellung können Sie (einmal mit Software „reingezeichnet") übrigens auch als kompaktes Strategie-Kommunikationswerkzeug für Ihre Belegschaft verwenden.

Weitergedacht

— Chan Kim, W. & Mauborgne, R. (2015). Blue Ocean Strategy, Expanded Edition: How to create Uncontested Market Space and Make the Competition Irrelevant. Boston: Harvard Business Review Press.

DAS STEREOGRAMM

Gleichzeitig zweiseitig

Denkdimensionen:		
	Überblick und Detail	
	Ist und Soll	
	Quantitativ und Qualitativ	
	Analog und Digital	
	Restriktionen und Optionen	

Kernprinzip:	Einblick

Anwendungsfelder	Problembeschreibung, Ideen-entwicklung, online Flugticketauktionen

⌐● Hintergrund, Kernidee und Anwendungsbereiche

In diesem Kapitel erwarten Sie keine plötzlich entstehenden 3D-Bilder im Stil der „magischen Auge"-Buchreihe, die ebenfalls unter dem Namen Stereogramm bekannt sind. Um unsere Stereogramme zu nutzen, müssen Sie auch nicht minutenlang still und regungslos über einer Grafik ausharren und dabei die Augen zukneifen. Konzentration und Fokus schadet aber auch bei unserer Form von Stereogrammen nicht.

Die Grundidee dieser neuen Diagrammform ist sehr einfach. Wir haben sie uns von den Architekten abgeschaut. Diese arbeiten schon lange mit komplementären Abbildungen, um ein Projekt – z.B. ein Gebäude – gemeinsam planen zu können oder mit Kunden klarer zu kommunizieren. Architekten arbeiten dabei mit der gleichzeitigen Verwendung unterschiedlicher Perspektiven, z.B. mit der Darstellung eines Hauses als Grundriss und Seitenriss (d.h. von oben und von der Seite). So können sie einem zukünftigen Hauseigentümer gleichzeitig die Anordnung der Zimmer pro Etage wie auch die Außenfassade bzw. das Profil des Hauses zeigen.

Auch in der Informatik gibt es eine ähnliche Idee, die im Technologiejargon „coordinated multiple views" (mehrere koordinierte Abbildungen) heißt. Dies bedeutet, dass man beim Betrachten von visualisierten Statistiken auf dem Computerbildschirm diese gleichzeitig in zwei verschiede-

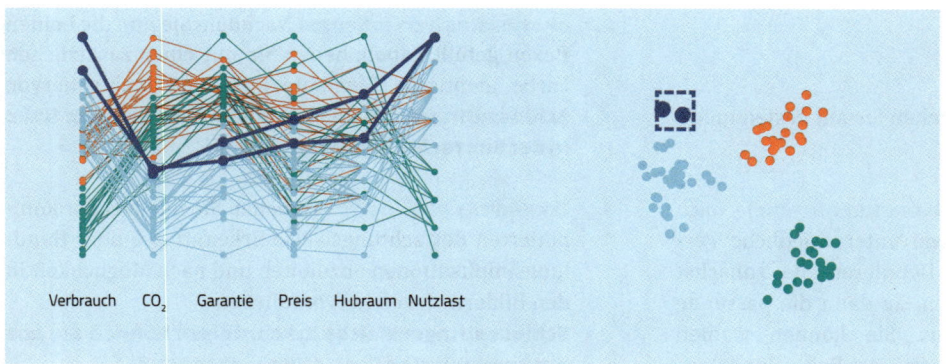

Abbildung 55: Ein computerbasiertes Stereogramm: Zwei Sichten auf einen Datensatz
(in Anlehnung an: https://de.wikipedia.org/wiki/GGobi)

nen Ansichten (sprich Diagrammformen) betrachten kann und dabei Änderungen oder Hervorhebungen im einen Bild sofort ebenfalls in der anderen Ansicht sieht. Dies ermöglicht ein besseres Verständnis der dargestellten Daten und ist wohl die anschaulichste Form eines Denkens in Stereo. Die beiden Bilder fungieren dabei (übertragen gesprochen) wie zwei Lautsprecher, die zusammen verwendet ein neues Gesamterlebnis ermöglichen: Aus der Kombination der beiden entsteht ein Stereo- bzw. Aha-Effekt.

In dieser Beispielabbildung (Abb. 55) sehen Sie auf der rechten Seite einen Datensatz (z.B. Automodelle), bei dem zwei dunkelblau markierte Datenpunkte (zwei konkrete Autotypen) hervorgehoben sind. Diese können Sie im linken Bereich anhand ihrer Profilbeschreibung (mittels den im Strategieprofil-Kapitel vorgestellten Parallel Coordinates)

einsehen und mit den anderen vergleichen (z.B. im Hinblick auf Benzinverbrauch, Preis, Garantie etc.).

In unserer Version können Sie Stereogramme auch ohne Computerhilfe verwenden. Dafür haben wir Ihnen drei einfache Formen dieser Diagrammform vorbereitet, die Sie alle nach demselben Muster nutzen können. Den Ablauf dafür beschreiben wir im folgenden Abschnitt.

„Man versteht etwas nicht,

solange man es nicht in mehr als einer Weise versteht."

MARVIN MINSKY

II. Vorgehen

Um ein Stereogramm zu nutzen, gehen Sie am besten in folgenden Schritten vor:

1. **Thema und Perspektiven („Boxen') festlegen:** Je nach Thema bietet es sich an, zwei unterschiedliche Perspektiven zu kombinieren. Definieren Sie zunächst Ihr Themengebiet und wählen Sie dann die passende Stereogramm-Perspektive aus. Sie können wählen zwischen quantitativ-qualitativ, Ist-Soll, innen-außen, konvergent-divergent, oder Überblick-Detail. **Schlüsselfrage: Welches Thema soll durch die Boxen dargestellt werden und welche Stereogrammperspektive eignet sich am besten für die Darstellung?**

2. **Boxen nutzen:** Auf Basis der beiden Boxen können Sie nun Ihr Thema entsprechend visualisieren. Inspiration durch bewährte Kombinationsmöglichkeiten finden Sie in den Abschnitten III und IV dieses Kapitels. Sollte Ihnen bei den ersten Visualisierungsversuchen auffallen, dass eine andere Stereogrammperspektive hilfreicher wäre, dann können Sie nochmals wechseln. **Schlüsselfrage: Wie können Sie in den beiden Boxen das Thema am besten grafisch darstellen?**

3. **Identisches hervorheben:** Nachdem Sie nun die beiden Boxen gefüllt haben, heben Sie mit einer zusätzlichen Farbe identische Elemente links und rechts hervor. **Schlüsselfrage: Wo lässt sich das eine Element links in der Box rechts wiederfinden?**

4. **Erkenntnisse sichern:** Versuchen Sie nun aus der kombinierten Betrachtungsweise Erkenntnisse oder Handlungsimplikationen abzuleiten und nach Möglichkeit in den Bildern visuell hervorzuheben. **Schlüsselfrage: Welche Erkenntnisse können Sie aus der kombinierten Darstellung erkennen?**

Damit Sie Ihre „Stereoanlage' nicht von Grund auf neu bauen müssen, schlagen wir Ihnen im nächsten Abschnitt einige bewährte Kombinationsmöglichkeiten vor.

III. Praxisbeispiele

Wir strukturieren die Praxisbeispiele anhand der Stereo-dimensionen, die sie unterstützen, und beginnen mit einer parallelen *Ist- und Sollbetrachtung* (Abb. 56), gefolgt von einer quantitativen und qualitativen Betrachtung. In der Variantensektion zeigen wir Ihnen zudem zwei Beispiele von Stereogrammen, welche *Innen- und Außensicht* sowie *Überblick und Details* kombinieren.

Um von Ihrer Ist-Situation, der Problemlage, zu einer Soll-Situation, der Lösung, zu gelangen, zeichnen Sie zwei Diagramme: Ein einfaches Koordinatensystem sowie eine Pyramide. In das Koordinatensystem tragen Sie vier bis sieben dominante Probleme bzw. Aspekte Ihrer Ist-Situation ein und ordnen diese nach deren Dringlichkeit (d.h. besteht akuter Handlungsbedarf) und Wichtigkeit (d.h. Konsequenzen des Problems). Kennzeichnen Sie dabei jedes Problem mit einem eigenen Symbol oder einer eigenen Farbe und einem Stichwort, sodass Sie es dann auch auf der rechten Seite rasch den Elementen des ersten Bildes zuordnen können.

In der Pyramide tragen Sie mögliche Maßnahmen ein, die dazu beitragen können, die jeweiligen Probleme zu lösen. Verwenden Sie dabei die gleiche Form und Farbe, um die Zuordnung der Maßnahmen zu den Problemen unmittelbar sichtbar zu machen. Wenn die Maßnahmen wenig Aufwand

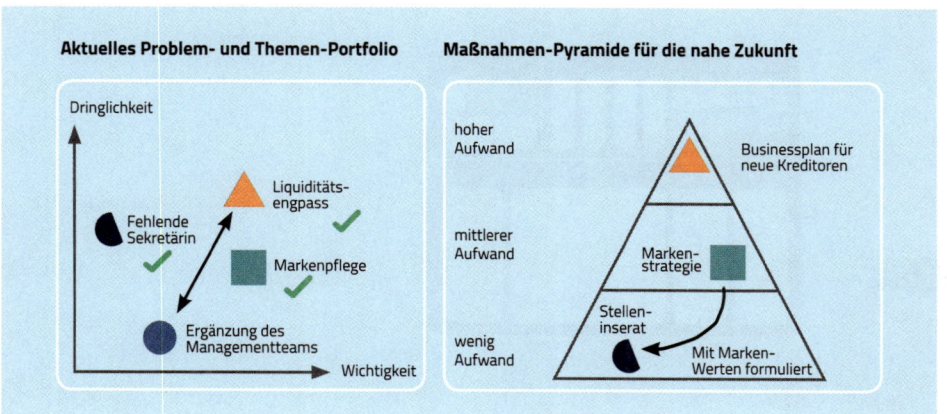

Abbildung 56: Ein Stereogramm mit IST-Situationsportfolio und Soll-Massnahmenpyramide

benötigen, dann können Sie diese in den unteren Bereich der Pyramide eintragen. In den oberen Bereich der Pyramide tragen Sie bitte die wenigen Maßnahmen ein, deren Aufwand relativ groß ist. Nun wechseln Sie zwischen den beiden Darstellungen hin und her und überprüfen dabei, ob die Maßnahmen richtig positioniert sind angesichts der jeweiligen Problemwichtigkeit und Dringlichkeit. Idealerweise arbeiten Sie dabei mit kleinen Zetteln auf einem Blatt Papier, um so rasch Maßnahmen zu verschieben oder wieder aus der Pyramide wegzunehmen (alternativ geht dies natürlich mit einem Tablet oder auf dem Computer).

Auf der rechten Seite können Sie zudem Verknüpfungsmöglichkeiten zwischen Maßnahmen einzeichnen (genauso wie Abhängigkeiten zwischen Problemen auf der linken Seite). Haben Sie ein Problem auf der linken Seite mit mindestens einer Maßnahme aufgegriffen und verknüpft, so versehen Sie dieses mit einem Häkchen.

In Abbildung 56 sehen Sie zum Beispiel auf einen Blick, dass für drei der Probleme in der linken Darstellung jeweils eine Maßnahme in der rechten Darstellung bestimmt ist. Es ist demnach erkennbar, dass für das vierte Problem eine Maßnahme definiert werden muss.

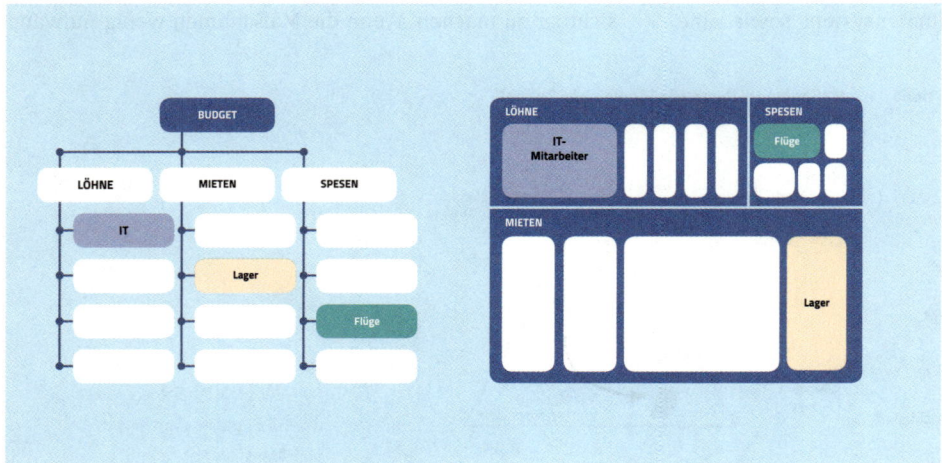

Abbildung 57: Eine qualitative und eine quantitative Budgetvisualisierung kombiniert

Neben der parallelen Ist- und Sollbetrachtung stellt die Kombination von zahlenbasierten und qualitativen Diagrammen eine besonders interessante Form von Stereogramm dar. So können Sie Größenvergleiche mit mehr qualitativen Beziehungen, wie etwa Hierarchieebenen, kombinieren. Im Beispiel in Abbildung 57 sehen Sie auf der linken Seite die Budgethierarchie einer Geschäftseinheit. Was bei diesem Baumdiagramm jedoch nicht ersichtlich ist, das sind die Größenverhältnisse der verschiedenen Budgetposten. Das wird parallel auf der rechten Seite in einem sogenannten Treemap-Diagramm sichtbar. Dieses zeigt die gleiche Budgethierarchie als verschachtelte Boxen. Die Rechteck-Größen

symbolisieren dabei die relativen Größen der Budgetelemente (im Vergleich zu anderen Budgetpositionen und dem Gesamtbudget). So können Sie z.B. direkt aus dem rechten Teil des Stereogramms ablesen, dass der Lohnaufwand für die IT-Mitarbeiter der größte Gehaltsposten ist. Ebenso sehen Sie, dass Flüge die aufwändigste Spesenkategorie ist. Auch Quervergleiche sind dabei möglich: Man sieht z.B. dass die Löhne für die IT-Mitarbeiter in diesem Budget sogar die gesamten Spesen übersteigen.

Die rechte Art der Darstellung in Abbildung 57 ist seit 2016 übrigens auch Teil der populären Software Excel®. Sie können also den rechten, quantitativen Teil gut mit dem

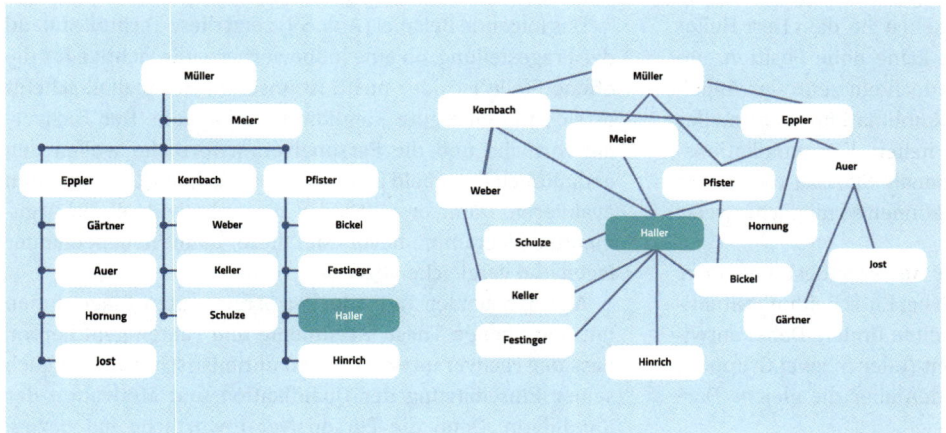

Abbildung 58: Ein Stereogramm aus offiziellem Organigramm und informellem Netzwerk

Tabellenkalkulationsprogramm erstellen. Leider sieht man in dieser Darstellungsweise die hierarchischen Ebenen nicht besonders gut, deshalb empfehlen wir Ihnen, es jeweils zusammen mit einem normalen Baumdiagramm zu verwenden, auf welchem die verschiedenen Ebenen direkt ablesbar sind. Ein solches Baumdiagramm können Sie z.B. leicht in PowerPoint®, Word® oder in den meisten Zeichnungsprogrammen erstellen.

Ein weiteres Beispiel für ein Stereogramm mit einer Baumgrafik ist die Gegenüberstellung des offiziellen formalen Organigramms einer Unternehmung mit der effektiven informellen Vernetzung der Mitarbeiter untereinander (z.B. in gemeinsamen Projekten oder in der E-Mail-Kommunikation). Im Beispiel in Abbildung 58 sehen Sie, dass Herr Haller zwar in der offiziellen Hierarchie keine hohe Position einnimmt, durch seine Vernetzung jedoch ein zentraler Angelpunkt der Organisation ist. Diese Kombination aus formeller und informeller Sichtweise kann helfen, Kommunikationsprobleme zu lösen und organisationale Silos zu reduzieren – sogar unüberlegte Entlassungen können so möglicherweise verhindert werden.

Ein weiterer äußerst ergiebiger Anwendungsbereich des Stereogramm-Gedankens lässt sich bei Entscheidungssituationen oder Meinungsverschiedenheiten finden: Dabei entwickeln Sie zwei Sichtweisen zu zweit (oder in zwei Gruppen) unabhängig voneinander, verwenden aber die gleiche Dar-

stellungsweise, nämlich ein Argumenten-Diagramm, wie Sie es aus dem Fallstudienkapitel schon kennen.

Das Denken in Stereo kommt hier zum Tragen, indem die eine Person oder Gruppe eine These mit Argumenten und Fakten visualisiert, währenddessen die andere Person bzw. Gruppe, das gleiche mit der Gegenthese tut. Danach werden die beiden Diagramme nebeneinander gelegt, übereinstimmende Punkte grün markiert und unterschiedliche rot. Auf Basis dieser beiden Diagramme wird dann eine neue Integrationsversion gezeichnet, welche alle wesentlichen Aspekte der beiden Diagramme kombiniert. So können Sie eigene „Lieblingshypothesen" auf ihre Stimmigkeit überprüfen und unterschiedliche Sichtweisen verbinden.

Das folgende Beispiel (Abb. 59) zeigt diese Technik anhand der Fragestellung, ob eine Jobbewerberin die richtige für die offene Stelle ist oder nicht. In unserem Beispielfall scheint es sich um eine gute Kandidatin zu handeln. Der Fachverantwortliche und die Personalverantwortliche wollen den endgültigen Entscheid jedoch zuerst mit einem Stereogramm evaluieren. Dafür erstellt jeder zuerst individuell ein Argumenten-Diagramm, bevor sie diese dann nebeneinander legen und vergleichen bzw. besprechen.

Aus den beiden individuellen Argumenten-Diagrammen mit den Ebenen These, Argumente und Fakten geht hervor, dass der Fachverantwortliche zu optimistisch war bezüglich seiner Einschätzung der Qualifikation und Motivation der Kandidatin. Denn die Personalverantwortliche hat bezüg-

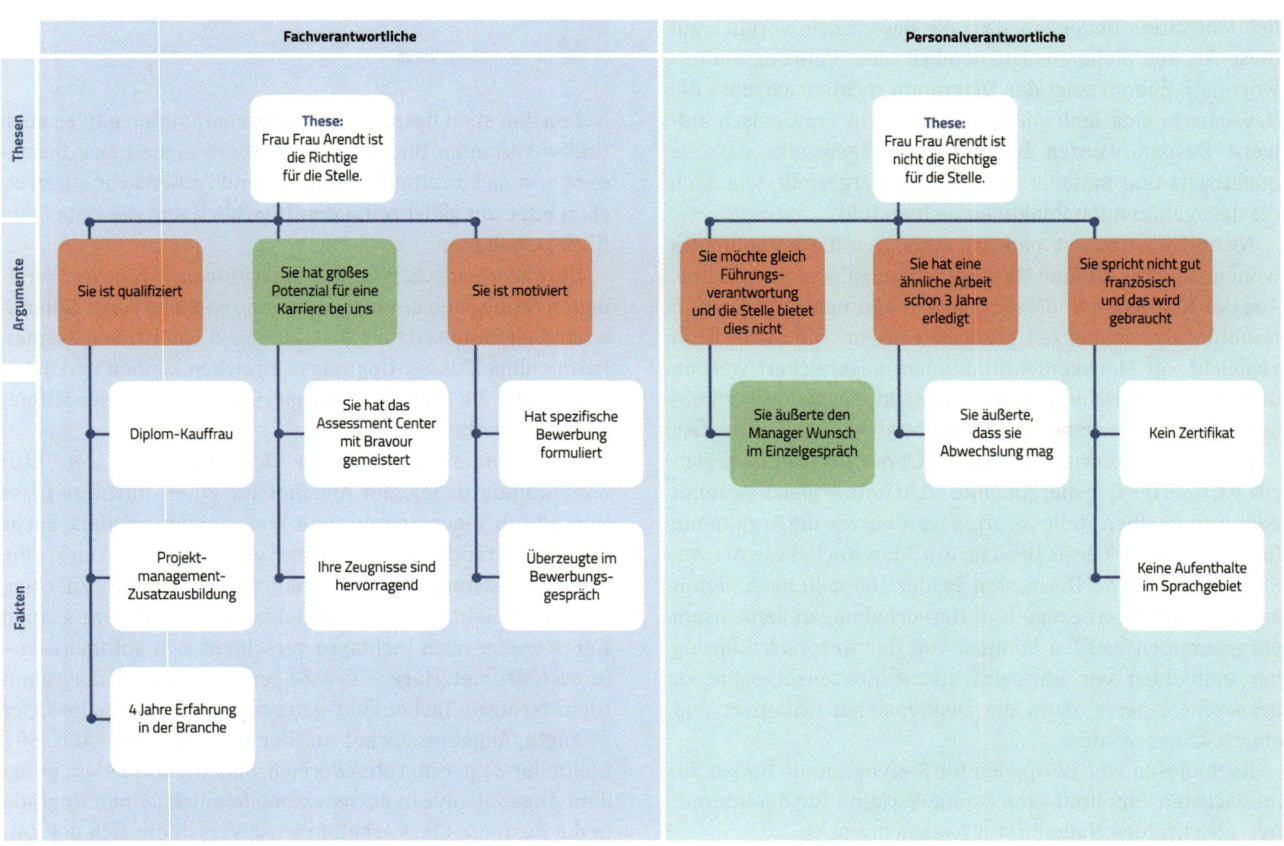

Abbildung 59: Stereogramm für den Argumentenabgleich

lich Motivation Bedenken, dass die Bewerberin wirklich auf diese Art von Stelle aus ist (nämlich ohne Führungsverantwortung). Zudem zeigt das Diagramm rechts auch, dass die Bewerberin eine fehlende Qualifikation in Französisch aufweist. Deshalb werden die beiden Aussagen links, dass sie qualifiziert und motiviert ist, nun rot dargestellt, wie auch die dazugehörenden Punkte im rechten Bild.

Nichtsdestotrotz ist man sich einig, dass diese Kandidatin wohl in Zukunft für eine Managementaufgabe in Frage käme. Aus der Kombination dieser beider Diagramme können nun Handlungskonsequenzen gezogen werden: Die Stelle kann vielleicht mit Managementfunktionen angereichert werden und ein Französischkurs in den Entwicklungsplan aufgenommen werden. Oder man evaluiert vorerst weitere Kandidaten.

Die Herausforderung bei dieser Art der Diagrammvergleiche ist, dass die Gegenargumente nicht immer gleich benannt oder an derselben Stelle verorten werden, wie die Argumente für eine gewisse These. Deshalb erfordert auch diese Art von Stereogramm eine Diskussion beider Darstellungen, damit am Ende die Querbezüge und Hervorhebungen gemeinsam vorgenommen werden können. Von der Gesprächsführung her empfehlen wir übrigens, zuerst Konsensbereiche zu besprechen, bevor dann die Diskrepanzen diskutiert und angezeichnet werden.

Nach diesen vier Beispielen für Stereogramme finden Sie im nächsten Abschnitt eine Online-Variante für die interaktive, gleichzeitige Nutzung von zwei Sichtweisen.

IV. Varianten

Neben den eben besprochenen Stereogrammen gibt es auch Online-Varianten dieser Technik. Diese eignen sich besonders, um gleichzeitig eine Innen- und Außensicht zu erreichen oder um gleichzeitig den Überblick und die Details im Blick zu behalten.

Die Fluggesellschaft Etihad, die nationale Airline der Vereinigten Arabischen Emirate, nutzt eine einfache Form dynamischer Diagramme, damit ihre Kunden in einer transparenten Form online Klassen-Upgrades einreichen können und dabei gleichzeitig die Sicht des Passagiers mit der Sicht der Mitbietenden zu verbinden.

Durch einen horizontalen Schieber kann der Economy-Kunde dabei sein Angebot für einen Business Class Upgrade in einer Spannbreite von einigen hundert Euros (online) verändern. Dabei sieht er direkt, wie stark eine Angebotsaufstockung die Chancen auf einen Zuschlag erhöht. Schiebt er z.B. sein Geldangebot mit dem grauen Knopf weiter nach rechts, so verschiebt sich automatisch – je nach Mitbieterlage – der Zeiger im Halbkreisdiagramm (dem farbigen Tachometer ganz rechts in der Spalte Offer Strength/Angebotsstärke) auf der rechten Seite (Abb. 60). Bleibt der Zeiger im roten Bereich, bedeutet dies, dass er bei dem Angebotsniveau höchstwahrscheinlich keinen Upgrade in die Business Class erhalten wird. Verschiebt sich der Zeiger jedoch auf die Zonen rechts zwischen Gelb und Grün, so stehen seine Chancen auf einen Upgrade sehr gut. So kann der Passagier durch visuelles Ausprobieren schrittweise den für ihn richtigen Bieterpreis bestimmen. Zwei derart gekoppelte Diagramme (der Schieber und das Tacho) ermöglichen eine ganz einfache Art des Denkens in Stereo: Der Bieter kann seine Sicht mit derjenigen anderer Bieter abgleichen und er kann seine quantitative Gebotsabgabe mit einer mehr qualitativen (farblichen) Chancenanzeige abstimmen.

Wir arbeiten zurzeit an einem ähnlichen dynamischen Diagramm, mit dem man durch mehrere derartige Regler bezüglich der eigenen Aktivitäten in sozialen Medien und in Bezug auf die Anzahl abonnierter Treuekarten seine Datenschutzgefährdung visuell beurteilen kann. Das Gefährdungspotenzial wird dabei auf dem ‚Tachometer‘ aggregiert dargestellt, was einen Überblick über die eigene Exponiertheit gibt. Weitere derartige dynamische Stereogramme sind für viele Anwendungsbereiche denkbar, so etwa für das Finanzcontrolling (mit einer Liste Indikatoren links und einem aggregierten Zielwert rechts), für das (Multi-) Projektmanagement oder auch für die Kundenzufriedenheit (mit Antworten auf Teilfragen und den daraus resultierenden Zufriedenheitsindex.)

Nach der Vorstellung der Beispiele und der Variante erfolgt im nächsten Abschnitt eine Beurteilung des Dynagrams durch uns, durch unsere beiden Kollegen und, wenn Sie mögen, auch durch Sie.

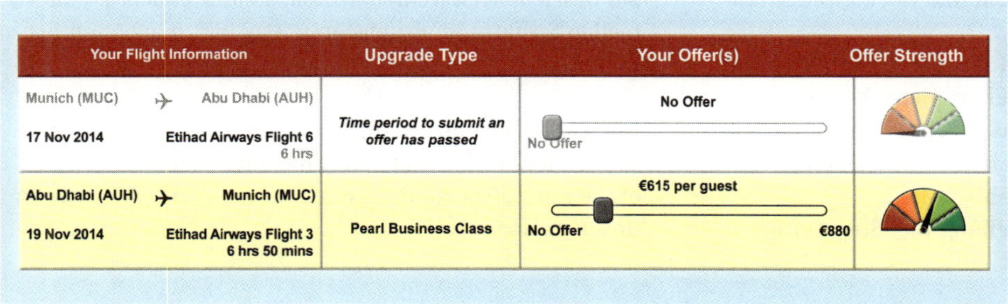

Abbildung 60: ein dynamisches Diagramm zur Flugticket-Auktionierung

V. Beurteilung des Dynagrams

Mit einem Stereogramm können Sie zwei Sichtweisen parallel betrachten und so die Auswirkungen einer Veränderung in der einen Darstellung direkt in der anderen Darstellung erkennen. Damit erreichen Sie par excellence ein Denken in Stereo.

In Bezug auf die drei Diagrammprinzipien ist das Stereogramm wie folgt zu beurteilen:

Schablone: Das Stereogramm liefert jeweils zwei komplementäre Vorlagen bzw. Kategoriensets, mit denen ein Thema aus zwei Perspektiven simultan betrachtet werden kann. Die gezeigten Beispiele geben Ihnen dabei bewährte Kategorien vor.

Leitfaden: Das Stereogramm lädt dazu ein, erst die eine Perspektive eines Themas zu besprechen und dann gemeinsam ausgewählte Punkte aus diesem Bild in einer alternativen Darstellungweise zu erörtern.

Einblick: Aus der Kombination der zwei Darstellungen kann man neue Erkenntnisse ableiten. Beim Vergleich der Organigramme des Beispiels ist das Ergebnis, dass eine Person zwar formell wenig Einfluss besitzt, informell jedoch viele wichtige Bereiche vernetzt (Abb. 58).

Und hier schließlich die Beurteilung des Stereogramms durch unsere beiden Modell-Leser:

Anna Lyse: „Diese Technik ist der gründlichen Analyse sehr zuträglich, vor allem, wenn man drei oder vier derartige Stereogramme für eine Problemstellung nutzt. Dann gelingt es wirklich, die wesentlichen Facetten einer Herausforderung darzustellen und auch passende Maßnahmen zu formulieren. Ich finde auch toll, dass man die Veränderungen in der einen Grafik sofort auf der anderen nachvollziehen kann. "

Kai Zit: „Mir gefällt die Idee, dass man sich zwingt, mindestens zweidimensional zu denken und damit die Möglichkeit hat, ein Problem aus zwei sich ergänzenden Pespektiven zu betrachten. Zu mehr fehlt mir auch ehrlich gesagt meist die Zeit. Bei meinem nächsten Projekt werde ich nicht nur auf offizielle Hierarchien achten, sondern auch die informellen Strukturen visualisieren. Das hilft mir hoffentlich, Entscheidungen schneller voranzutreiben."

Dürfen wir Sie nun bitten, Ihre eigene Bewertung abzugeben. Bedenken Sie, das führt zwar nicht zum Denken „out of the box", doch zumindest lädt es Sie dazu ein, in neuen Boxen zu denken.

VI. Fazit & erste Schritte

Sie haben es gesehen: Es kann sich lohnen, ein Thema gleichzeitig mit zwei Darstellungen zu erkunden und dabei von der einen zur anderen Sicht und zurück zu wechseln. Dieses Ping-Pong-Denken führt zu neuen Erkenntnissen und hilft, die Schwächen der einen Darstellung mithilfe der anderen zu überwinden bzw. zu kompensieren.

Für den Anfang sind wahrscheinlich das Probleme-Maßnahmen-Stereogramm oder das Argumenten-Stereogramm gute Einstiegsmethoden. Falls Sie jedoch oft Budgetbesprechungen moderieren müssen, dann schauen Sie sich auch das Treemap-Diagramm einmal näher an und kombinieren es mit der klassischen Baumdarstellung eines Budgets.

Es gibt viele weitere Kombinationsmöglichkeiten von Diagrammen, ob Sie nun Balkendiagramme und Zeitleisten verbinden oder einfach zwei Organigramme vergleichen (z.B. vor und nach einer Reorganisation), experimentieren Sie mit Zweierdarstellungen. Vergessen Sie dabei aber nicht, gemeinsame Bezüge in den beiden Diagrammen farblich hervorzuheben.

Weitergedacht

– Roberts, J.C. (2007). State of the art: Coordinated & multiple views in exploratory visualization. Proceedings of CMV07 Conference on Coordinated and Multiple Views in Exploratory Visualization, ETH, Switzerland, IEEE Press, 61-71.

zum Rating (Einklappseite)

CANVAS-DIAGRAMME

In Zusammenhängen denken

Denkdimensionen:

 Überblick und Detail

 Ist und Soll

 Divergent und Konvergent

 Analog und Digital

 Restriktionen und Optionen

Kernprinzip:

 Schablone

 Leitfaden

Anwendungsfelder: Analyse und Planung von Projekten, Anlässen, Geschäftsmodellen, Trainings, Meetings, u.v.m., Aktivierung von Wissen

Hintergrund, Kernidee und Anwendungsbereiche

Der Ausdruck Canvas bedeutet wortwörtlich übersetzt Leinwand und wird erst seit ein paar Jahren als visuelle Darstellungsform für diverse betriebliche Anwendungsbereiche genutzt. Sie können heute u.a. einen Canvas für Projekt-Management, für die Organisation von Anlässen, für Geschäftsmodelle, für die Entwicklung von Schulungen oder auch für die eigene Karriereplanung verwenden.

Dabei funktioniert ein Canvas wie eine Art Stellgerüst, in dem einzelne Felder zusammenspielen. Diese Felder werden in Blöcken gruppiert, deren Anordnung dem inhaltlichen Zusammenhang entspricht (Abb. 61). Dabei ist es wichtig, dass die Inhalte der einzelnen Felder trennscharf formuliert werden und dass alle Felder zusammen die wesentlichen Elemente eines übergeordneten Themas abdecken. Die Felder sollten zusätzlich auf der gleichen Abstraktionsebene bzw. auf gleicher Flughöhe formuliert sein. Alle Felder werden auf einer Seite dargestellt. Diese Kompaktheit erlaubt es, sich schnell einen Überblick verschaffen können und dadurch Komplexität zu reduzieren. Sie können mit einem Canvas die Inhalte schrittweise diskutieren, besser in ihrem Zusammenspiel verstehen, und kompakter kommunizieren.

Am Beispiel des Projekt-Canvas (Abb. 62) sehen Sie, dass dieser die wesentlichen Aspekte eines Projektes abdeckt, indem er die einzelnen Teilaspekte eines Projektes farblich in

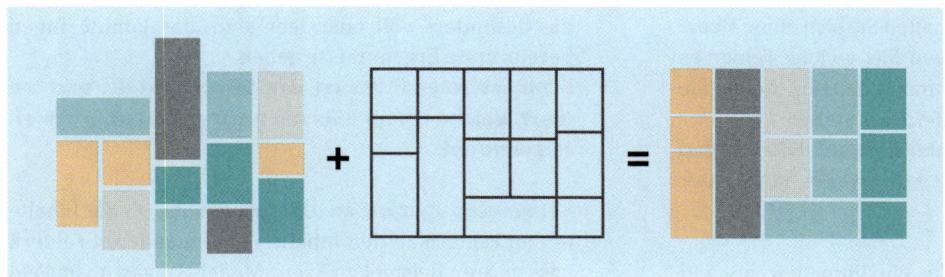

Abbildung 61: Projekt Modell Canvas: Zusammenspiel der Blöcke auf einen Blick

Blöcke gruppiert. So kann man sich eine schnelle Übersicht verschaffen und bei Bedarf die Diskussion auf ein einzelnes Feld fokussieren. Dies hilft dem Projektleiter und allen Beteiligten, ein Projekt besser zu verstehen, Gespräche besser zu strukturieren und nächste Schritte gemeinsam anzugehen.

Neben diesem Canvas für das Management von Projekten gibt es eine Vielzahl von kompakten und nützlichen Canvases, wie z.B. den Event-Model-Canvas, den Lean-Canvas, den Business-Model-Canvas, dem Value-Proposition-Canvas, den Business-Model-Environment Canvas, den Meeting-Canvas, den Partnership-Canvas, den Digital-Value-Designer-Canvas und den von uns entwickelten Trainings-Entwicklungs-Canvas und Karriere-Beratungs-Canvas.

Jeder Canvas unterteilt also einen komplexen Zusammenhang, z.B. das Management von Projekten, in nützliche Kategorien und schafft dadurch eine klare Struktur.

Vorgehen

Wenn Sie mit einem Canvas Wissen visualisieren wollen und zu neuen Erkenntnissen gelangen wollen, dann empfiehlt sich das folgende Vorgehen in sechs Schritten:

1. **Canvas auswählen:** Wählen Sie aus den hier vorgestellten Vorlagen oder von den weiteren zahlreichen Vorlagen im Internet einen Canvas für Ihre Bedürfnisse aus. **Schlüsselfrage: Welcher Canvas passt am besten für meine Bedürfnisse?**

„Überblick heißt nicht über die Details hinwegschauen, sondern die Details im Zusammenhang sehen."

HANS-JÜRGEN QUADBECK-SEEGER

2. **Überblick verschaffen:** Verschaffen Sie sich einen Überblick über den Canvas. Schauen Sie, welche Felder es gibt und wie diese Felder zusammenhängen. Stellen Sie sicher, dass alle diese Felder gleich verstehen.
Schlüsselfragen: Welche Felder gibt es? Wie hängen diese zusammen? Welche Logik steckt hinter der Anordnung der Felder?

3. **Vorgehen wählen:** Wählen Sie ein Vorgehen, anhand dessen Sie die Felder des Canvas bearbeiten wollen. Sie können grundsätzlich zwischen zwei Vorgehen wählen:
   a. Vorgabe des Canvas: Folgen Sie der vorgegebenen Logik des Canvas, die durch Zahlen, Pfeile oder der Logik von links nach rechts vorgegeben ist, und bearbeiten Sie die Felder entsprechend nacheinander.
   b. Einfaches zuerst: Bearbeiten Sie zunächst die Felder, für die Sie wissen, was Sie dort hinein schreiben wollen; schauen Sie, welche Felder noch leer sind und ergänzen Sie diese anschließend.
   Schlüsselfragen: Welche Felder wollen Sie zuerst befüllen? In welcher Reihenfolge wollen Sie die Felder besprechen bzw. befüllen?

4. **Canvas Gesamtschau:** Schauen Sie sich nun den ausgefüllten Canvas an und prüfen Sie, ob Sie Felder sehen, die besonders voll oder leer sind, das könnte Ihnen bereits erste Erkenntnisse geben.
Schlüsselfragen: Wo ist der Canvas gefüllt und wo leer? Welche Felder müssen noch gefüllt oder erweitert werden?

5. **Konsistenz überprüfen:** Überprüfen Sie, ob die Inhalte in den Feldern zu den Inhalten in den anderen Feldern passen. Zum Beispiel im Event-Model-Canvas, ob im Feld ‚Instruktionsdesign' berücksichtigt wird, welches Verhalten der Teilnehmer nach dem Event gewünscht ist.
Schlüsselfrage: Sind die Inhalte der einzelnen Felder konsistent bzw. aufeinander abgestimmt?

6. **Alternativen erwägen:** Diskutieren Sie nun in der Gruppe, welche Elemente auch in anderer Weise denkbar wären und welche weiteren Optionen es pro Feld gibt. Überlegen Sie sich Szenarien und bilden Sie diese z.B. mit einer anderen Farbe im gleichen Canvas ab.
Schlüsselfragen: Gäbe es noch weitere Möglichkeiten oder Alternativen?

Sie können mithilfe eines Posters an einer Wand oder mit der Software „Let's Focus" einen Canvas erstellen und gemeinsam mit anderen befüllen. Den Link zur Software und zu weiteren Anwendungen finden Sie auf der Webseite zu diesem Buch unter www.dynagrams.org. Im nächsten

Abschnitt können Sie die Anwendung eines Canvas anhand von drei Praxisbeispielen sehen.

III. Praxisbeispiel

Anhand von drei Beispielen aus der Praxis werden Sie sehen, wie Ihnen ein Canvas bei der Analyse, Planung und Kommunikation helfen kann und wie Sie mit dem Canvas andere involvieren können. Unsere Beispiele sind der Projekt-Modell-Canvas, der Trainings-Entwicklungs-Canvas und der Karriere-Beratungs-Canvas.

Projekt-Modell-Canvas

Das Beispiel des Projekt-Modell-Canvas (Abb. 62) zeigt, wie der Projektleiter das Projekt „Neuorganisation von Meetings" plant. Zunächst legt er die Begründung, die Ziele und die Vorteile des Projektes fest: Er begründet das Projekt damit, dass viele Meetings in seiner Organisation ineffizient und frustrierend sind und viele Mitarbeiter zu viel Zeit in Meetings verbringen. Als Vorteile sieht er neben schnelleren Entscheidungen auch die Erhöhung der Mitarbeiterzufriedenheit und die Reduktion der Fluktuation. Anschließend überlegt er sich, wie zukünftige Besprechungen als Produkt aussehen sollen auf Basis der Anforderungen.

Als nächstes definiert er externe Anspruchsgruppen und ermittelt das Projektteam, in dem neben Linienverantwortlichen auch die Abteilungen Personal und Weiterbildung vertreten sein sollen. Er macht seine Annahmen explizit, bevor er die Leistungen und Restriktionen definiert. Abschließend schaut er auf die Risiken, notiert die Zeitleiste und Kosten.

So bekommt der Projektleiter auf einen Blick eine Übersicht über die wichtigsten Elemente des Projektes zur Neuorganisation von Meetings (Abb. 62) und kann diesen Canvas mit seinem Team diskutieren. Zudem sieht er auf einen Blick, dass in dem Feld „Anforderungen" eine augenscheinliche Lücke klafft und dass bisher nur die Anforderungen aus der Informatikabteilung berücksichtigt wurden. Diese Erkenntnis bringt ihn dazu, Kontakt zu den Bereichen Vertrieb, Personal und zum Geschäftsführer aufzunehmen, um deren Anforderungen in das Projekt zu integrieren.

Trainings-Entwicklungs-Canvas

Im zweiten Beispiel sehen Sie anhand des Trainings-Entwicklungs-Canvas, wie Sie Ihre Planung des nächsten Trainings oder Seminare visuell unterstützen können (Abb. 63).

Beginnend mit den Lernzielen auf der linken Seite, verlangt der Canvas, dass Sie sich anschließend über die Wissensstruktur, die Methoden und den Ablauf bzw. Prozess des Seminars Gedanken machen, um die zuvor beschriebenen Lernziele zu erreichen. Auf der rechten Seite finden Sie das Feld ‚Lernerfolg überprüfen', indem Sie die Maßnahmen fest-

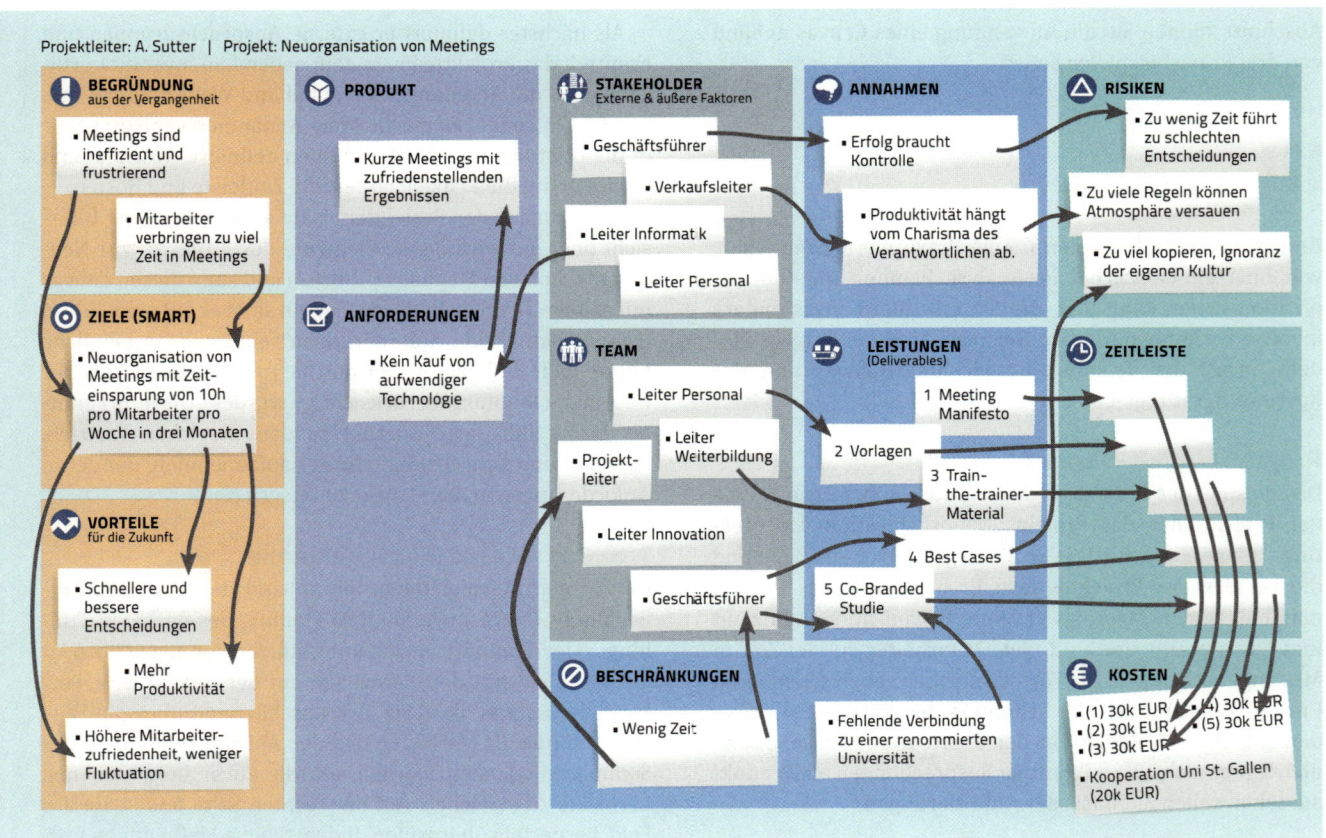

Abbildung 62: Projekt-Modell-Canvas für die Neuorganisation von Meetings (Quelle: www.projectmodelcanvas.com)

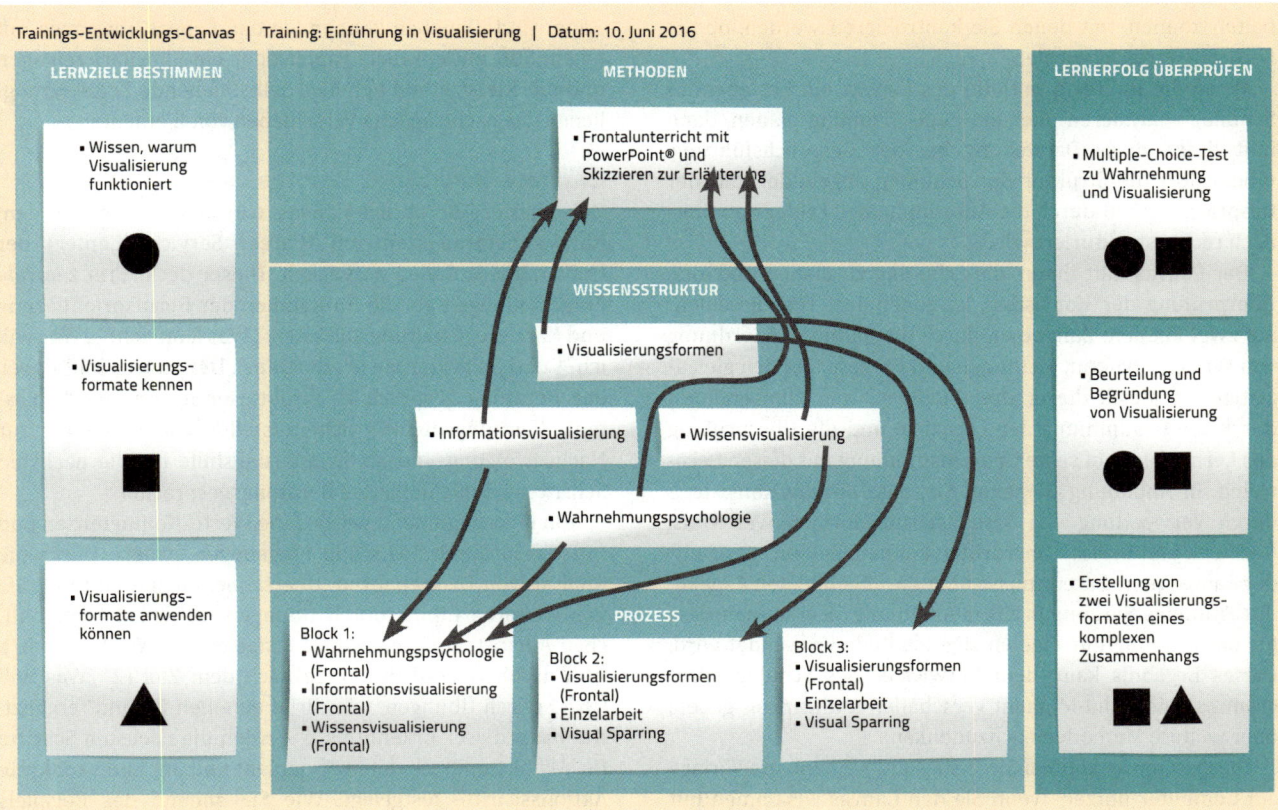

Abbildung 63: Trainings-Entwicklungs-Canvas

halten können, mit denen Sie kontrollieren werden, ob die Lernziele erreicht wurden.

Wenn Sie im Team mithilfe des Canvas ein bestehendes Seminar analysieren oder ein neues Training planen, dann hilft Ihnen diese Darstellung bei der Gesprächsführung, indem dort die Struktur der Schulung abgebildet und der Gesprächsverlauf durch die Anordnung der Felder von links nach rechts strukturiert wird.

Der Canvas hilft Ihnen, die Schulung zu planen und eine Überprüfung der Konsistenz vorzunehmen. Dies geschieht auf zwei Ebenen: Zum einen durch die parallele Anordnung von Wissensstruktur, Methoden und Prozess und den gleichzeitigen Abgleich dieser drei Elemente und zum anderen durch die Bestimmung der Lernziele und die Überprüfung des Lernerfolgs auf seine Übereinstimmung mit diesen Lernzielen. In Abbildung 63 sehen Sie, dass Sie die Konsistenz durch Verwendung von Visualisierungsformen wie Kreis, Rechteck und Dreieck überprüfen können. Zudem verschafft der Canvas neue Erkenntnisse über die abgebildeten Aspekte des Trainings. Sie können z.B. in Abbildung 63 erkennen, dass für das Training nur eine einzige Methode verwendet wird. Dieses Ergebnis kann dem Entwickler des Schulungsprogramms einen Aha-Moment verschaffen und Anstoß geben, über weitere Methoden nachzudenken.

Diesen Canvas können Sie insbesondere dann als Vorlage am Computer nutzen, wenn Sie den Canvas zusammen mit anderen Kollegen entwickeln möchten, die nicht im gleichen Raum sind. Daneben können Sie den Canvas aber auch mit einem Stift auf ein Blatt Papier oder ein Flipchart zeichnen und mit Klebezetteln befüllen. Selbstklebende Zettel ermöglichen das nachträgliche Verschieben von Elementen.

Karriere-Beratungs-Canvas

Der Karriere-Beratungs-Canvas wurde von uns mit dem Karriereberatungszentrum (Career Services Center) der Universität St.Gallen entwickelt. Dieser deckt drei zentrale Fragestellungen ab, die im Rahmen der Berufsorientierung und Karrieregestaltung auftreten: „Was kann ich?", „Was will ich?", und „Wie komme ich dorthin?". Der Canvas hilft dabei, das Beratungsgespräch zu strukturieren und eine konsistente Beratungsqualität sicherzustellen, zudem dient er zur Nachverfolgung und als Erinnerungshilfe für die nächsten Schritte und nachfolgende Beratungsgespräche.

Von links beginnend werden die Werte, Kompetenzen und Interessen durch Tests und Fragebögen eruiert. Durch die Analyse von Diskrepanzen, Überschneidungen und mithilfe von weiteren Inputs durch Übungen werden die persönlichen Alleinstellungsmerkmale festgelegt (1. Was kann ich?). Im Anschluss wird die Frage nach dem Ziel (2. „Was will ich?") durch Übungen, wie „Brief an einen Freund" ergänzt. Auf Basis dieser Erkenntnisse werden die nächsten Schritte (3. „Wie komme ich dahin?") geplant und am Ende konkrete Aktionsschritte festgelegt. Wie Sie anhand des Beispiels erkennen können, hat der Kandidat viel Input zu seinen

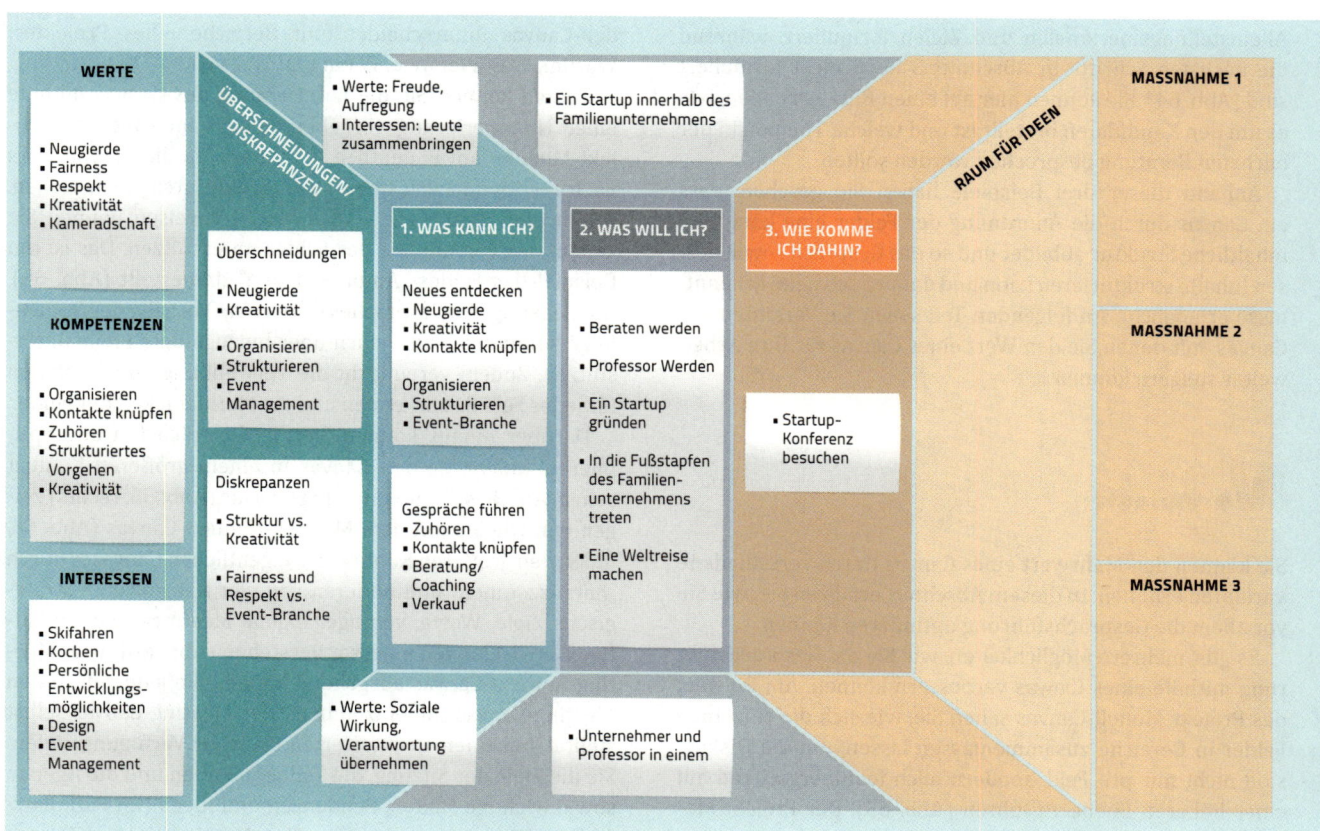

Abbildung 64: Karriere-Beratungs-Canvas

Alleinstellungsmerkmalen und Zielen formuliert, während die nächsten Schritte in Abschnitt 3 noch nicht formuliert sind (Abb. 64). Sie können hier auf einen Blick erkennen, wie es um den Kandidaten bestellt ist und welche Themen in der nächsten Beratung besprochen werden sollten.

Anhand dieser drei Beispiele haben Sie gesehen, dass ein Canvas durch die Anordnung der Felder eine komplexe inhaltliche Struktur abbildet und so das Gespräch sowie dessen Inhalte strukturieren kann und damit auch neue Erkenntnisse ermöglicht. Im folgenden Teil sehen Sie Varianten des Canvas, mit denen Sie den Wert eines Canvas für Ihre Arbeit weiter steigern können.

IV. Varianten

Sie können den Mehrwert eines Canvas durch verschiedene Varianten erhöhen. In diesem Abschnitt erfahren Sie, wie Sie vor allem die Gesprächsführung optimieren können.

Es gibt mehrere Möglichkeiten, wie Sie die Gesprächsführung mithilfe eines Canvas verbessern können. Am Beispiel des Projekt-Modell-Canvas sehen Sie, wie sich die einzelnen Felder in Bereiche zusammenfassen lassen, um die Diskussion nicht nur pro Feld, sondern auch feldübergreifend auf einer höheren Ebene zu führen (Abb. 65). Der Projekt-Modell-Canvas unterscheidet fünf Bereiche eines Projektes: Warum, Was, Wer, Wie, Wann und Wie viel.

Zudem können Sie die Leserichtung des Canvas mithilfe einer Nummerierung vorgeben, sodass im Falle des Projekt-Modell-Canvas deutlich wird, dass Sie diesen von links nach rechts und von oben nach unten durchgehen wollen. Durch die Angabe von Fragen und Hinweisen können Sie zudem das Verständnis des Feldes unterstützen. Das ist am Beispiel des Feldes „Anforderungen" dargestellt (Abb. 65). Die Lenkung des Gespräches durch eine Vorgabe der Reihenfolge könnten Sie zusätzlich über hinzugefügte Pfeile unterstützen. Zudem vereinfacht die Verwendung von Symbolen für jedes Feld das Erkennen und die Merkfähigkeit der Felder.

Darüber hinaus können Sie die Gesprächsführung optimieren, indem Sie den Canvas in einem größeren Kontext sehen. Am Beispiel des Meeting-Canvas (Abb. 66, rechts) zeigen wir, wie Sie mit dem Meeting-Kontext-Canvas (Abb. 66, links) den größeren Kontext des eigentlichen Canvases durch „herauszoomen" und notieren von vier Kategorien – Strategische Ziele, Werte, vorangegangene Meetings und zukünftige Entwicklungen – besser verstehen (Abb. 66). Vom Meeting-Kontext-Canvas ausgehend können Sie jederzeit in den Meeting-Canvas „hineinzoomen". Der Meeting-Canvas selbst stellt dabei einen strukturierten Platz zur Verfügung, indem Sie die Ziele der Sitzung, die Teilnehmenden und die Agenda sowie wichtige Fakten, Pendenzen und Ideen (im Parkplatzfeld) dokumentieren können. Der Meeting-Kontext-Canvas

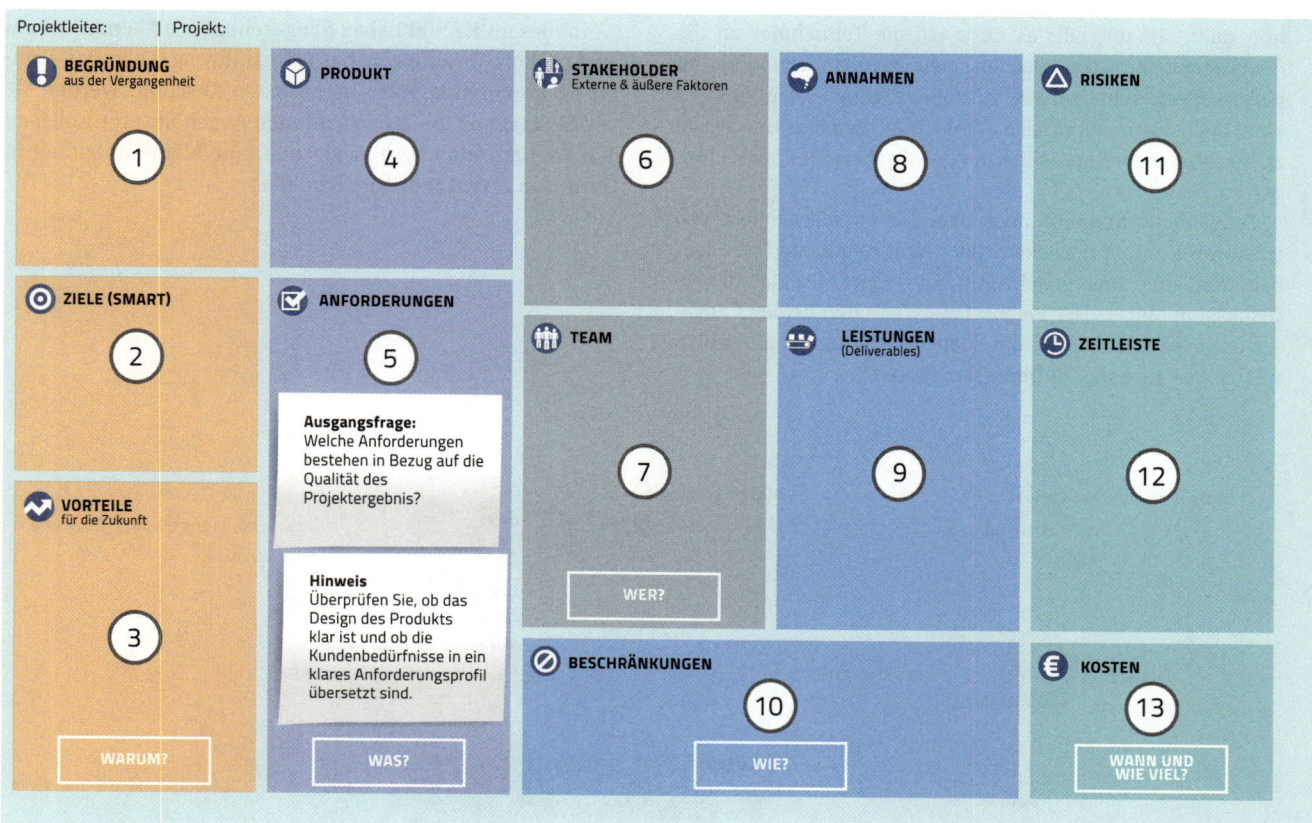

Abbildung 65: Varianten zur Optimierung der Gesprächsführung (Leitfaden-Prinzip)

hilft dann situativ, falls es nötig ist, die Teilnehmer an die übergeordneten strategischen Ziele zu erinnern oder an bereits Besprochenes aus vorangegangenen Meetings. Es kann auch dazu dienen, sich auf wichtige gemeinsame Werte zu besinnen oder einen Blick auf die absehbaren Entwicklungen zu werfen.

Durch die Kombination von zwei Canvases können Sie den größeren Kontext berücksichtigen und damit die Übersicht behalten, aber auch gleichzeitig bei Bedarf eine detaillierte Diskussion führen. Der Wechsel zwischen den beiden Canvases unterstützt Sie dabei, die Ebene falls nötig dynamisch zu wechseln – auch das ist Denken in Stereo!

In diesem Kapitel haben Sie gesehen, wie Sie mit kleinen und großen Varianten die Gesprächsführung (Leitfaden-Prinzip) optimieren können. Im nächsten Abschnitt werden Sie die Beurteilung des Canvas mit den Augen unserer Kollegen Kai Zit und Anna Lyse sehen und eine kleine Anleitung in Form von ersten Schritten erhalten.

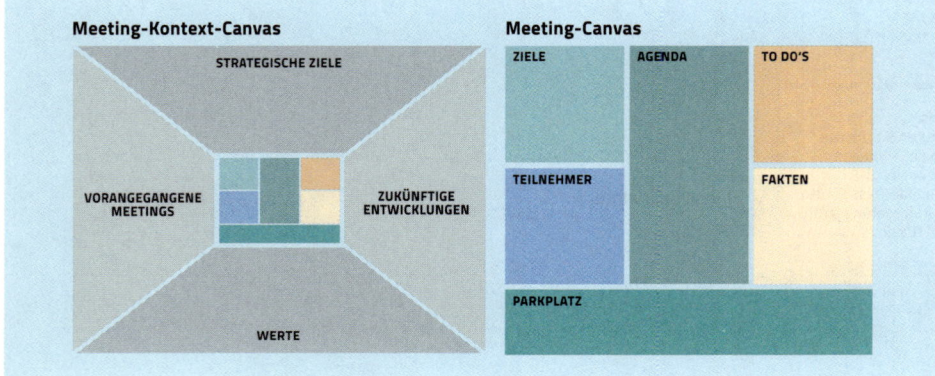

Abbildung 66: Optimieren der Gesprächsführung durch Heraus- und Hineinzoomen

V. Beurteilung des Dynagrams

Der Canvas ermöglicht es, einen komplexen Zusammenhang, wie z.B. ein Projekt, durch die Unterteilung in Teilaspekte und durch die visuelle Anordnung dieser Aspekte in Felder zu vereinfachen und dadurch den Gesprächsfluss zu organisieren. Daraus resultieren dann neue Erkenntnisse.

Sie können mit einem Canvas visuell arbeiten, ohne zeichnen können zu müssen. Der Canvas ist besonders geeignet für die Erarbeitung von Projekten in Teams, da er durch die Darstellung auf einer Seite die Koordination und Kommunikation vereinfacht.

Trotz der großen Vorteile können Canvases auch mangelhaft sein. Im Internet kursieren diverse schlechte Canvases für verschiedene Anwendungsbereiche. So kann es vorkommen, dass der Canvas keine Auskunft darüber gibt, wie die einzelnen Felder in Bereiche zusammengefasst werden können, es fehlt die Angabe einer Reihenfolge (etwa durch Nummerierung oder Pfeile) oder es gibt keine Anstoßfragen oder Hinweise, was die Gesprächsunterstützung durch den Canvas unzureichend macht und einer umfangreichen Schulung bedarf.

Schablone: Die Anordnung der Felder kann Gesetzmäßigkeiten zwischen den Feldern widerspiegeln. Im Projekt-Modell-Canvas sind die Begründungen für das Projekt, die Ziele und die erwarteten Vorteile ganz links dargestellt, damit diese als erstes bearbeitet werden (Abb. 62). Im Trainings-Entwicklungs-Canvas wird deutlich, dass man ausgehend von den Lernzielen auf der linken Seite eine Wissensstruktur, Methoden und einen Prozess braucht, um die Überprüfung des Lernerfolgs auf der rechten Seite zu ermöglichen (Abb. 63). Im Karriere-Beratungs-Canvas stellen die drei großen Bereiche (Was kann ich, was will ich, wie komme ich dahin) eine bewährte Struktur zur Karriereentwicklung dar (Abb. 64).

Leitfaden: Gespräche können Sie mithilfe von Canvases strukturieren, indem Sie die Reihenfolge der Felder durch Nummerierung oder Pfeile vorgeben (Abb. 65). Zusätzlich können Sie zusammenhängende Bereiche farblich markieren, um das Gespräch sowohl auf Basis einzelner Felder aber auch auf Basis von Bereichen zu strukturieren (Abb. 65). Die Möglichkeit des Hinein- und Herauszoomens bei der Verwendung von mehreren Canvases erlaubt es, die Übersicht zu behalten, hilft bei der Leitung durch das Gespräch und führt bei Bedarf zu einer detaillierteren Diskussion (Abb. 66).

Im Beispiel des Trainings-Entwicklungs-Canvas (Abb. 63) sehen Sie, dass die Gesprächsführung entsprechend der Anordnung der Felder von links nach rechts strukturiert werden kann. Somit beginnen Sie das Gespräch mit den Lernzielen und arbeiten dann parallel an der Wissensstruktur, den Methoden und dem Prozess, bevor Sie sich zu den Möglichkeiten zur Überprüfung des Lernerfolgs Gedanken machen. Ähnlich wird beim Karriere-Beratungs-Canvas die

Gesprächsführung auch von links nach rechts geleitet (Abb. 64). Im Projekt-Modell-Canvas wird das Gespräch nicht nur von links nach rechts, sondern auch von oben nach unten durch die Nummerierung strukturiert (Abb. 65).

Einblick: Indem Sie sehen, welche Felder Sie bereits gefüllt haben (was Sie bereits wissen) und welche Blöcke noch leer sind (in welchen Bereichen weitere Recherchen notwendig sind), verschafft Ihnen der Canvas genauere Einblicke. Wenn Sie z.B. in der Karriereberatung viele Interessen und Kompetenzen notiert haben, jedoch noch keine Werte, dann gibt Ihnen das eine Erkenntnis über den aktuellen Stand und noch fehlende Informationen. Auf dieser Basis können Sie dann eine Übung zur Eruierung von Werten vorschlagen (Abb. 64).

Im Projekt-Modell-Canvas wurde dem Projektleiter auf einen Blick bewusst, dass er nur die Anforderungen aus der Informatikabteilung berücksichtigt hatte. Dies führte dazu, dass er Kontakt zu anderen Bereichen aufnahm. Im Trainings-Entwicklungs-Canvas wurde dem Trainer auf einen Blick klar, dass er nur eine einzige Methode verwendet hatte (Abb. 63), also machte er sich Gedanken über weitere alternative Methoden. Im Karriere-Beratungs-Canvas wurde sichtbar, dass der Beratende sich bereits ausführlich mit seinen Alleinstellungsmerkmalen und Zielen beschäftigt hatte, jedoch noch kaum an der Umsetzung der nächsten Schritte gearbeitet hatte (Abb. 64). Diese neuen Einsichten sind nicht nur auf einen Blick zu gewinnen, sondern sie implizieren häufig Anstöße zu neuen Handlungen.

Neue Erkenntnisse können auch Canvase übergreifend entstehen, wenn beispielsweise die Reflexion von Werten im Meeting-Kontext-Canvas zu neuen Zielen im Meeting-Canvas führt (Abb. 66).

Auf der Folgeseite finden Sie schließlich die Beurteilung des Canvas durch unsere beiden Kollegen:

Anna Lyse: „Der Canvas gibt mir eine Übersicht, das beruhigt mich, denn damit kann ich sicher sein, dass ich an alles denke. Spannend finde ich, dass ich für jedes Feld in die Details gehen kann. Insbesondere die Option mehrere Canvases zu verbinden, finde ich relevant, davon könnte es noch mehr geben. Ich werde mir auf jeden Fall mal den Meeting-Canvas und den Meeting-Kontext-Canvas anschauen, denn unsere Besprechungen sind häufig sehr unstrukturiert, wodurch wir viel Zeit verlieren und alle genervt sind. Das muss doch besser gehen."

Kai Zit: „Ich finde den Canvas richtig ansprechend, da sieht man alles, was wichtig ist schnell auf einen Blick. Und vor allem muss ich nicht zeichnen können und kann trotzdem visuell arbeiten. Und letztlich fokussiert es auch meine Gespräche, sodass es weniger Abschweifungen gibt. Schade finde ich, dass man ein wenig in den bestehenden Blöcken gefangen ist und keinen Anstoß erhält, darüber hinaus zu denken."

Bitte beurteilen Sie die Relevanz und das primäre Einsatzgebiet der Canvases für Ihren persönlichen und beruflichen Kontext auf der Innenseite des Buchdeckels.

VI. Fazit & erste Schritte

Ein Canvas ist leicht anzuwenden, da er aus verschiedenen Feldern besteht, die einen komplexen Zusammenhang verschiedener Teilaspekte, wie z.B. bei einem Projekt, vereinfachen und auf einer Seite darstellen. Insbesondere für wiederkehrende Themen wie z.B. Meetings oder Besprechungen eignen sich eine Visualisierung und insbesondere ein Canvas, um das Gespräch zu strukturieren und neue Erkenntnisse zu erlangen. Der Meeting-Canvas (Abb. 66) ist ein erster Versuch, dieses omnipräsente Thema aufzunehmen.

Durch die Anordnung der Blöcke hilft der Canvas den Nutzern, trotz der Verwendung von Text, visuell zu arbeiten. Wenn Sie zusätzlich die hier vorgeschlagenen Varianten wie Pfeile, Nummerierung oder Anstoßfragen wählen, dann können Sie Ihre Gesprächsführung durch den Canvas optimal unterstützen und erhalten zudem neue Erkenntnisse.

Ein Canvas muss nicht immer so umfangreich sein wie der Projekt-Modell-Canvas. Wie Sie anhand des Trainings-Entwicklungs-Canvas sehen, kann ein Canvas bereits aus wenigen Feldern bestehen.

In einem ersten Schritt befüllen Sie zunächst die Felder, für die Sie Informationen vorliegen haben. Schauen Sie dann, welche Felder noch leer sind. Recherchieren Sie und befüllen Sie diese ebenfalls. Alternativ können Sie der vorgeschlagenen Reihenfolge des Canvas folgen.

Betrachten Sie nun die einzelnen Felder und erkennen Sie, wie diese zusammenhängen. Wollen Sie jeweils in den Feldern noch etwas ergänzen? Schauen Sie auf die Gesamtübersicht, fällt Ihnen etwas auf? Gibt es in einigen Feldern oder Bereichen viele Information, in anderen wenige oder gar keine? Was folgern Sie daraus?

Nutzen Sie den Canvas und Ihre Inhalte, um sich darüber mit jemandem zu unterhalten. Bitten Sie eine andere Person, Ihren Input zu ergänzen oder geben Sie dieser Person einen leeren Canvas und bitten Sie um entsprechend thematische Eintragungen. Legen Sie Ihre beiden Canvas nebeneinander und vergleichen Sie die verschiedenen Versionen.

Warum bauen Sie nicht Ihren eigenen Canvas für Ihre spezifische Herausforderung? Sie arbeiten an einem besseren Einkaufssystem, dann erstellen (oder recherchieren) Sie ein Procurement-Canvas; Sie müssen Ihre Arbeitsproduktivität steigern, dann halten Sie dazu die wichtigsten Elemente in einem Canvas fest und notieren Sie darin Ist- und Soll-Zustände.

Weitergedacht

_ Clark, T., Osterwalder, A. & Pigneur, Y. (2012). Business Model You: Dein Leben – Deine Karriere – Dein Spiel. Frankfurt am Main: Campus Verlag.

_ Finocchio Junior, J. (2013). Project Model Canvas. Rio de Janeiro: Elsevier.

_ Frissen, R., & Janssen, R. (2015). Event Model Generation. Accessed at http://www.eventmodelgeneration.com/

_ Osterwalder, A. & Pigneur, Y. (2010). Business Model Gene¬ration: A Handbook for Visionaries, Game Changers, and Challengers. New York: Wiley.

Weitere Canvasbeispiele online:

_ Ein Gamification Canvas (Wie man Spielelemente für Geschäftsanwendungen nutzen bzw. gestalten kann): http://www.gameonlab.com/canvas/

_ Eine weitere Variante des Projekt-Canvas: https://experiencinginformation.wordpress.com/2012/12/13/example-project-canvas/example-project-canvas-4/

_ Ein Canvas für Geschäftsmodelle im sozialen Bereich: http://www.socialbusinessmodelcanvas.com/

_ Ein Canvas für die Planung von Geschäftsveranstaltungen: http://www.eventmodelgeneration.com/

_ Ein Verhandlungscanvas: http://www.stattys.com/strategy/negotiation/negotiation-canvas-a0-synthetic-paper.html

— Ein Lebenslauf Canvas:
  http://www.slideshare.net/katheilousking/cvresume-canvas
— Ein Meeting-Facilitator-Canvas:
  https://amazemeet.com/

zum Rating (Einklappseite)

DAS ROPER-DIAGRAMM

Kunden verstehen

Denkdimensionen:		Überblick und Detail
		Innen und Außen
		Quantitativ und Qualitativ
		Divergent und Konvergent
		Analog und Digital

Kernprinzip:		Schablone

Anwendungsfelder: Marketing, Kundensegmentierung, Kundenanalyse, Sortimentsoptimierung, Zielgruppenentwicklung, Werberessourcenplanung, Marktsemengierung, u.v.m.

Hintergrund, Kernidee und Anwendungsbereiche

Finden Sie Prinz Charles (der noble Brite und Architekturkenner) und Ozzy Osborne (der nicht so noble Brite und Sänger) gehören zur gleichen Zielgruppe? Nach gängigen sozio-demografischen Kriterien sind die beiden fast identisch einzustufen, denn sie sind gleich alt, ähnlich reich, zum zweiten Mal verheiratet mit zwei Kindern und haben die gleiche Herkunft. Da kann doch was nicht stimmen? Wie also schneidet man ein Produkt oder eine Kampagne auf die wirklichen Bedürfnisse und Werte einer Zielgruppe zu? Die GfK Roper Consumer Styles (RCS) sind seit über 20 Jahren ein international validiertes Instrument zur Verbrauchersegmentierung. Bei diesem Diagramm liegen denn auch Prinz Charles und der Black Sabbath Sänger weit auseinander.

Der Name „Roper" stammt vom US-Marktforscher Elmo Roper, nach dem auch die jährlich weltweite Verbraucherstudie der GfK Gruppe, die sog. Roper Reports Worldwide, benannt wurde. Die *acht darin enthaltenen Lebensstile* helfen Unternehmen, ihre Zielgruppen besser zu verstehen und zu definieren und sowohl Produkte als auch Kommunikation mit ihrer Hilfe umzusetzen. Mit wenigen Fragen gelingt es dabei, jede Person einem Konsumentypus zuzuordnen.

Jedes Kundensegment steht für Werte und Bedürfnisse und ist im Roper-Diagramm zwischen den beiden werteorientierten Dimensionen "Haben" und „Sein" als auch „Leidenschaft leben" und „Frieden und Sicherheit" verortet. Das Roper-Diagramm unterstützt Sie beim Denken in Stereo insofern, als dass das Konzept der acht Lebensstile auf quantitativer Analyse von Daten beruht, und sie gleichzeitig die Möglichkeit haben, auf den jeweiligen Segmenten qualitativ Ideen zu notieren. Zusätzlich gibt Ihnen das Diagramm die Übersicht über die Positionierung der einzelnen Lebensstile und bei Bedarf können Sie die Details für jedes Segment erkunden. Dieser Wechsel zwischen Überblick und Details ist sehr hilfreich für Dynamik in der Gesprächsführung. In der folgenden Abbildung sehen Sie die acht Lebensstile im Roper-Diagramm (Abb. 67).

Das GfK Roper Consumer Styles Diagramm zeigt die Positionierung der acht Lebensstilsegmente entsprechend ihrer Orientierung innerhalb der vier Wertedimensionen. Die Größe der Segmentflächen entspricht dabei dem Anteil des jeweiligen Segments an der Gesamtbevölkerung auf Basis der globalen Datenerhebung, so liegt z.B. der Anteil der „Bodenständigen" weltweit bei 20%.

Nicht jedes Segment ist gleich wichtig für jedes Unternehmen, und je nach Branche und Land ist die Größe bzw. der Anteil der einzelnen Segmente unterschiedlich. Im folgenden Abschnitt sehen Sie, wie Sie trotz der acht Segmente und deren Daten die Übersicht behalten können und sich auf die für Sie wichtigen Segmente fokussieren und mit diesen interagieren können.

 **Vorgehen**

Das GfK Roper Consumer Styles Diagramm erlaubt die Größenanpassung der Segmente, die Fokussierung auf einzelne Segmente, Detailinformationen zu einzelnen Segmenten und die Annotation von Segmenten, aber nun alles der Reihe nach. Mit den folgen Schritten können Sie das Maximale aus dem Roper-Diagramm herausholen und damit für Ihre Kundenanalyse Mehrwert schaffen.

1. **Erkunden:** Schauen Sie sich die das GfK Roper Consumer Styles Diagramm an (Abb. 67) und bestimmen Sie anhand der Beschreibung der Dimensionen und

„Das eigentliche Ziel des Marketings ist, das Verkaufen überflüssig zu machen. Das Ziel des Marketings ist, den Kunden und seine Bedürfnisse derart gut zu verstehen, dass das daraus entwickelte Produkt genau passt und sich daher selbst verkauft."

PETER F. DRUCKER

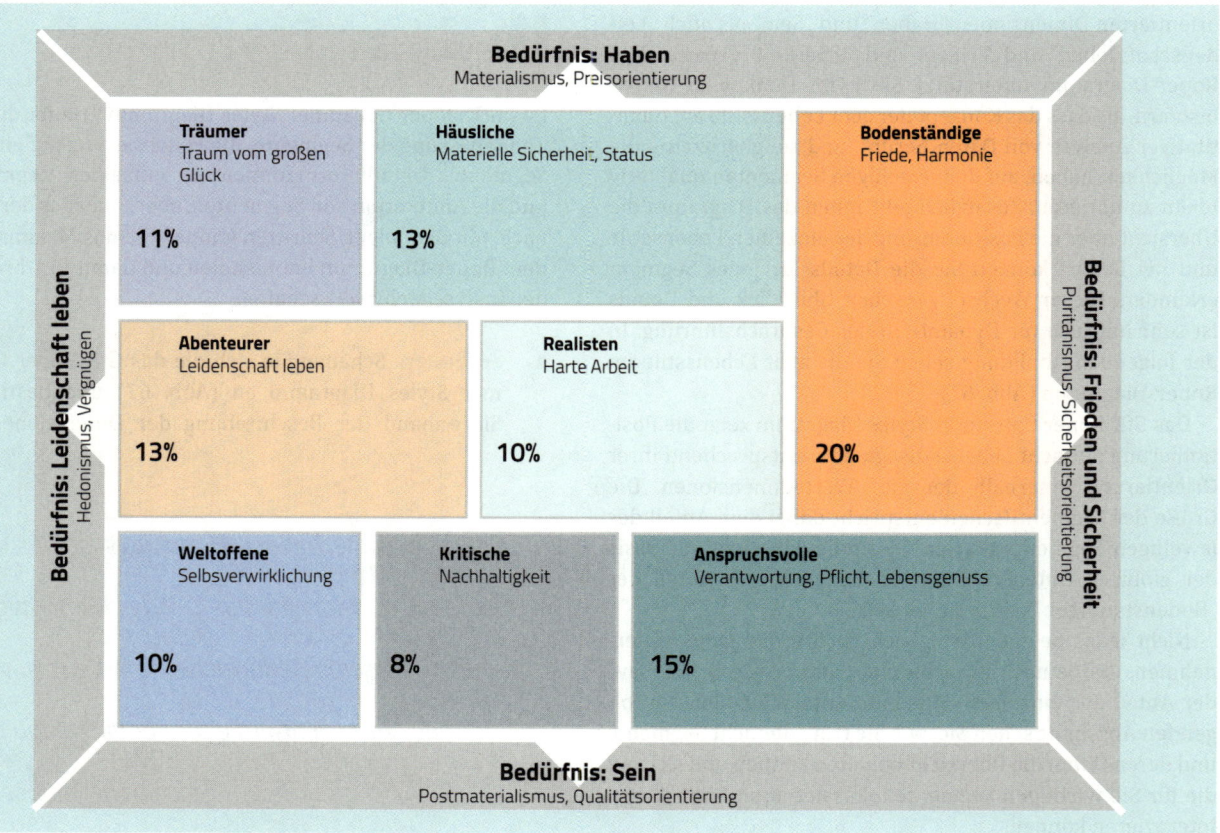

Abbildung 67: Das GfK Roper Consumer Styles Diagramm

Segmente, welche Lebensstile für Ihre Produkte und Dienstleistungen relevant sein könnten. Für die ausgewählten Segmente können Sie in der Onlineversion per Mausklick weitere Informationen abrufen. So erfahren Sie mehr über das Werteprofil, Alltag- und Freizeitaktivitäten, Kaufpräferenzen, Mediennutzung, Soziodemografie und mithilfe eines sogenannten Moodboards (einer Fotocollage, die den jeweiligen Konsumentenstil visualisiert) mehr über die Werte dieses Segments. **Schlüsselfragen: Welche Werte und Bedürfnisse stecken hinter den einzelnen Lebensstilen? Welche der acht Lebensstile sind für Ihre Produkte und Dienstleistungen relevant?**

2. **Auswählen:** Sie können nun die für Sie relevanten Segmente optisch hervorheben, indem Sie die Farbintensität der einzelnen Segmente verändern. Geben Sie relevanten Segmenten eine hohe Farbintensität und färben Sie die nicht relevanten Segmente transparent ein. Zusätzlich können Sie die Größe der Segmente je nach Branche und Land anpassen. Auf Basis dieser Informationen können Sie sich nun auf ein oder mehrere Segmente fokussieren. **Schlüsselfrage: Welche Lebensstile sind die wichtigsten in Bezug auf Ihre Produkte, Dienstleistungen und auch in Bezug auf die Branche und das Land?**

3. **Annotieren:** Wenn Sie zu den ausgewählten Segmenten Fragen, Anmerkungen oder Ideen (z.B. für eine Kampagne) haben, dann können Sie diese direkt auf dem Segment festhalten und abspeichern. Zu einem späteren Zeitpunkt können diese Notizen wieder aufgerufen werden. **Schlüsselfrage: Welche Fragen, Anmerkungen oder Ideen haben Sie in Bezug auf die ausgewählten Segmente?**

4. **Entwickeln:** Benachbarte Segmente für bestehende Produkte oder ganz neue Segmente für neue Produkte stellen potenzielle zukünftige Zielgruppen dar. Das GfK Roper Consumer Styles Diagramm ermöglicht Ihnen, die benachbarten und aller anderen Segmente zu erkunden und entsprechend Notizen und Anmerkungen für spätere Diskussionen zu machen. Somit kann auch die Entwicklung eines Produktes über verschiedene Lebensstilsegmente hinweg geplant und hinterher nachvollzogen werden. **Schlüsselfrage: Auf welche Segmente können Sie bestehende Produkte ausweiten und für welche neuen Segmente können Produkte entwickelt werden?**

Wenn Sie während einer Diskussion das Roper-Diagramm bearbeiten, dann können Sie Zwischenstände mithilfe von Screenshots festhalten und diese dann später für eine

Präsentation in PowerPoint® integrieren. In der Software lets-focus.com können Sie zudem über den „Replay Modus" die einzelnen Schritte in der Entwicklung des GfK Roper Consumer Styles Diagramms abspielen. Dies führt dazu, dass Entwicklungsprozesse auch für andere nicht Beteiligte nachvollziehbar werden und somit als Reflexionshilfe für das Team nützlich sind.

Ⅲ. Praxisbeispiel

Stellen Sie sich vor, Sie wurden von Elon Musk angefragt für Tesla zu arbeiten, um die Verbreitung elektrischer Fahrzeuge zu unterstützen. Dabei sollen Sie vor allem auf zwei Fragestellungen eine Antwort finden: Erstens, wer kauft heute und wer wird in Zukunft elektrische Fahrzeuge von Tesla kaufen? Zweitens, mit welchem Inhalt sollen Zielgruppen angesprochen werden?

Jetzt benötigen Sie ein Werkzeug, das Ihnen sowohl verifizierte (quantitative) Daten über Kunden liefert, als auch Ihnen ermöglicht (qualitative) Ideen für Inhalte zu notieren. Sie entscheiden sich für das Roper Consumer Styles Diagramm von GfK, mit dem Sie beide Anforderungen abdecken können.

Sie beginnen mit der Erkundung der acht Lebensstile vor allem in Bezug auf das Werteprofil und die Lebenswelt durch eine Fotocollage jedes Segments, schauen aber auch auf die

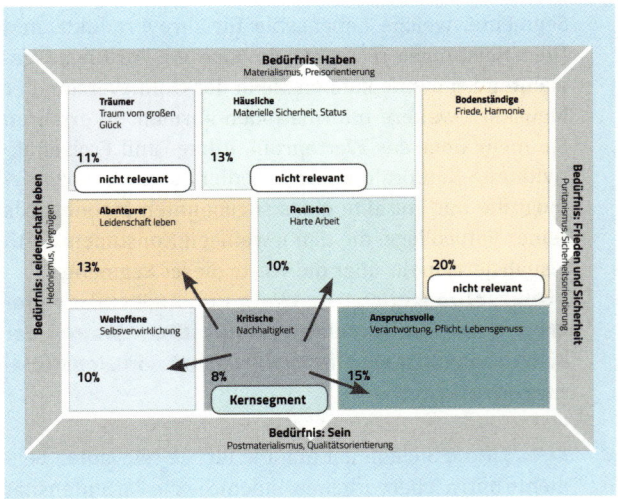

Abbildung 68: Kernsegment für Tesla mit Entwicklungsmöglichkeiten und nicht relevante Segmente

Alltags- und Freizeitaktivitäten, Kaufpräferenzen, Mediennutzung, Alter und Bildung. Daran anschließend wählen Sie die Kundensegmente entsprechend der Übereinstimmung mit den Werten der Marke Tesla aus. Sie identifizieren die „Kritischen" als Kernsegment und die drei Segmente „Träumer", „Häusliche" und „Bodenständige" als am wenigsten relevanten Segmente und alle anderen dazwischen als mögliche Kundensegmente für die Zukunft. Sie stellen diese Erkenntnisse im Roper Consumer Style Diagramm durch das farbliche Hervorheben und Zurücknehmen der Segmente und durch Pfeile für die Entwicklungsmöglichkeiten dar (Abb. 67).

Mit dieser Darstellung können Sie bereits auf erste Fragen eingehen und beantworten, wer die Fahrzeuge von Tesla heute kauft und in Zukunft kaufen könnte. Zusätzlich konnten sie identifizieren, welche Segmente sich nicht für Tesla und elektrische Fahrzeuge eignen. Die quantitativen Angaben beziehen sich auf die Verteilung der Kundensegmente weltweit. Daraus filtern Sie die folgenden Einsichten: Tesla hat die Möglichkeit, sich neben ihres Kernsegments auf vier weitere Kundensegmente zu fokussieren und dorthin zu expandieren. Das gesamte Marktpotenzial liegt bei zusätzlichen 48% des Weltmarktes, wenn man die Anteile der vier zukünftig möglichen Kundensegmente zusammenzählt (Abb. 68). Gleichzeitig erkennen Sie, dass die Positionierung dieser vier möglichen Kundensegmente augenscheinlich im Diagramm sehr unterschiedlich ist. Diese Ergebnisse sind bereits sehr spannend. Sie wollen jedoch im nächsten Schritt herausfinden, mit welchen Inhalten Tesla diese Kundensegmente ansprechen müsste.

Aus den zuvor gemachten Erkundungen der acht Lebensstile notieren Sie zentrale Stichworte für das Kernsegment und die vier für eine Expansion möglicherweise in Frage kommenden Kundensegmente. Sie wissen von Ihrem Vorgesetzten, dass er keine langen Geschichten hören möchte, sondern dass Sie schnell auf den Punkt kommen müssen.

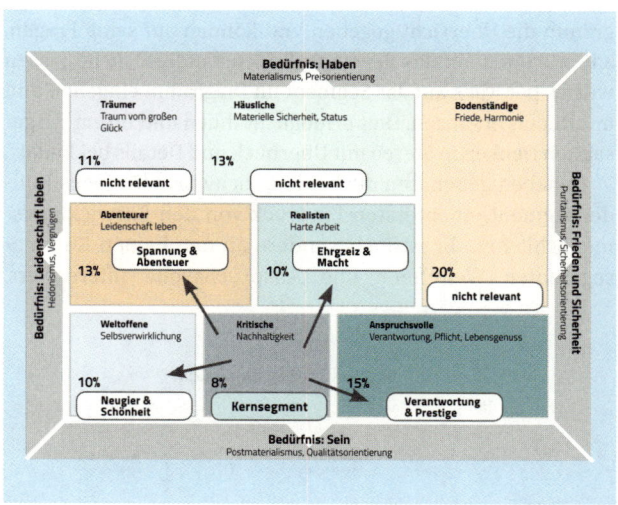

Abbildung 69: Expansion vom Kernsegment auf mögliche andere Segmente und deren Inhalte in zwei Stichworten

Daher entscheiden Sie sich, für jedes Kundensegment zwei Stichworte zu notieren, um eine erste Diskussion mithilfe des Diagramms zu unterstützen (Abb. 69).

Im Gespräch mit Ihrem Vorgesetzten zeigt sich dieser sehr zufrieden. Er sieht jetzt auf einen Blick, auf welche Lebensstile bzw. Kundensegmente Tesla sich fokussieren sollte und erkennt gleichzeitig, für welche Kundensegmente sich der Aufwand nicht lohnen würde. Sie haben ihm mit dem Diagramm die Übersicht gegeben und können auf seine Fragen, z.B. warum denn das Segment „Bodenständige" nicht passen würde, per Klick auf das Segment im Diagramm eingehen und mit Details ergänzen. Dies ermöglicht Ihnen und Ihrem Vorgesetzten Denken in Stereo mit Überblick und Details bei Bedarf.

Daneben geben ihm die beiden Stichworte für jedes Kundensegment einen ersten Eindruck von den Entwicklungsmöglichkeiten. Er ist insbesondere an den beiden Kundensegmenten „Weltoffene" und „Anspruchsvolle" interessiert,

da er die Dimension „Sein" des Diagramms und die damit verbundenen Werte des Postmaterialismus und der Qualitätsorientierung als am nächsten zur Positionierung von Tesla sieht. Er schließt das Meeting mit dem Entschluss ab, für die Expansion auf diese beiden Kundensegmente einen Workshop zu planen, in dem die Segmente ausführlicher besprochen werden sollen. Sie sind sehr erfreut über den Verlauf der Besprechung und dass das Diagramm Sie dabei

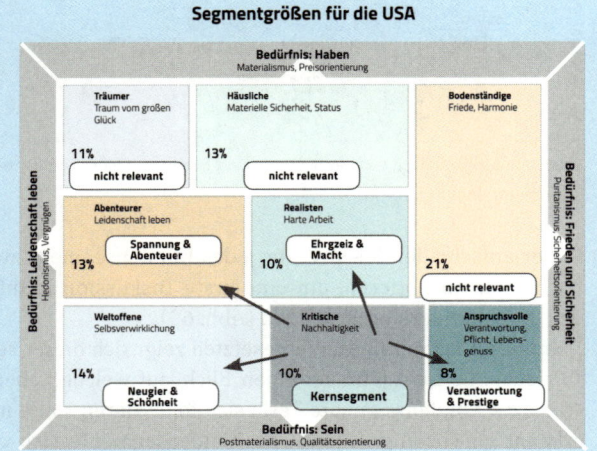
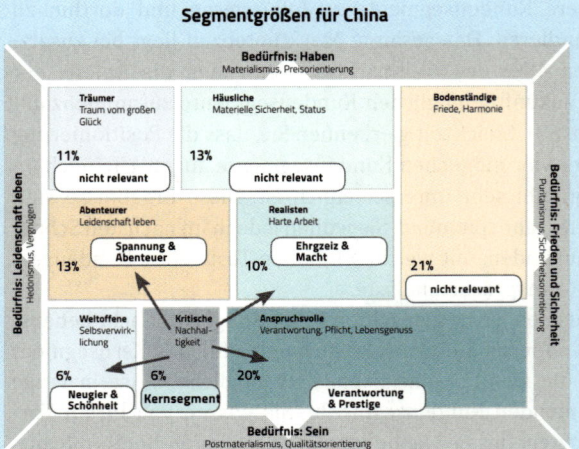

Abbildung 70: Vergleich zwischen den Segmentsgrößen in den USA und China

unterstützt hat, Ihre Argumente deutlich und auf einen Blick erkennbar zu machen.

Nach diesem Beispiel für die Positionierung der Marke Tesla mithilfe des Roper Consumer Styles Diagramm der GfK, erfolgt im nächsten Abschnitt eine weitere Variante der Verwendung des Diagramms. Im Anschluss folgt die Beurteilung des Diagramms.

tigen muss, um Erfolg in den beiden wichtigsten Märkten in den USA und China zu haben.

Sie haben Ihrem Vorgesetzten abermals auf schnelle und übersichtliche Weise Erkenntnisse verschafft und ihm dabei geholfen, Entscheidungen zu treffen. Er möchte Sie nun auch zukünftig bei wichtigen Entscheidungen um Unterstützung bitten.

IV. Varianten

Bevor es zum Workshop kommt, bittet Sie Ihr Vorgesetzter, das Roper Consumer Styles Diagramm für die beiden Kernmärkte USA und China zu vergleichen, um festzustellen, wie sich die Größe der Segmente auf diesen Märkten verhält. Sie beziehen die Daten bei der GfK und stellen mit Erstaunen fest, dass die Größenverhältnisse in den beiden Märkten sehr unterschiedlich sind. Dies veranschaulichen Sie entsprechend in zwei Diagrammen nebeneinander (Abb. 70).

Ihr Vorgesetzter fühlt sich in seinem Bauchgefühl bestätigt, dass die Größen der Segmente „Weltoffene" und „Anspruchsvolle" in China und den USA sehr unterschiedlich sind. Die Diagramme zeigen klar, dass es bei diesen beiden Segmenten nicht um ein Entweder-oder geht, sondern dass die zukünftige Strategie beide Segmente in gleichem Maße berücksich-

V. Beurteilung des Dynagrams

Das Roper-Diagramm besticht durch seine Einfachheit und Übersichtlichkeit der acht Lebensstile bzw. Kundensegmente. Die beiden Dimensionen sind leicht nachzuvollziehen und bei Bedarf können Sie die Details der einzelnen Lebensstile erkunden.

Gleichzeitig muss darauf hingewiesen werden, dass die prozentuale Einteilung der Segmente dem weltweiten Durchschnitt entspricht. Je nach Branche und Land oder Region könnte die Verteilung der Segmente ganz anders aussehen. Dieses Dynagram folgt unseren drei Prinzipien in folgender Weise:

Schablone: Das Roper-Diagramm hat mit den quantitativ verifizierten Dimensionen „Haben" und „Sein" als auch „Leidenschaft leben" und „Frieden und Sicherheit" und den daraus resultierenden acht Lebensstilen eine starke Schablone und gibt eine bewährte Struktur vor. Zudem lassen sich die acht Lebensstile durch deren Bezeichnung leicht merken.

Leitfaden: Das Roper-Diagramm kann Gespräche strukturieren, indem es zunächst eine Übersicht gibt und bei Bedarf eine Analyse der Details für jedes Segment ermöglicht. Zudem haben Sie die Möglichkeit, für einen oder mehrere Lebensstile Ihre Kommentare direkt im Roper-Diagramm festzuhalten. Zuletzt können Sie von den Lebensstilen im Roper-Diagramm ausgehend neue Entwicklungsmöglichkeiten diskutieren. Durch dieses Vorgehen wird die Komplexität des Diagramms in einzelne Schritte aufgeteilt.

Einblick: Das Roper-Diagramm erlaubt Ihnen auf einen Blick durch die visuelle Hervorhebungsfunktion die derzeit relevanten, die zukünftig möglichen und die nicht relevanten Lebensstile zu erkennen. Zudem können Sie über die Position jedes einzelnen Lebensstils im Roper-Diagramm sofort erkennen, ob dieser eher für Leidenschaft oder Sicherheit und für Haben oder Sein steht. Zusätzlich können Sie durch die Größenanpassung der einzelnen Segmente sichtbar machen, welche Segmente aufgrund ihrer Größe wichtiger und weniger wichtig sind.

Die folgenden Zitate verdeutlichen nun die Einschätzung aus der Sicht unserer Kollegen:

Anna Lyse: „Ich finde es gut, dass ich hier mit allen Detailinfos zu den Segmenten spielen kann und bei Bedarf ‚reinzooomen' kann. Für mich könnte es auch noch mehr quantitative Analysen parallel eingebaut haben, um somit noch besser eruieren zu können, welche Zielgruppe heute und in Zukunft in Frage kommen würde. Die meisten Nichtexperten sind aber häufig erstmal beeindruckt, dass man damit interaktiv in einer Gruppe Gespräche unterstützen kann."

Kai Zit: „Es ist nützlich, dass mir das Roper Diagramm rasch aufzeigt, welche Segmente wie groß sind und worin sich meine Kunden wirklich unterscheiden. Dann können wir uns bei der Diskussion direkt auf die größten Segmente konzentrieren und die relevanten Unterschiede besprechen. Wichtig und gut finde ich auch, dass Ideen und Gedanken unmittelbar in den Segmenten festgehalten werden können. Das spart Zeit und schafft Klarheit."

Für Ihre eigene Bewertung nutzen Sie nun bitte die Innenseite des Buchdeckels und bewerten damit dieses doch recht spezifische Diagramm für Ihren Kontext.

VI. Fazit & erste Schritte

Das GfK Roper Consumer Styles Diagramm ist ein sehr hilfreiches und verifiziertes Instrument zur Analyse von Kundensegmenten. Daraus resultiert die Planung und Implementierung u.a. für Produktentwicklungen, Strategien und Kommunikationsmaßnahmen.

Die Dynamik des Diagramms drückt sich in der Möglichkeit aus, Übersicht und Details anzuschauen, in der Kombination aus quantitativen Informationen und qualitativem Annotieren und der Möglichkeit, die Größe der Segmente dynamisch im Gespräch anzupassen. Damit steuert und fördert das Diagramm eine strukturierte und dynamische Gesprächsführung.

Für den Start können Sie die einzelnen Lebensstile auf dem GfK Roper Consumer Styles Diagramm erkunden, indem Sie auf die Details klicken. Machen Sie sich Notizen auf den Segmentfeldern, damit Sie anschließend alle Notizen auf einen Blick sehen können, ohne erneut in die Details gehen zu müssen. Mittels dieser Übersicht können Sie sich auf bestimmte Segmente fokussieren und andere aus dem Fokus nehmen.

Sie nutzen die Dynamik dieses Diagramms in der Gruppe, um damit eine Diskussion über die Konsequenzen der Detailinformationen zu den einzelnen Segmenten mit Blick auf Ihre derzeitigen und zukünftigen Zielgruppen zu starten. Damit können Sie die Planung von Produkten, die Umsetzung von Kommunikationsmaßnahmen oder die Entwicklung von Strategien unterstützen. Bestehende Kommunikationsmaßnahmen werden aufgrund ihrer Schlüsselbotschaften und Medienkanäle auf dem GfK Roper Consumer Styles Diagramm verortet und man kann schauen, ob dies mit den ausgewählten Zielgruppen übereinstimmt. Damit wird das Diagramm ein Analysewerkzeug für Ihre aktuellen und zukünftigen Kampagnen.

Weitergedacht

— Peichl, T. (2014). Von Träumern, Abenteurern und Realisten – Das Zielgruppenmodell der GfK Roper Consumer Styles. In: Halfmann, M. (Hrsg.). Zielgruppen im Konsumentenmarketing. Wiesbaden: Springer Fachmedien, 135-149.

zum Rating (Einklappseite)

SANKEY-DIAGRAMM

Die Aha-Maschine

Denkdimensionen:	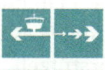	Überblick und Detail
		Quantitativ und Qualitativ
		Divergent und Konvergent
		Analog und Digital
Kernprinzip:		Leitfaden
		Einblick
Anwendungsfelder:		Budgetplanung, Kundenanalyse, Strategie, Sortimentsoptimierung, Geld-, Energie- und Materialflussanalyse, u.v.m.

▌● Hintergrund, Kernidee und Anwendungsbereiche

Was hat eine Dampfmaschine mit Ihrem heutigen Büroalltag zu tun? Auf den ersten Blick herzlich wenig. Kennen Sie jedoch das Sankey-Diagramm und seinen Hintergrund, so werden Sie sehen, dass es bei beiden oft um Abhängigkeiten und *Größenverhältnisse* geht. Denn: Der irische Ingenieur Matthew Sankey erfand 1898 diese neue Diagrammform, um die Energieflüsse bzw. -verluste realer und idealer Dampfmaschinen zu vergleichen. Dabei nutze er die Dicke der Pfeile, um die relativen Größen der Energieflüsse direkt sichtbar zu machen. Das Sankey-Diagramm war geboren. Seither wird diese Diagrammform rege verwendet, um Einnahmen und Ausgaben gegenüberzustellen, Ziele mit Maßnahmen oder Projekten zu verknüpfen oder auch, um Klimaphänomene, Materialflüsse und Sportstatistiken verständlicher zu machen. Man kann mit einem Sankey-Diagramm sogar erklären, warum es Sparlampen braucht, wie das nachfolgende simple Sankey-Diagramm zum Thema Glühbirnen zeigt. Man sieht auf einen Blick: Glühbirnen vergeuden Energie über Wärmeerzeugung.

All diesen Anwendungen gemeinsam ist das Ziel, Abhängigkeiten und Größenverhältnisse (z.B. zwischen Input- und Output-Größen) durch Visualisierung besser verstehen zu können. Derlei Analysen braucht es beispielsweise bei der strategischen Unternehmensplanung (um Ziele und

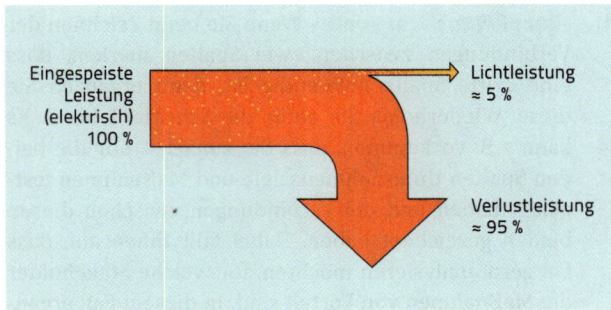

Abbildung 71: Ein einfaches Sankey-Diagramm zur Leistung einer Glühbirne

Maßnahmen abzustimmen), beim jährlichen Budgetprozess (um Ein- und Ausgaben abzugleichen), in der Analyse von Kunden oder auch bei der Optimierung des eigenen Produktsortimentes.

Wenn Sie den Begriff ‚Sankey' im Internet recherchieren, so werden Sie sehen, dass der Anwendung dieses Diagramms kaum Grenzen gesetzt sind. Doch wie geht man zur Erstellung eines Sankey-Diagramms vor und wie nutzt man es effizient? Diese beiden Fragen werden in den nächsten Abschnitten beantwortet.

 **Vorgehen**

Nicht alle Sankey-Diagramme sind so einfach wie das zur Leistung der Glühbirne (Abb. 71) – und dies zu Recht; denn nicht alle Probleme beruhen auf so wenigen Faktoren. Damit die Erstellung eines Sankey-Diagramms gelingt und Mehrwert schafft, empfehlen wir ein Vorgehen in fünf Schritten.

1. **Identifizieren von Faktoren:** Bestimmen Sie, welche Faktoren Sie gegenüberstellen oder verknüpfen wollen. Sie können z.B. Produkte und Kunden gegenüberstellen, um herauszufinden, welche Produkte von welchen Kunden gekauft werden (und wie oft), oder verknüpfen Sie unternehmerische Maßnahmen mit den strategischen Zielen, um herauszufinden, welche Ziele durch welche Maßnahmen unterstützt werden (und wie stark). Diese Faktoren entsprechen im Sankey-Diagramm den einzelnen Spalten, wie in Abbildung 71 die eingespeiste

„Man darf die Dinge nicht so sehen, als wären sie fest,

sondern muss sie in Bewegung und in wechselseitiger

Verbindung zueinander sehen."

DAVID BOHM

Energie der linken Spalte entspricht und die rechte Spalte die erzielte Leistung enthält, bestehend aus den beiden Elementen Lichtleistung und Verlustleistung. **Schlüsselfrage: Welche Faktoren wollen Sie gegenüberstellen oder verknüpfen?**

2. **Bestimmen der Reihenfolge der Faktoren:** Finden Sie nun heraus, ob es innerhalb der Faktoren eine vordefinierte Reihenfolge gibt, z.B. durch die Priorität von Zielen oder die Wichtigkeit von Kunden. Zusätzlich können Sie die Reihenfolge bestimmen, indem Sie sich fragen, ob gewisse Faktoren gruppiert werden können. Damit legen Sie die Reihenfolge der Faktoren für jede Spalte fest. **Schlüsselfrage: In welcher Reihenfolge listen Sie die Faktoren auf?**

3. **Zeichnen der Beziehungen:** Zeichnen Sie nun die Beziehungen zwischen den Faktoren der verschiedenen Spalten ein. Optional können Sie die Stärke der Striche entsprechend der Intensität der Verbindung zeichnen, schwache Verbindungen erhalten einen dünnen Strich, starke Verbindungen erhalten einen dicken Strich. **Schlüsselfragen: Welche Verbindungen bestehen zwischen den Faktoren der unterschiedlichen Spalten? Welche Intensität haben diese Verbindungen?**

4. **Hinzufügen einer Spalte:** Wenn Sie beim Zeichnen der Verbindungen zwischen zwei Spalten merken, dass eine dritte Spalte notwendig ist, dann ergänzen Sie diese. Wiederholen Sie dafür die Schritte 1 bis 3. Es kann z.B. vorkommen, dass Sie zunächst nur die beiden Spalten Unternehmensziele und Maßnahmen festgelegt haben und die Verbindungen zwischen diesen beiden gezeichnet haben. Dabei fällt Ihnen auf, dass Sie gern analysieren möchten, für welche Stakeholder die Maßnahmen von Vorteil sind. In diesem Fall ergänzen Sie die Stakeholder als dritte Spalte und verbinden Sie die Maßnahmen ebenfalls mit den Stakeholdern. **Schlüsselfragen: Sind die beiden Spalten und deren Verbindungen ausreichend? Oder gäbe es einen dritten interessanten Bereich?**

5. **Identifizieren von neuen Erkenntnissen:** Analysieren Sie nun das daraus resultierende Sankey-Diagramm in Bezug auf die Anzahl (und Stärke) der Verbindungen. Halten Sie nach außergewöhnlich vielen und wenigen oder fehlenden Verbindungen Ausschau. Achten Sie dabei auch auf die Position eines Faktors in der Reihenfolge und die entsprechende Anzahl der Verbindungen. Vergewissern Sie sich, ob z.B. die drei wichtigsten Unternehmensziele von einer entsprechend hohen Anzahl an Maßnahmen unterstützt werden. In der computerbasierten Ver-

sion können Sie per Doppelklick einzelne Verbindungen oder alle Verbindung eines Faktors hervorheben. **Schlüsselfragen: Wo gibt es viele, wo wenige und wo keine Verbindungen zwischen einzelnen Faktoren? Welche Erkenntnisse vermittelt Ihnen das Diagramm dadurch?**

Ein nützliches Tool, um ein Sankey-Diagramm mithilfe einer Excel-Tabelle interaktiv zu erstellen und dynamisch zu nutzen, finden Sie auf der Internetseite zu diesem Buch unter www.dynagrams.org. Dort sehen Sie anhand eines Beispiels, wie Sie Daten aus einer Excel-Datei direkt in ein HTML-basiertes dynamisches Sankey-Diagramm verwandeln können. Das Programm ist übrigens gratis.

Wenn Sie das HTML-basierte Sankey-Diagramm nicht nur in Ihrem Browser benutzen wollen, sondern auch direkt in PowerPoint® dynamisch damit arbeiten wollen, dann empfehlen wir Ihnen zusätzlich das Plug-In für PowerPoint® mit dem Namen „Live Web", mit dessen Hilfe Sie Webseiten in PowerPoint®-Folien direkt anzeigen lassen können. Auch dieses Tool finden Sie auf der Website zu diesem Buch.

Wenn Sie ein einfaches Sankey-Diagramm erstellen wollen, dann können Sie das webbasierte Tool ‚Sankeymatic' über www.sankeymatic.com/build verwenden. Hier können Sie Ihre Daten eingeben, das Sankey-Diagramm anpassen und dann das Sankey-Diagramm als Bild oder als HTML-Code herunterladen. Sollten Sie ein komplexeres San-key-Diagramm erstellen wollen, das auch von anderen bearbeitet werden kann, dann empfehlen wir Ihnen die zuvor vorgestellte Möglichkeit, in der Sie das Sankey-Diagramm in einer Excel-Tabelle erstellen.

Praxisbeispiel

Ein Start-up hat sich erfolgreich für die Lizenz eines neuen Weiterbildungskonzepts beworben und hat in den letzten Wochen in diversen Sitzungen Ziele und Maßnahmen besprochen und festgelegt. Von einem befreundeten Dozenten für Visualisierung haben die Unternehmensgründer gehört, dass sich das Sankey-Diagramm gut für einen Konsistenzcheck zwischen verschiedenen Faktoren eignet. Die drei Jungunternehmer möchten das Sankey-Diagramm nutzen, um die formulierten Ziele und die geplanten Maßnahmen gegenüberzustellen.

Dafür notieren sie zunächst die Ziele und legen deren Reihenfolge entsprechend den Prioritäten fest. Danach notieren sie die bisher geplanten Maßnahmen. Anschließend gehen sie jede Maßnahme durch und überlegen sich, welches Ziel sie mit der Maßnahme unterstützen und zeichnen entsprechend die Verbindung ein, daraus ergibt sich das erste Sankey-Diagramm (Abb. 72).

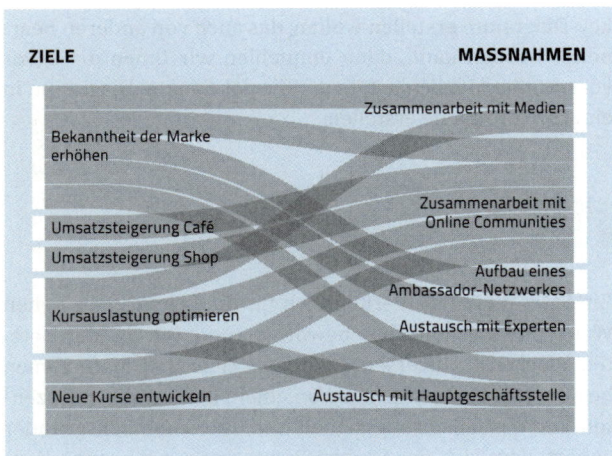

ZIELE   MASSNAHMEN

Abbildung 72: Sankey-Diagramm zur Gegenüberstellung von Zielen und Maßnahmen

Anhand der Höhe der Balken der einzelnen Faktoren in Abbildung 72 erkennen sie sofort, dass sie für ihr wichtigstes Ziel „die Bekanntheit der Marke zu erhöhen" sehr viele Maßnahmen geplant haben und sie erkennen, dass die Maßnahme „Zusammenarbeit mit Online Communities" besonders wertvoll ist, da sie viele Ziele unterstützt. Mit einem Doppelklick auf die jeweiligen Faktoren werden alle Verbindungen zu diesem Faktor hervorgehoben (Abb. 73).

Nachdem sie sich auf die besonders hohen Balken konzentriert haben, gehen sie nun die Ziele und Maßnahmen mit besonders niedrigen Balken durch und stellen mit Erstaunen fest, dass sie für die beiden wichtigen Ziele „Umsatzsteigerung Café" und „Umsatzsteigerung Shop" jeweils nur eine einzige Maßnahme geplant haben (Abb. 74). Aufgrund dieser Erkenntnis planen sie einen Ideen-Workshop für die nächste Woche ein, in dem sie sich neue Ideen für die Umsatzsteigerung im Café und im Shop überlegen wollen.

Das Sankey-Diagramm hat den drei Jungunternehmern nicht nur wortwörtlich vor Augen geführt, wie es um die Konsistenz zwischen ihren Zielen und Maßnahmen aussieht, sondern hat sie auch für die Verantwortlichkeiten und Funktionen in ihrem noch jungen Unternehmen sensibilisiert. Sie erweitern nun das Sankey-Diagramm mit einer dritten Spalte in der die verschiedenen Funktionen enthalten sind, um zu schauen, welche Maßnahmen von welcher Funktion übernommen werden. Hierfür machen die drei zunächst eine Auflistung der Funktionen und verbinden diese anschließend mit den Maßnahmen. Dieses Vorgehen führt zu einem weiteren Sankey-Diagramm (Abb. 75).

Aus dem Sankey-Diagramm erkennen die drei, dass die beiden Bereiche „PR und Community Management" als auch „Programmgestaltung" viele Maßnahmen verantworten, während die Funktion des „Café und Shop Management" nur eine Maßnahme unterstützt. Dies ist jedoch keine Überraschung, da sie bereits zuvor erkannt haben, dass sie neue

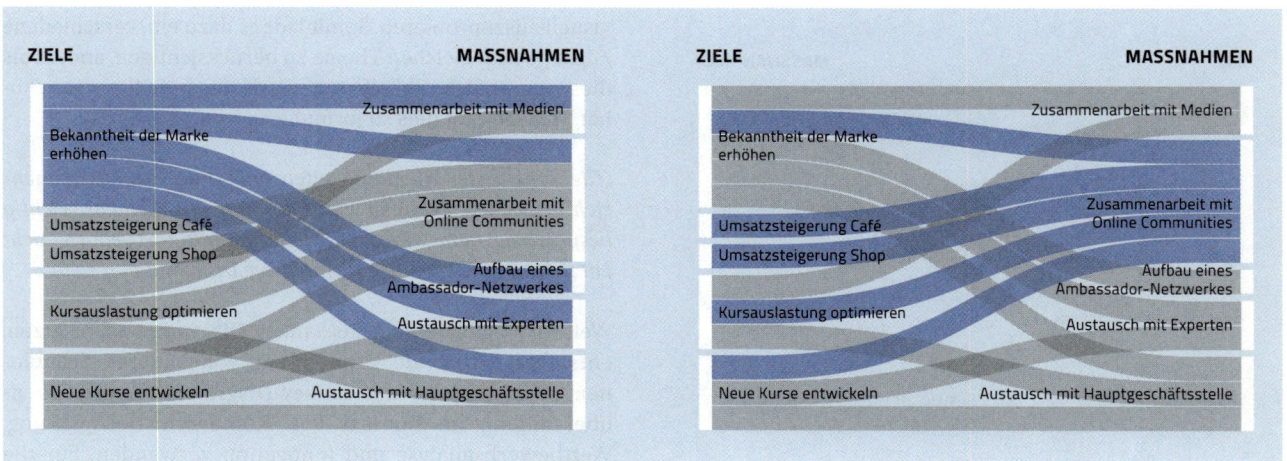

Abbildung 73: Sankey-Diagramm mit Hervorhebung der beiden Faktoren mit den meisten Verbindungen

Maßnahmen für das Café und den Shop entwickeln müssen. Was sie jedoch überrascht, ist die Erkenntnis, dass sie den Bereich „Fakultäts-Management" zwar als Funktion zum erfolgreichen Management der Weiterbildungseinrichtung kennen, jedoch keine Maßnahmen und keine Ziele dafür definiert haben. Dies bringt sie umgehend auf die Idee, ein neues Ziel „Sicherung der Kursqualität" zu formulieren und weitere Ziele und Maßnahmen für die Fakultät zu definieren.

Zum Schluss überlegen sich die drei, dass sie das Sankey-Diagramm als Basis für zukünftige Besprechungen der Maß-nahmen verwenden wollen. Hierbei soll die Reihenfolge der Maßnahmen entsprechend ihrer Verbindungen zu den Zielen eins nach dem anderen besprochen werden. Für diesen Zweck ändern die drei die Reihenfolge der Maßnahmen dynamisch nach der Anzahl der Verbindungen zu den Zielen (Abb. 76).

Das Sankey-Diagramm hat den Jungunternehmern neue Erkenntnisse gebracht und sie dynamisch in der Gesprächs-führung unterstützt. Insbesondere die punktuelle Hervorhebung von Verbindungen zu einem Faktor hat sie im Prozess wirkungsvoll unterstützt.

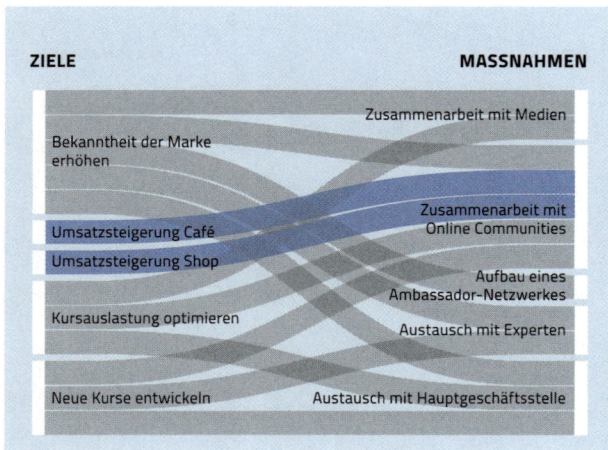

Abbildung 74: Sankey-Diagramm mit Hervorhebung der beiden Ziele mit nur einer Verbindung

Neben der Verwendung des Sankey-Diagramms für das Start-up hat dessen Verwendung in einem großen Einkaufsbetrieb u.a. dazu geführt, dass rein tabellarische Gegenüberstellungen nochmals grundlegend überdacht und anhand des Sankey-Diagramms neu ‚ausgehandelt' wurden. Anders als eine Tabelle lädt das Sankey-Diagramm nämlich dazu ein, Verbindungen bzw. Abhängigkeiten als dynamische und veränderbare Aspekte zu betrachten. Es motiviert die Betrachter, auch alternative Möglichkeiten zu erörtern und

visuell auszuprobieren. Somit lädt es dazu ein, verschiedene Zugänge zum gleichen Thema zu berücksichtigen, anders als dies eine einfache Tabelle tun würde. Ein beteiligter ranghoher Manager hat dies so formuliert:

„Die Tabelle der Abhängigkeiten haben wir gar nicht mehr richtig wahrgenommen und deshalb nicht mehr richtig besprochen. Dem Diagramm konnten wir uns jedoch nicht entziehen. Es entfachte eine intensive Diskussion."

Weitere Möglichkeiten, das Sankey-Diagramm einzusetzen, entstehen durch die Verwendung von anderen Schablonen. So können Sie das Sankey-Diagramm für die Gegenüberstellung im Kontext von Kommunikationsplanung, Wettbewerbsanalyse und Innovation verwenden. Für die Kommunikationsplanung können Sie die drei Faktoren Markenwert, Kommunikationsmaßnahmen und Stakeholder gegenüberstellen. So wissen Sie, welche Maßnahmen der Kommunikation welche Stakeholder anspricht und welcher Markenwert dadurch vertreten wird. Für die Analyse des Wettbewerbs können Sie die Wettbewerber, deren Leistungsangebot und Kundengruppen gegenüberstellen, um so herausfinden, wo sich besonders viele Wettbewerber aufhalten und wo es wenige gibt. Für den Bereich Innovation können Sie das Sankey-Diagramm dazu verwenden, Zukunftstrends, Produkte und Zielgruppen gegenüberzustellen. So können Sie erkennen, welche Produkte aus wel-

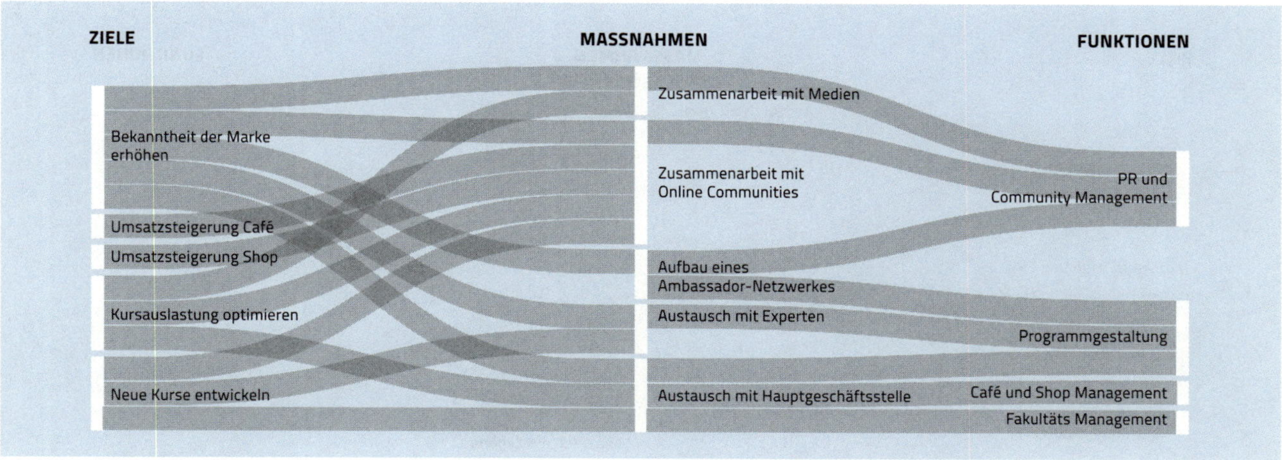

ZIELE　　　　　　　　MASSNAHMEN　　　　　　　FUNKTIONEN

Bekanntheit der Marke
erhöhen

Umsatzsteigerung Café

Umsatzsteigerung Shop

Kursauslastung optimieren

Neue Kurse entwickeln

Zusammenarbeit mit Medien

Zusammenarbeit mit
Online Communities

Aufbau eines
Ambassador-Netzwerkes

Austausch mit Experten

Austausch mit Hauptgeschäftsstelle

PR und
Community Management

Programmgestaltung

Café und Shop Management

Fakultäts Management

Abbildung 75: Sankey-Diagramm zur Gegenüberstellung von Zielen, Maßnahmen und Funktionen

chen Zukunftstrends abgeleitet sind und welche Zielgruppen Sie damit ansprechen.

Neben dem ausführlichen Beispiel des Sankey-Diagramms im Start-up, dem Beispiel in einem großen Einkaufsbetrieb und den Möglichkeiten zur Verwendungen anderer Schablonen, gibt es eine ganze Reihe von Varianten dieses Diagrammtypen, die wir Ihnen im nächsten Abschnitt vorstellen.

 **IV. Varianten**

Sie können Varianten des Sankey-Diagramms erstellen, indem Sie Stift und Papier verwenden, den Fokus auf die Stärke der Verbindungen legen, das Sankey-Diagramm mit geografischen Informationen kombinieren und ein Sankey-Diagramm metaphorisch darstellen. In diesem Abschnitt werden diese vier Varianten vorgestellt.

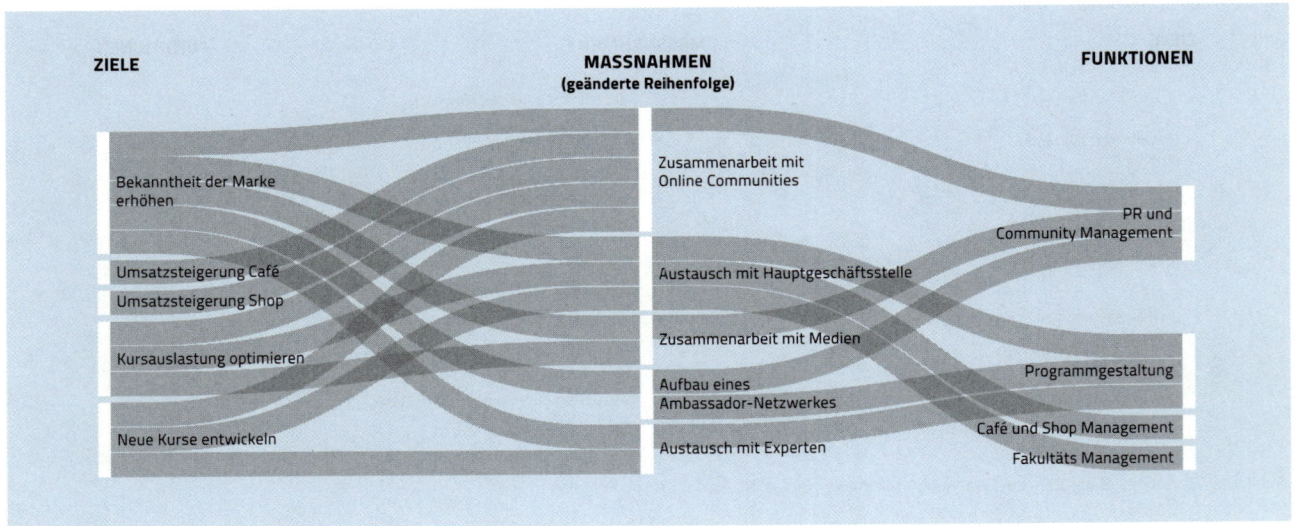

ZIELE   MASSNAHMEN (geänderte Reihenfolge)   FUNKTIONEN

Abbildung 76: Sankey-Diagramm mit geänderter Reihenfolge der Maßnahmen

Stift und Papier

Ergänzend oder alternativ zur digitalen Variante mithilfe einer Excel-Tabelle und HTML-Datei können Sie die analoge Variante wählen und mit Stift und Papier ein Sankey-Diagramm erstellen. Dies hilft vor allem Ihrem Verständnis für die Verbindungen und Abhängigkeiten.

Die Jungunternehmer erstellen ein Sankey-Diagramm mit Stift und Papier, um die fünf vorgeschriebenen Themen und

ihre Ideen für zehn Kurse gegenüberzustellen. Sie wollen damit überprüfen, ob sie mit dem Kursangebot alle Themen in gleichem Maße abdecken. Hierfür notieren sie zunächst die Themen auf der linken Seite und die Kurse auf der rechten Seite (Abb. 77, links). Anschließend verbinden sie die Kurse mit den Themen, indem sie jeden Kurs nacheinander durchgehen und sich überlegen, welche Themen damit abgedeckt werden (Abb. 77, mitte). Zuletzt markieren Sie die Anzahl der

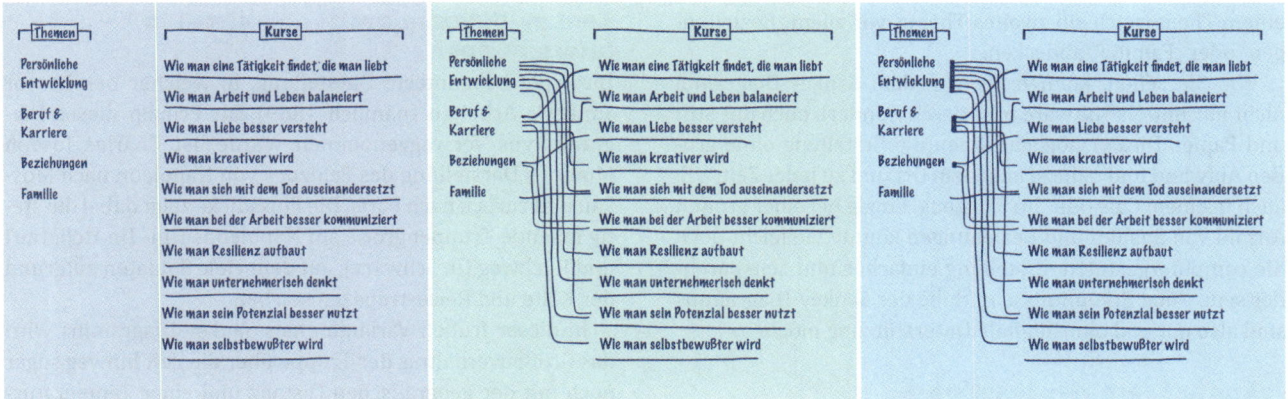

Abbildung 77: Erstellen eines Sankey-Diagramms mit Stift und Papier in drei Schritten

Verbindungen für jedes Thema und jeden Kurs, um so schneller einen Überblick zu haben, welcher Faktor wie viele Verbindungen hat (Abb. 77, rechts).

Auf diese Weise haben sich die drei schrittweise die Verbindungen und damit eine Übersicht erarbeitet. Sie schauen auf das Ergebnis (Abb. 77, rechts) und sind sehr zufrieden aber gleichzeitig auch sehr unzufrieden. Zufrieden sind sie darüber, dass sie wieder sehr schnell einen Überblick und auf einen Blick neue Erkenntnisse gewonnen haben. Über die Erkenntnisse sind sie jedoch nicht sonderlich erfreut. Sie erkennen, dass vor allem das Thema „Persönliche Entwicklung" mit sieben Kursen sehr gut vertreten ist, ebenso ist es das Thema „Beruf & Karriere" mit vier Kursen. Sie sehen jedoch gleichzeitig, dass die beiden Themen „Beziehungen" und „Familie" mit zwei bzw. einem Kurs sehr untervertreten sind. Das möchten sie unbedingt ändern und überlegen sich daher neue Ideen für Kurse, die inhaltlich mit Beziehung und Familie zu tun haben. Zugleich erkennen sie, dass sich die meisten Kurse gerade mal auf ein Thema beziehen und nur vier Kurse jeweils zwei Themen behandeln. Sie beschließen, auch diese neue Erkenntnis in ihre Ideenfindung zu integrieren, in dem sie nicht nur über neue Kurse nachdenken, sondern auch bestehende Kurse so anpassen, dass sie neben einem Thema auch ein zweites Thema, vor allem „Beziehungen" oder „Familie", abdecken.

Wie Sie sehen, können Sie von dem Sankey-Diagramm nicht nur mittels Software profitieren, sondern auch mit Stift und Papier. Dies ermöglicht Ihnen die Erstellung ohne großen Aufwand und nahezu an jedem Ort und zu jeder Zeit, z.B. auch in einem Café oder im Flugzeug. Einzig bei einer großen Anzahl von Spalten und Beziehungen könnte vielleicht doch die computergestützte Erstellung einfacher und zeitsparender sein. Neue Erkenntnisse mithilfe des Sankey-Diagramms sind also mit und ohne digitale Unterstützung möglich.

Fokus auf Verbindungsstärke

Neben der analogen Variante können Sie sich von Varianten für die digitale Version inspirieren lassen. Sie haben es vielleicht bemerkt: In den beiden Beispielgrafiken haben wir die Verbindungslinienstärke bisher noch nicht variiert. Ein Sankey-Diagramm kann jedoch genau das tun, wie Sie in der nächsten Abbildung (Abb. 78) erkennen können. Es zeigt die Einnahmen und Ausgaben der US-Regierung sowie das daraus resultierende Budgetdefizit.

Beim Betrachten dieses Sankey-Diagramms sehen Sie auf einen Blick, dass mehr ausgegeben als eingenommen wird. Zudem sehen Sie sofort, dass in den USA viel mehr Steueraufkommen von Einzelpersonen als von Firmen generiert wird. Sie erkennen ebenfalls sofort, dass Verteidigung der größte Ausgabenposten der US-Regierung ist (Abb. 78).

Sankey-Diagramm mit geografischen Informationen

Die wohl bekannteste Darstellung, in welcher bereits vor Sankey's Arbeiten (nämlich 1869) das Prinzip dieses Diagrammtyps vorweggenommen wurde, ist Charles Joseph Minard's Darstellung des Feldzugs von Napoleon nach Moskau und zurück nach Paris. Die Flussdicke zeigt dabei die stetig fallende Truppengröße auf Napoleons Hin- (in Hellgrau) und Rückweg (in Schwarz), auf dem viele Soldaten aufgrund der Kälte und Reisestrapazen starben.

In dieser frühen Variante eines Sankey-Diagramms wird das Größenverhältnis der Truppe über die Zeit hinweg sogar noch mit der geografischen Distanz und einer Temperaturkurve, ganz unten im Diagramm kombiniert (Abb. 79).

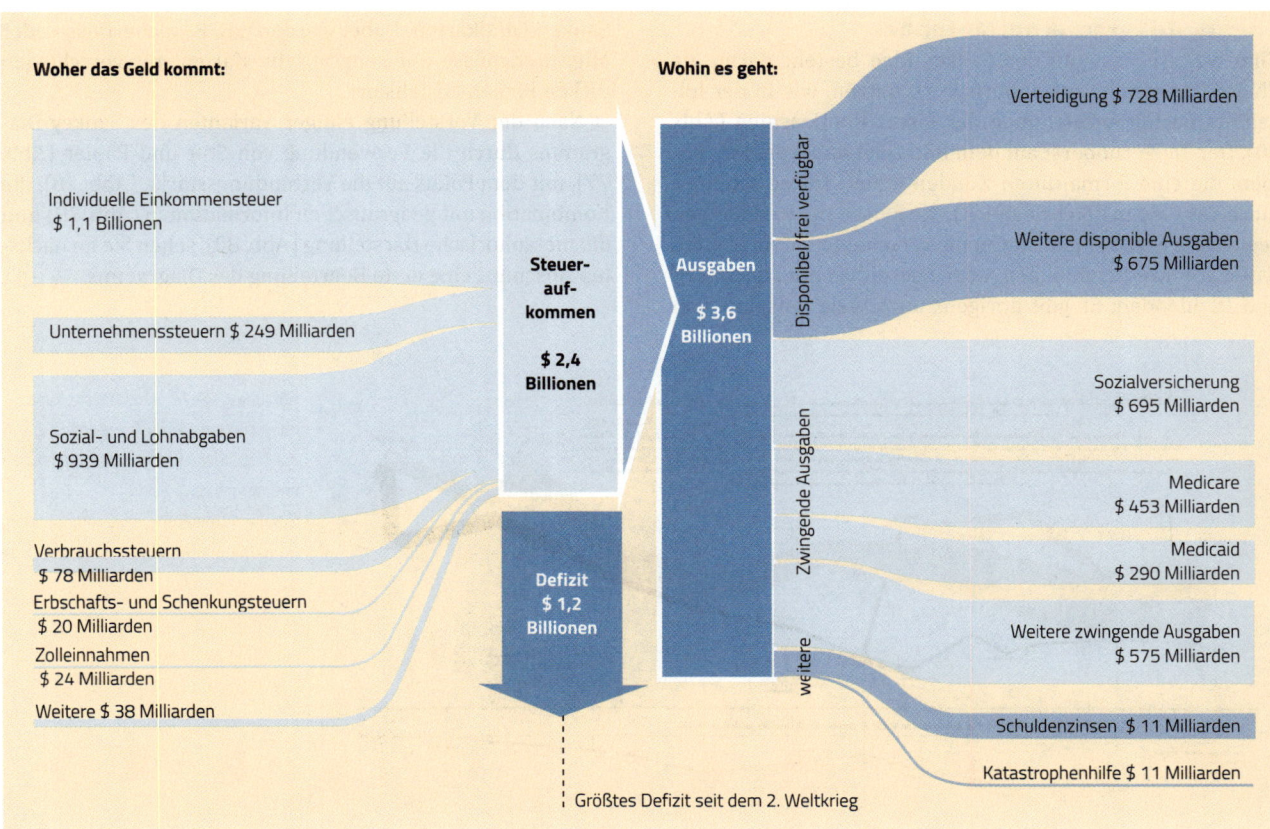

Woher das Geld kommt:

Wohin es geht:

Individuelle Einkommensteuer
$ 1,1 Billionen

Steuer-
auf-
kommen

$ 2,4
Billionen

Ausgaben

$ 3,6
Billionen

Verteidigung $ 728 Milliarden

Disponibel/frei verfügbar

Weitere disponible Ausgaben
$ 675 Milliarden

Unternehmenssteuern $ 249 Milliarden

Sozial- und Lohnabgaben
$ 939 Milliarden

Sozialversicherung
$ 695 Milliarden

Zwingende Ausgaben

Medicare
$ 453 Milliarden

Verbrauchssteuern
$ 78 Milliarden

Erbschafts- und Schenkungsteuern
$ 20 Milliarden

Medicaid
$ 290 Milliarden

Zolleinnahmen
$ 24 Milliarden

Defizit
$ 1,2
Billionen

Weitere zwingende Ausgaben
$ 575 Milliarden

Weitere $ 38 Milliarden

weitere

Schuldenzinsen $ 11 Milliarden

Katastrophenhilfe $ 11 Milliarden

Größtes Defizit seit dem 2. Weltkrieg

Abbildung 78: Ein Einnahmen-Ausgaben Sankey-Diagramm aus den USA (Darstellung mit freundlicher Genehmigung von www.e-sankey.com)

Sankey-Diagramm als Metapher

Eine weitere Variante der Sankey-Idee besteht darin, die Flüsse-Darstellung metaphorisch zu nutzen, wie in der folgenden Cashflow-Zeichnung der Firma Rootlearning (Abb. 80). Der Teich zuoberst auf dem Bild zeigt dabei die Einnahmen, die eine Firma durch Kunden erzielt (diese schütten quasi das Geld in den Erlösteich). Die Flüsse, die vom kleinen See wegfließen, symbolisieren die verschiedenen Ausgabentypen von Kreditzahlungen, über Spesen bis hin zu Steuern und Dividenden. Es gibt übrigens auch viele Beispiele von Sankey-Landkarten. Dabei werden z.B. Besucherflüsse oder Migrationsflüsse auf geografische Karten mit verschieden dicken Pfeilen visualisiert.

Nach der Vorstellung einiger Varianten des Sankey-Diagramms durch die Verwendung von Stift und Papier (Abb. 77), mit dem Fokus auf die Verbindungsstärke (Abb. 78), die Kombination mit geografischen Informationen (Abb. 79) und die metaphorische Darstellung (Abb. 80), sehen Sie im nächsten Abschnitt eine erste Beurteilung des Diagramms.

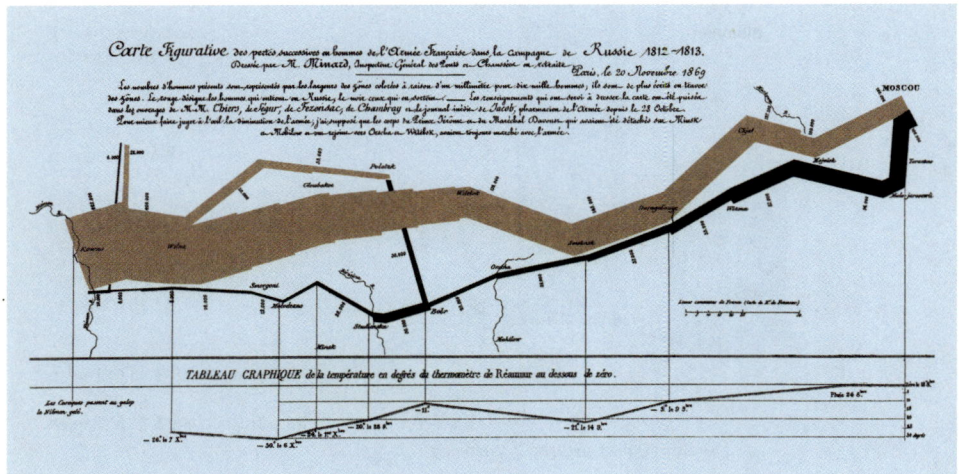

Abbildung 79: Minards Darstellung der (schwindenden) Truppengröße auf Napoleons Feldzug nach Moskau und zurück nach Paris (Quelle: https://de.wikipedia.org/wiki/Datei:Minard.png)

Abbildung 80: Die Einnahmen und Ausgaben einer Unternehmung dargestellt anhand einer Flussmetapher (Verwendung mit freundlicher Genehmigung von www.rootinc.com)

V. Beurteilung des Dynagrams

Das Sankey-Diagramm kann Ihnen auf schnelle Weise neue Erkenntnisse vermitteln, dazu können Sie Software oder einfach Stift und Papier verwenden (Abb. 77). Sie können Verbindungen und Abhängigkeiten zwischen zwei oder drei verschiedenen Themen analysieren, durch Erkenntnisse neue Handlungsmöglichkeiten entdecken und diese motiviert umsetzen. Die drei Dynagramsprinzipien nutzen wir dabei wie folgt:

Schablone: Das Sankey-Diagramm gibt vor, dass Sie gewisse Themenblöcke mit den jeweiligen Faktoren miteinander verbinden können. Dabei können Sie die Themenblöcke grundsätzlich frei wählen. Um auf bewährte Strukturen und Kategorien für Sankey-Diagramme zurückzugreifen, können sich von den hier vorgestellten Beispielen und Varianten inspirieren lassen und zusätzlich durch eine Google-Bildersuche auf weitere Inspirationen treffen.

Leitfaden: Die schrittweise Erstellung eines Sankey-Diagramms strukturiert Gespräche, indem zunächst die zwei oder drei Themenblöcke mit den jeweiligen einzelnen Faktoren notiert werden. Im Anschluss verbinden Sie die Faktoren miteinander und betrachten die Verbindungen in Hinblick auf neue Erkenntnisse. Zudem können Sie durch das punktuelle Hervorheben von Verbindungen und durch das Verschieben der Reihenfolge der Faktoren das Gespräch dynamisieren.

Einblick: Mit einem Sankey-Diagramm erkennen Sie auf einen Blick, welche Faktoren viele, wenige oder keine Verbindungen haben (Abb. 75), damit können Sie Schlüsse über die große, kleine, oder fehlende Bedeutung der einzelnen Faktoren ziehen. Wenn Sie die Anzahl der Verbindungen eines Faktors ins Verhältnis zu seiner Position in der Reihenfolge eines Themenblocks stellen, dann gibt Ihnen das weitere Hinweise: Hat z. B. ein wichtiges Ziel nur wenige Verbindungen zu Maßnahmen hat, dann hat dies Auswirkungen auf Ihre zukünftige Planung. Aus den Erkenntnissen ergeben sich in der Regel neue Handlungsimpulse, wie z. B. die Überlegung über ein Angebot von neuen Kursen (Abb. 77).

Fairerweise muss man aber zugeben, dass das Sankey-Diagramm trotz seiner großen Vorteile nicht jedermanns Sache ist. Es kann schnell unübersichtlich werden, wenn die Anzahl der Faktoren und Verbindungen sehr hoch ist und dadurch ein Sankey-Spaghetti-Diagramm entsteht.

Dennoch ist es in vielen Situationen eine wahre Maschine zur Erzeugung von Aha-Effekten und kann wichtige Muster erkennbar machen, die man vorher nicht erahnte. Die folgenden Zitate verdeutlichen die Einschätzung typischer Benutzer.

Anna Lyse: „Ich finde es klasse, dass ich hier viele komplexe Abhängigkeiten darstellen und dann überblicken kann. Klar überfordert dies manchmal andere Menschen, die nicht an der Erstellung des Diagramms beteiligt gewesen sind. Aber für uns Experten ist dies ein mächtiges Analysewerkzeug. Die meisten Nichtexperten verstehen das Sankey übrigens schon besser, wenn Sie ein wenig damit herumspielen können."

Kai Zit: „Schon der Prozess des Erstellens eines Sankeys hilft uns, Fehler in unserem Denken zu entdecken und zu korrigieren. Auf Papier funktioniert das Diagramm jedoch weniger gut als in seiner interaktiven, computerbasierten Verwendung. Wir nutzen das Sankey deshalb vor allem bei der Arbeit in Gruppen vor einem Großbildschirm."

Wie sieht nun Ihre Bewertung aus? Ist es Ihnen zu komplex oder können Sie sich vorstellen das Sankey-Diagramm bald einmal selbst anzuwenden?

Geben Sie eine vorläufige Bewertung auf der Innenseite des Buchdeckels jetzt ab.

VI. Fazit & erste Schritte

Eine komplexe Welt zu meistern, das bedeutet heute vor allem vielfältige Verbindungen und Abhängigkeiten verstehen und berücksichtigen zu können. Das Sankey-Diagramm bietet Ihnen hierfür ein bewährtes – jedoch nach wie vor wenig bekanntes – Werkzeug. Geben Sie ihm eine Chance und entdecken Sie, wie aus Informationen mit ein wenig Visualisierung plötzlich Aha-Momente werden.

Um das große Potenzial von Sankey-Diagrammen für Ihre eigene Praxis zu entdecken, empfehlen wir Ihnen, erste Versuche als einfache Handskizzen auf einem Blatt Papier zu erstellen. Folgen Sie dazu den drei Schritten, die zur Erstellung von Abbildung 77 notwendig waren. Danach können Sie versuchen, Ihre Sankeyskizze mit einem Tool wie Excel oder Sankey Matic (www.sankeymatic.com/build) zu professionalisieren und danach interaktiv damit zu arbeiten.

Falls Ihnen dies noch zu kompliziert erscheint, so können Sie die Bildersuche von Google nutzen und sich mit der Eingabe ‚Sankey‘ einmal verschiedene Beispiele dieser Diagrammform in Ruhe zu Gemüte führen. Das inspiriert Sie vielleicht und führt Sie möglicherweise bereits zu konkreten Ideen, wie Sie dieses dynamische Diagramm für Ihre Aufgaben gezielt nutzen können.

Weitergedacht

_ Schmidt, M. (2012). Visualisierung von Energie- und Stoff¬strömen. In: Hauff, M., Isenmann, R., Müller-Christ, G. (Hrsg.). Industrial Ecology Management: Nachhaltige Entwicklung durch Unternehmensverbünde. Wiesbaden: Springer Gabler, 257-272.

zum Rating (Einklappseite)

DAS MINTZBERG-DIAGRAMM

In alle Richtungen denken

Denkdimensionen:  Überblick und Detail

 Ist und Soll

 Vergangenheit und Zukunft

 Quantitativ und Qualitativ

 Divergent und Konvergent

Kernprinzip: Schablone

 Leitfaden

Anwendungsfelder: Strategieanalyse, Strategieplanung, Strategieumsetzung, Unternehmensstrategie, Geschäftsfeldstrategie, persönliche Strategie (Vitapreneur)

I. Hintergrund, Kernidee und Anwendungsbereiche

Strategien können sehr abstrakt und wenig greifbar sein. Wäre es nicht toll, wenn Sie eine Strategie wie ein Auto auf eine Hebebühne hieven könnten, um die Strategie von allen Seiten zu analysieren? Der von Henry Mintzberg vorgeschlagene Ansatz der *Strategie als Sehen* ermöglicht Ihnen ein derartiges umfassendes Verständnis Ihrer Strategie. Wenn Sie sieben Sichtweisen auf ein Strategiethema beachten, dann können Sie strategische Erfolge erreichen.

Hochwertiges strategisches Denken entsteht durch Perspektivenwechsel. Mithilfe der Metapher des Sehens können Sie diesen Perspektiven- oder Moduswechsel im eigenen Denken einfach vollziehen. Statt nur an Details in der Gegenwart zu bedenken, regt Sie der Ansatz dazu an, auch die gesamte Branche zu betrachten, inklusive ihrer historischen und zukünftigen Entwicklung. Er fordert Sie dazu auf, in Varianten zu denken und von ganz anderen Unternehmen zu lernen.

Mintzberg hat in einem seiner früheren Bücher, der *Strategie Safari* einige der wichtigsten Strategieschulen zusammengefasst und deren jeweiligen Stärken und Schwächen beurteilt. Mit dem Modell von *Strategie als Sehen* versucht er nun, einen einfachen aber doch umfassenden Strategieansatz zu präsentieren, der ohne den großen Theorieüberhang der anderen Schulen auskommt. Ihm war es seit jeher ein

Anliegen, ein ganzheitliches Verständnis von Strategie zu fördern. Neben seinem bekannten Konzept Strategie als 5Ps (Position, Perspektive, Plan, Play/Manöver, Pattern/Verhaltensmuster), bietet der Strategie als Sehen-Ansatz Managern die Möglichkeit, ihr strategisches Denken zu variieren und auf Vollständigkeit zu überprüfen. Wir nennen dies das Mintzberg-Diagramm oder strategisches Denken in einem Bild.

Sie können das Konzept auf Unternehmensstrategien, auf Geschäftsfeldstrategien und auch auf sich selbst als Unternehmer des eigenen Lebens, als Vitapreneur, anwenden. Aber wie können Sie die von Mintzberg vorgeschlagenen sieben Perspektiven nutzen und auf die (eigene) Strategie anwenden? Die Antwort auf diese Frage gibt die Beschreibung des Vorgehens im nächsten Abschnitt.

▊▊. Vorgehen

Verändern Sie bei strategischen Analysen und Entscheidungen Ihre Perspektive, und zwar indem Sie Ihren Fokus systematisch durch die folgenden sieben Perspektiven variieren. Damit die Erstellung eines Mintzberg-Diagramms gelingt und einen echten Mehrwert schafft, empfehlen wir Ihnen zunächst, den Ist-Zustand und Soll-Zustand zu formulieren, um danach die sieben Perspektiven zu berücksichtigen.

Abbildung 81: Von Ist-Zustand zum Soll-Zustand mit einer Strategie, aber welcher?

Beginnen Sie mit der Beschreibung des Ist-Zustands (Ausgangslage, von wo Sie starten möchten) und des Soll-Zustands (Ziel, zu dessen Erreichung die Strategie erstellt werden soll) (Abb. 81). Je konkreter Sie den Soll-Zustand definieren und beschreiben, desto konkreter und effektiver werden Ihnen die Perspektiven für Ihre Strategie helfen können.

1. **Ist-Zustand definieren (Gegenwart):** Beschreiben Sie den gegenwärtigen Ist-Zustand der Situation (Beispiel: Ich bin unproduktiv und nutze noch nicht alle Möglichkeiten des Selbst-Managements. Oder: Wir haben einen Marktanteil von unter fünf Prozent in unserem Markt.) **Schlüsselfrage: Wie ist die Ausgangslage?**

„Planung ist Analyse, Strategie ist Synthese."

HENRY MINTZBERG

2. **Soll-Zustand definieren (Zukunft):** Beschreiben Sie den zukünftigen Soll-Zustand der Situation (Beispiel: Ich bin sehr produktiv und beherrsche die Prinzipien des Selbst-Managements. Oder: Wir erreichen als Unternehmung zehn Prozent Marktanteil binnen drei Jahren.) **Schlüsselfrage: Wie lautet das Ziel?**

Die Beschreibung des gegenwärtigen Zustands und des Ziels sind die Grundlage für die Entwicklung der Strategie, die dazu dient, das beschriebene Ziel zu erreichen. Doch wie wollen Sie die Strategie und deren einzelne Schritte planen? Was kann Ihnen dabei helfen?

Neben einem guten Bauchgefühl für die Beurteilung der strategischen Situation, können Sie die vorgeschlagenen Perspektiven von Henry Mintzberg verwenden, um systematisch über Ihre Strategie nachzudenken und Stimulanz für die strategische Planung zu erhalten. Sie wenden dabei die folgenden Perspektiven einzeln, paarweise oder alle zusammen an.

Denken Sie in Stereo über Ihre Strategie nach, indem Sie sich von den folgenden Stereo-Paaren inspirieren lassen:

Vogelperspektive und Fakten

Betrachten Sie die Strategie ganzheitlich von oben, aus der Vogelperspektive mit dem Gesamtmarkt im Blick, und beachten Sie auch von unten die faktenbasierten Details (Abb. 82).

1. **Von oben sehen (Vogelperspektive):** Nehmen Sie die Vogelperspektive ein und verschaffen Sie sich eine Gesamtschau auf den Kontext, beispielsweise durch die Analyse Ihres Gesamtmarkts. Was sind die wesentlichen positiven und negativen Faktoren, die Ihre heutige unternehmerische Situation beeinflussen? **Schlüsselfragen: Welche positiven und negativen externen Faktoren beeinflussen meine Strategie?**

2. **Von unten sehen (Fakten):** Nehmen Sie sich Ihre Kostenrechnung vor und analysieren Sie genau, wo Sie Geld verdient und wo Sie welches verloren haben, notieren Sie dies jeweils im positiven und negativen Bereich, beispielsweise durch eine genaue Analyse der eigenen Verkaufs- und Kostenzahlen. Wo sind Ihre Kosten zu hoch? Welche Muster erkennen Sie aus Ihren Verkaufsstatistiken? **Schlüsselfragen: Welche positiven und negativen internen Faktoren beeinflussen meine Strategie?**

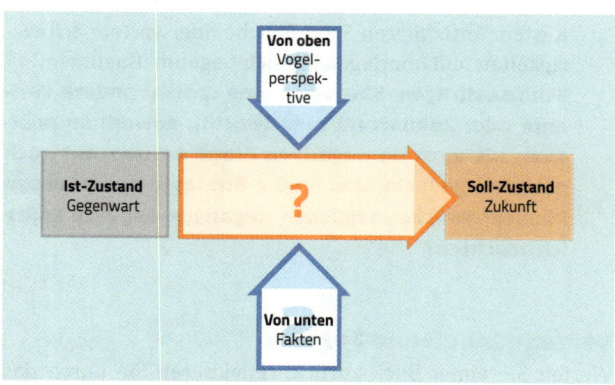

Abbildung 82: Vogelperspektive und Fakten

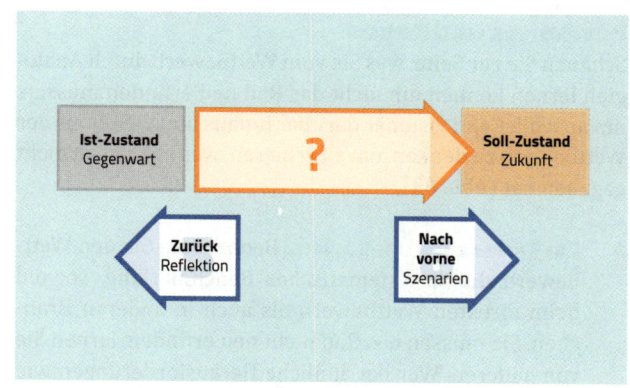

Abbildung 84: Vergangenheit und Zukunft

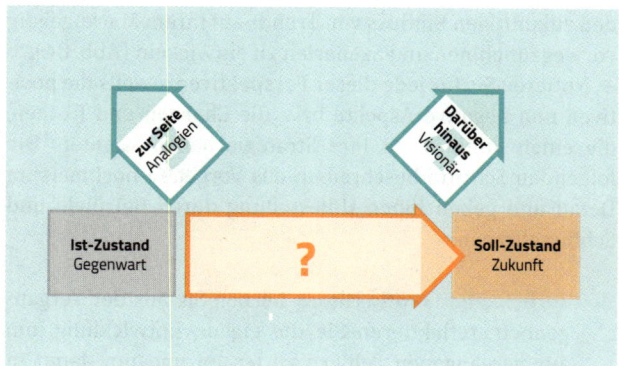

Abbildung 83: Bewährtes und Neues

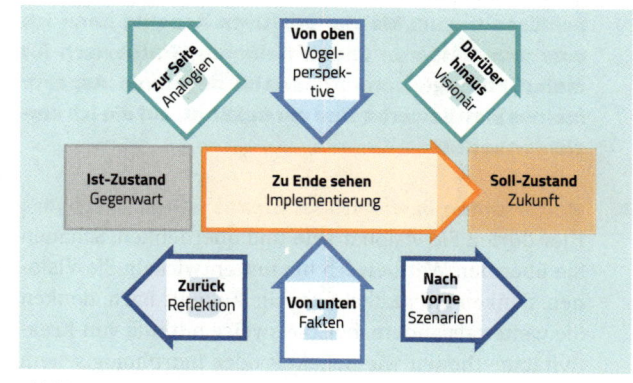

Abbildung 85: Zu Ende sehen

Bewährtes und Neues

Schauen Sie zur Seite, was Sie vom Wettbewerb durch Analogien lernen können um nicht das Rad neu erfinden müssen, um anschließend visionär darüber hinaus und weiter als der Wettbewerb zu denken, um zu eruieren, was es so noch nicht gegeben hat (Abb. 83).

3. **Zur Seite sehen (Analogien):** Beobachten Sie den Wettbewerb durch systematisches Benchmarking, sowohl beim direkten Wettbewerb als auch in anderen Branchen. Sie müssen das Rad nicht neu erfinden, lernen Sie von anderen. Wer hat ähnliche Herausforderungen wie Sie in einer anderen Branche gemeistert? Welche Strategien haben nicht funktioniert?
   Schlüsselfragen: Welche positiven Aspekte kann ich vom unmittelbaren und mittelbaren Wettbewerb für meine Strategie lernen? Welche negativen Aspekte meines Wettbewerbs sind mir bekannt, auf die ich verzichten sollte?

4. **Weiter sehen bzw. darüber hinaus sehen (Visionär):** Hier dürfen Sie visionär sein und querdenken. Schauen Sie über den Wettbewerb hinaus, entwickeln Sie Visionen, denken Sie radikal über die Zukunft nach, denken Sie weiter als andere, beispielsweise mithilfe von Kreativitätsmethoden wie Synektik oder morphologischem Kasten. Antizipieren Sie mögliche unerwartete Schwierigkeiten und überlegen Sie sich Gegenmaßnahmen.
   Schlüsselfragen: Was wäre eine radikal andere Variante oder Zukunft (Alternativsicht), sowohl im positiven als auch im negativen Sinn? An was hat noch niemand gedacht, das meine Strategie beeinflussen könnte? Welche möglichen negativen Aspekte sollte ich beachten?

Vergangenheit und Zukunft

Werfen Sie einen Blick zurück, reflektieren Sie durch das zurücksehen Ihre Entwicklung inklusive vergangener Entscheidungen Ereignisse und schauen Sie nach vorne, um den zukünftigen Einfluss von Trends auf Ihrem Markt geistig vorwegzunehmen und Szenarien zu entwickeln (Abb. 84).

Notieren Sie für jede dieser Perspektiven jeweils die positiven und negative Aspekte bzw. die Chancen und Risiken, die einen Einfluss auf Ihre Strategie haben könnten. Die folgenden Schritte beschreiben das Vorgehen nochmals im Detail und geben Ihnen Hilfestellung durch Beispiele und Schlüsselfragen:

5. **Zurücksehen (Reflektion):** Lernen Sie aus der Vergangenheit, reflektieren Sie die eigene Entwicklung, um aus vergangenen Fehlern zu lernen und um damit in Zukunft besser umgehen zu können. Analysieren Sie

die strategischen Entscheide und Ereignisse der letzten Jahre: Was hat gut funktioniert, was weniger? Beispielsweise, indem Sie die Strategie durch eine Ereignisanalyse visualisieren. Welche Muster oder typischen strategischen Reaktionen erkennen Sie daraus?

Schlüsselfrage: Was kann ich aus der eigenen Vergangenheit für die Zukunft lernen?

6. **Nach vorne sehen (Planung):** Fokussieren Sie sich zunächst auf die möglichen zukünftigen kurz-, mittel- und langfristige Entwicklungen in Ihrem Markt und den Einfluss von Trends. Welche technologischen, regulatorischen oder gesellschaftlichen Trends könnten einen Einfluss auf Ihren Markt haben? Entwickeln Sie positive und negative Szenarien für Ihre Zukunft.
Schlüsselfragen: Welche Marktentwicklungen und Trends beeinflussen Ihre Strategie? Welche positiven und negativen Szenarien könnten sich daraus für meinen Markt bzw. für mich ergeben?

Das gedankliche Durchgehen und Beschreiben der positiven und negativen Aspekte dieser sechs Perspektiven bereitet Sie optimal vor, um im nächsten Schritt „zu Ende" zu sehen und die Implementierung der Strategie in Angriff zu nehmen.

Zu Ende sehen

Berücksichtigen Sie dabei die Angaben, die Sie zu den ersten sechs Perspektiven notiert haben. Verbinden Sie einzelne Elemente aus den sechs Perspektivenpfeilen (Von oben, von unten, zur Seite, darüber hinaus, zurück, nach vorne) mit den Strategieschritten im Planungspfeil (zu Ende), um deren Beeinflussung zu visualisieren (Abb. 85).

7. **Zu Ende sehen (Implementierung):** Überlegen Sie sich, wie Sie sicherstellen können, dass die Umsetzung der Strategie vorwärts geht, dass Schritte zur Erreichung des Soll-Zustands kurzfristig, mittelfristig und langfristig geplant und erreicht werden und wie diese nachgehalten und umgesetzt werden können, beispielsweise durch visuelles Monitoring oder ein Belohnungssystem.
Schlüsselfragen: Welche Schritte planen Sie zur Erreichung des Soll-Zustands? Welche Elemente können Sie verstetigen, die Sie bei der Umsetzung der Strategie unterstützen?

Überprüfen oder erweitern Sie Ihr eigenes strategisches Denken anhand dieser sieben komplementären Perspektiven. Sie finden auf der Website zu diesem Buch eine gratis Vorlage dieses Diagramms. Im folgenden Abschnitt sehen Sie die Anwendung des Diagramms anhand von zwei Praxisbeispielen.

III. Praxisbeispiel

In diesem Teil folgen zwei Beispiele, in denen umgesetzt wird, wie Sie das Mintzberg-Diagramm anwenden können. Am Beispiel einer Event-Agentur zeigen wir den Einsatz des Diagramms für Strategien in Organisationen. Im zweiten Beispiel werden Sie sehen, wie Sie das Diagramm auch für Personen verwenden können, indem Sie als Unternehmer in eigener Sache, als Vitapreneur, handeln.

Strategiedialog in einer Event Agentur

Der Eigentümer einer Agentur ist eigentlich zufrieden mit der Veranstaltung von IT-Anlässen, sieht jedoch die Möglichkeit, die Organisation von Events auch in anderen Branchen durchzuführen. Zusätzlich haben ihm einige Freunde und Geschäftspartner in letzter Zeit zu dieser Erweiterung geraten. Er möchte sich jedoch nicht blind in diese scheinbar attraktive Möglichkeit stürzen, sondern sich mit seinem Team und mit Unterstützung des Mintzberg-Diagramms systematisch zu dieser neuen Strategie Gedanken machen. Er organisiert zusammen mit seinem Team einen Strategie-als-Sehen-Workshop, um das Team für die Strategiearbeit zu begeistern und zu sensibilisieren. Er möchte eruieren, wie sich die Agentur ihre Tätigkeiten von einem Fokus auf IT (Ist-Zustand) auf andere Branchen ausweiten könnte (Soll-Zustand).

Zu Beginn des Workshops schaut das Team von oben auf den Gesamtmarkt der Eventbranche und notiert sowohl die Chancen als auch die wichtigsten Risiken und Bedrohungen. Dann fordert der Eigentümer das Team auf, von unten auf die Fakten zu schauen und die Finanzzahlen der vergangenen Anlässe zu analysieren.

Danach bittet er sein Team, zur Seite zu schauen und sich zu fragen, wie andere Unternehmen in der Event-Branche und in anderen Branchen mit ähnlichen Herausforderungen umgehen. Das Team diskutiert, ob sich die Praktiken andere auf die eigene Organisation übertragen lassen. Im Anschluss denkt das Team darüber hinaus und überlegt, was sie machen könnten, das noch keine andere Event-Agentur versucht hat. Hier haben alle Mitglieder des Teams die Möglichkeit, verrückte Ideen zu präsentieren.

Jetzt lässt der Eigentümer das Team zurücksehen: Mit einem Zeitstrahl an einem großen Poster wird Rückschau gehalten und die wichtigsten Entscheide und Ereignisse der letzten vier Jahre passieren Revue. Als letzte Aktivität blickt das Team zusammen nach vorne und entwickelt vier Szenarien für die nächsten fünf Jahre der Firmenentwicklung.

Zum Schluss des Workshops lädt er sein Team dazu ein, die Inspiration der sechs Perspektiven zu nutzen, um zu Ende zu denken und konkrete kurz-, mittel-, und langfristige Maßnahmen für die Strategie zu erarbeiten.

Nach der Bearbeitung der sieben Perspektiven blickt das Team erneut auf das Diagramm (Abb. 86) und stellt fest, dass

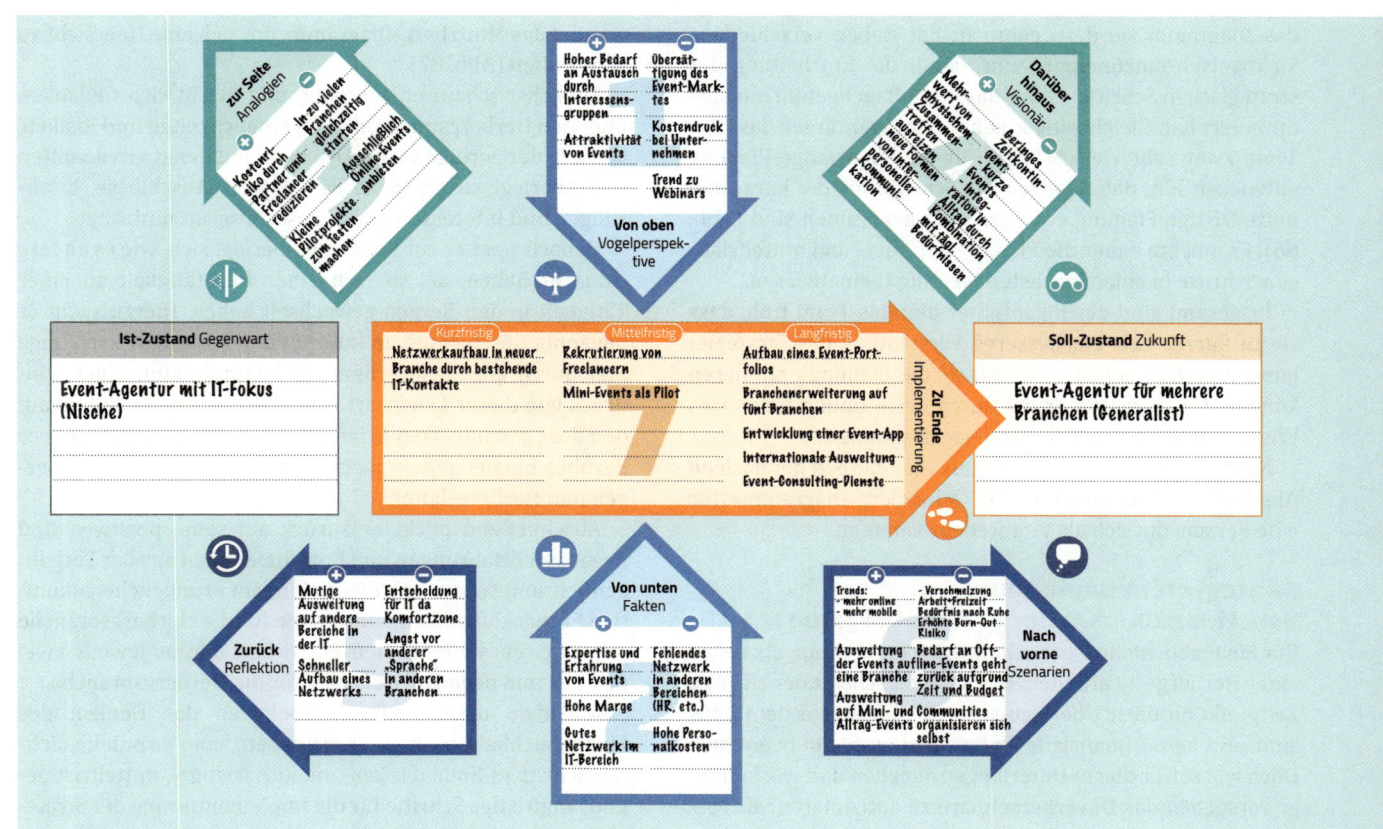

Abbildung 86: Beispiel des Mintzberg-Diagramms für eine Event Agentur

das Diagramm sie dazu gebracht hat sieben verschiedene Sichtweisen einzunehmen und damit die Erarbeitung der strategischen Schritte – über das reine Bauchgefühl hinaus - optimiert hat. Gleichzeitig erkennt der Eigentümer, dass das Team zwar sehr viele Schritte für die langfristige Planung entwickelt hat, dabei jedoch die Schritte für die kurz- und mittelfristige Planung etwas zu kurz gekommen sind (Abb. 86). Er möchte daher die Planung der kurz- und mittelfristigen Schritte in einem nächsten Meeting thematisieren.

Insgesamt sind der Eigentümer und das Team froh, dass sie in kurzer Zeit ein besseres Verständnis des Strategiekontexts erhalten haben, womit sie die Planung optimieren können. Der Eigentümer hat durch diese Übung fundiertes Wissen über die mögliche Strategie gesammelt.

Nach diesem Beispiel für Organisationen zeigt der nächste Abschnitt die Anwendung des Mintzberg-Diagramms für eine Person, die sich als Vitapreneur versteht.

Strategie für Vitapreneurs – Vom Finanzbuchhalter zum Herbergsleiter

Ein Finanzbuchhalter hat schon lange den Traum, als Leiter einer Herberge zu arbeiten. Gerade jetzt scheint der richtige Zeitpunkt für diese Überlegung, da die Kinder aus dem Haus sind und keine finanzielle Unterstützung mehr benötigen. Doch wie soll er dieses Unterfangen angehen und wie könnte er versuchen das Unvorhersehbare zu antizipieren? Er verwendet das Mintzberg-Diagramm, um sich eine Übersicht zu verschaffen (Abb. 87).

Zunächst schaut er von oben und macht sich Gedanken über den Herbergsmarkt, dessen Möglichkeiten und Risiken, wie z. B. der geringe Lohn. Anschließend denkt er von unten und überlegt sich, welche Fähigkeiten, Abschlüsse, Erfahrungen und Interessen er für diese Tätigkeit mitbringt.

Danach sieht er zur Seite und überlegt sich, wie es andere gemacht haben, als sie von einer Bürotätigkeit zu einer Tätigkeit in den Bergen gewechselt haben. Hierzu sucht er bekannte Geschichten im Internet und liest, dass sich einige erst durch ein entsprechendes Kurzpraktikum einen Eindruck von dieser Lebensart verschafft haben. Basierend auf den dort geschilderten Erfahrungen überlegt er sich, was er darüber hinaus anders machen könnte als andere Herbergen und Herbergsleiter.

Abschließend blickt er zurück auf seine positiven und negativen Erfahrungen und Entscheidungen aus der Vergangenheit und schaut nach vorne, indem er mögliche zukünftige Entwicklungen antizipiert, die für die Herbergsbranche relevant sein könnten und entwickelt daraus jeweils zwei positive und negative Szenarien für die Herbergsbranche.

Nachdem diese sechs Perspektiven das Denken des Finanzbuchhalters strukturiert haben, kann er nun im siebten Schritt zu Ende denken und kurzfristige-, mittelfristige- und langfristige Schritte für die Implementierung der Strategie zur Zielerreichung planen.

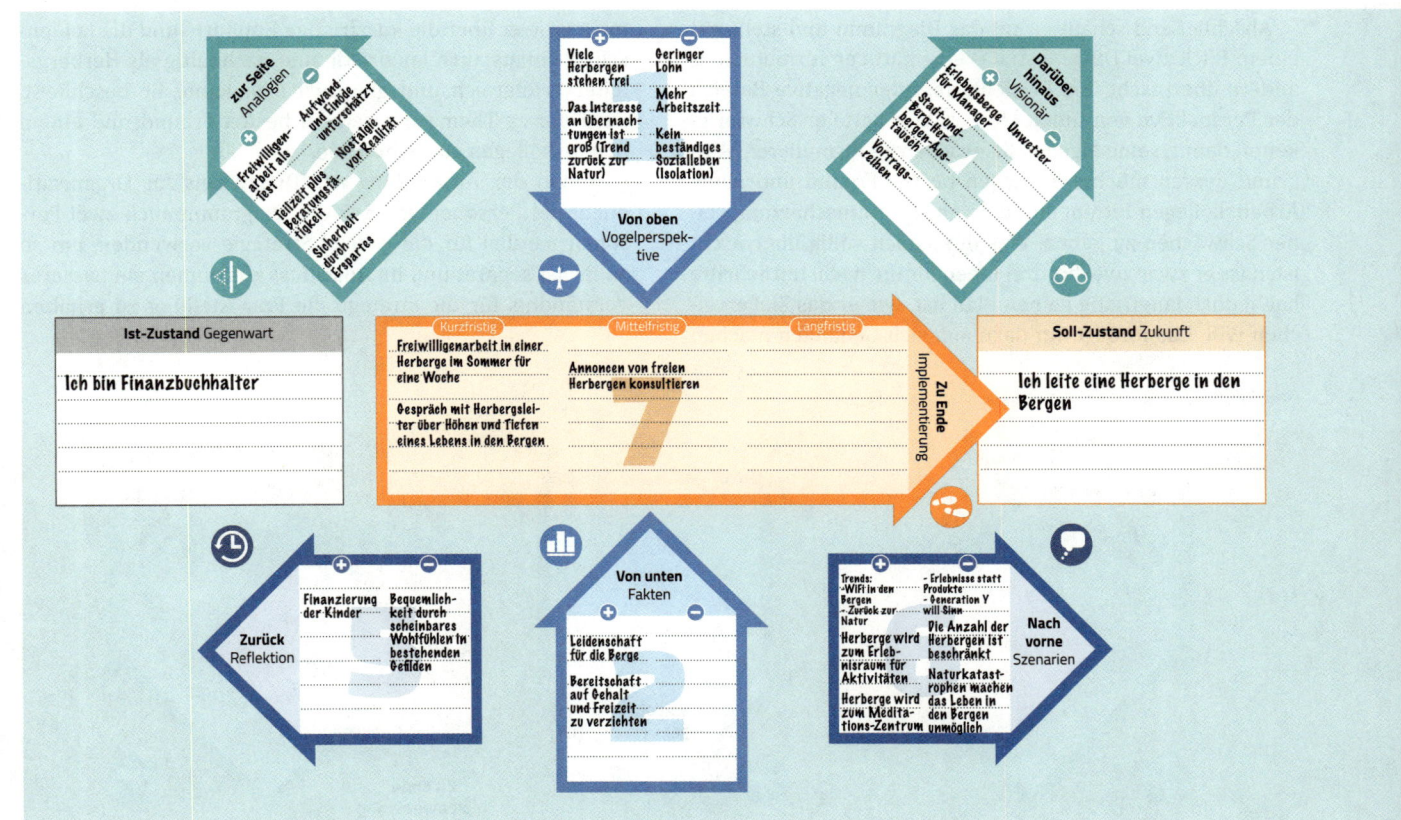

Abbildung 87: Vom Finanzbuchhalter zum Herbergsleiter mit dem Mintzbergdiagramm

Abschließend schaut er auf das Diagramm und stellt mit einem Blick zwei Dinge fest: das eine hatte er vermutet, das andere überrascht ihn. Er sieht, dass der negative Bereich der Perspektive von unten leer ist, hier hatte er Schwierigkeiten damit, seine eigenen Schwächen zu formulieren. Aufgrund dessen möchte er seinen besten Freund und einen Arbeitskollegen bitten, ihm eine ehrliche Einschätzung seiner Schwächen zu geben. Was ihn jedoch völlig überrascht ist, dass er zwar zwei bis drei Ideen für die nächsten Schritte hat, jedoch langfristig keinen Plan hat, wie er das Ziel erreichen will. Das fordert ihn dazu auf, sich Gedanken machen

muss, wie er über die kurzfristige Euphorie und die Leidenschaft hinaus auch langfristig und nachhaltig als Herbergsleiter erfolgreich und glücklich sein kann. Er beschließt, auch dieses Thema mit seinem besten Freund und einem Arbeitskollegen zu besprechen.

Neben der Anwendung des Diagramms für Organisationen und Personen, können das Diagramm auch zwei Personen parallel für die gleiche Strategie verwenden, um so zunächst separat und im Anschluss zusammen ein besseres Verständnis für die strategische Fragestellung zu erhalten

Abbildung 88: Der obere, visionäre Teil des Mintzbergdiagramms

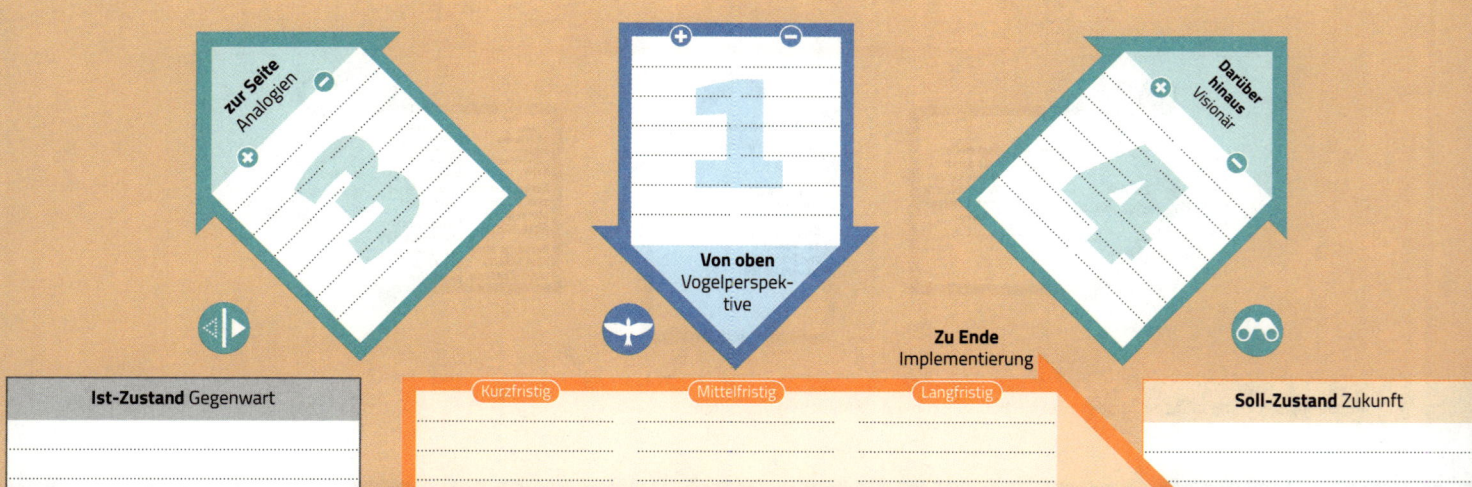

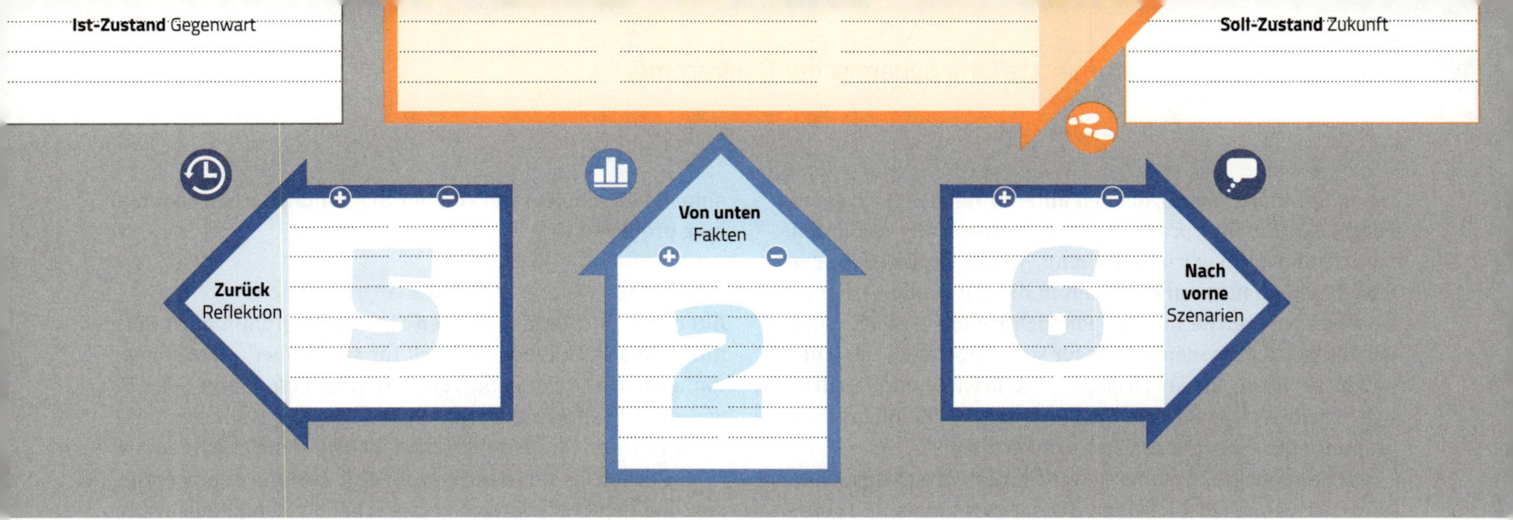

Ist-Zustand Gegenwart

Soll-Zustand Zukunft

Zurück
Reflektion

5

Von unten
Fakten

2

Nach vorne
Szenarien

6

Abbildung 89: Der untere, pragmatische Teil des Mintzbergdiagramms

und konkrete Planungsschritte zu erstellen. Die Variante im nächsten Abschnitt zeigt Ihnen diese Möglichkeit auf.

IV. Varianten

Nutzung des Dynagrams für zwei Personen (Visionär vs. Faktenorientiert)

Ergänzend zur zuvor beschriebenen Einzelnutzung des Dynagrams können Sie das Dynagram auch für zwei Personen anwenden.

Die sechs Perspektiven können Sie nicht nur in drei Stereo-Paare unterteilen, sondern auch in den oberen und unte-

ren Bereich des Diagramms. Denken in Stereo bedeutet in dem Fall, dass eine Person die obere Hälfte des Diagramms bearbeitet und damit eine visionäre Perspektive auf die Strategie einnimmt, daher die leuchtend orangene Farbe der Pfeile (Abb. 88), während die andere Person den unteren Teil des Diagramms bearbeitet und damit eine pragmatische und faktengetriebene Perspektive auf die Strategie einnimmt, daher die eher nüchtern wirkende graue Farbe (Abb. 89).

Beide Personen definieren zunächst gemeinsam die Ausgangslage (Ist-Zustand) und das Ziel (Soll-Zustand). Anschließend gehen beide Personen separat die jeweiligen Sichtweisen durch. Dabei betrachtet die eine Person, die den oberen Teil des Diagramms bearbeitet, die drei visionären Perspektiven von oben, zur Seite und darüber hinaus während die andere Person, die den unteren Teil des Diagramms bearbeitet, die drei pragmatischen Perspektiven von unten, zurück und nach vorne einnimmt. Beide Personen tragen jeweils die Chancen und Risiken in die mit + und - gekennzeichneten Bereiche für jede Perspektive ein. Anschließend denken beide Personen jeweils für sich die Strategie zu Ende, indem sie Ideen für kurzfristige, mittelfristige und langfristige Schritte im großen Pfeil in der Mitte des Mintzberg-Diagramms eintragen, um das Ziel zu erreichen.

Nachdem beide Personen jeweils ihren Bereich ausgefüllt haben, schieben sie die beiden Bücher zusammen und generieren damit das Diagramm als Ganzes. Aufgrund der Anzahl positiver und negativer Einträge können sie erkennen, wo es Wissenslücken gibt. Diese Wissenslücken werden durch eine gemeinsame Diskussion ergänzt.

Abschließend schauen beide Personen gemeinsam zu Ende, indem sie ihre jeweiligen kurz-, mittel- und langfristigen Maßnahmen und Initiativen zur erfolgreichen Implementierung der Strategie und Erreichung des Ziels diskutieren und abstimmen. Dabei überprüfen sie die Konsistenz dieser Schritte mit den Angaben aus den zuvor erstellten sechs Perspektiven.

Neben der Diagramm-Variante mit zwei Personen, gibt es die Möglichkeit, das Diagramm auch ohne die elektronische Vorlage zu verwenden. Im Folgenden werden wir zeigen, wie Sie mit Stift und Papier auf schnelle Weise die Perspektiven

einnehmen können und von der diagrammatischen Darstellung profitieren.

Mintzberg-Diagramm als Handskizze

Alternativ zur Vorlage können Sie das Diagramm auch mithilfe von sieben Pfeilen schnell für sich selber aufzeichnen, um ad hoc alle Perspektiven durchzugehen. Wenn Sie z.B. vor einer Besprechung schauen wollen, ob Sie alle Perspektiven in Ihrer Strategie beachtet haben, dann zeichnen Sie zwei Rechtecke, die den Ist- und Soll-Zustand repräsentieren, und den Perspektiven entsprechend sieben Pfeile (Abb. 90). Dabei haben Sie die Möglichkeit eine kritische Perspektive durch die Breite des Pfeils (Skizze Nr. 3 in Abb. 90) oder durch besonders viele Stichworte (Skizze Nr. 4 in Abb. 90) visuell hervorzuheben.

Das Konzept der ‚Strategie als Sehen' gibt Ihnen die sieben Perspektiven vor (Schablone), es leitet dadurch Ihre Denkweise (Leitfaden) und ermöglicht Ihnen nach Ausfüllen der Pfeile oder nur durch optisches Hervorheben einer Perspektive durch die Dicke des Pfeils eine Erkenntnis darüber, was momentan besonders wichtig ist (Einblick).

Diese Dualität, das Mintzberg-Diagramm sowohl per Hand als auch via Vorlage erstellen zu können, ermöglicht Ihnen einen flexiblen Einsatz. Wenn es schnell gehen soll, z.B. in einer Besprechung, dann können Sie die Handskizze ad hoc jederzeit einsetzen. Wenn Sie sich in Ruhe mit Ihrer Strategie auseinandersetzen wollen, um später noch einmal

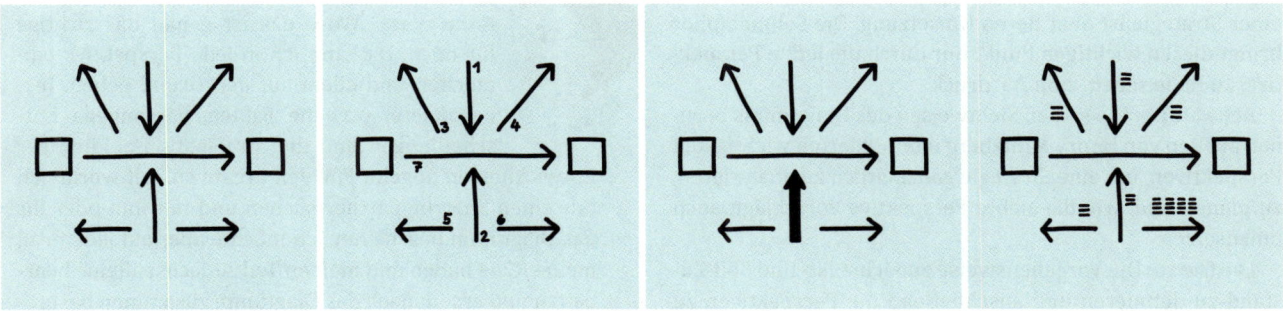

Abbildung 90: Das Mintzbergdiagramm als Handskizze

darauf zurück zu kommen oder wenn Sie das Dynagram zu zweit ausprobieren wollen, dann eignet sich die Vorlage auf einem Blatt Papier, entweder wie hier im Buch oder auch ausgedruckt auf einem DIN A3-Papier. Wenn Sie die sieben Perspektiven gemeinsam mit einer Gruppe besprechen wollen, dann lohnt es sich, die Vorlage digital mit PowerPoint® oder der Software ‚Let's Focus' anzuwenden, damit die Perspektiven und die Beiträge der Gruppe via Bildschirm oder Projektor für alle sichtbar sind. Alternativ können Sie auch mit einem Flipchart und selbstklebenden Zetteln arbeiten.

Nach den zwei Beispielen und diversen Varianten, die Ihre Strategiearbeit unterstützen können, erhalten Sie im folgenden Abschnitt eine erste Beurteilung und die Angaben über die Verwendung der Diagrammkonzepte.

V. Beurteilung des Dynagrams

Das Mintzberg-Diagramm bietet Ihnen die Möglichkeit, schnell und übersichtlich ein ganzheitliches Verständnis Ihrer Strategie zu entwickeln. Es hilft Ihnen dabei, alle wichtigen Perspektiven zu berücksichtigen und zu überdenken sowie diese im Zusammenhang zu sehen. Das versetzt Sie in die Lage, Verbindungen zwischen den Perspektiven zu ziehen, Schritte zur Zielerreichung zu planen und die Implementierung zu optimieren.

Trotz seiner großen Vorteile könnte der Ansatz Strategie als Sehen von Henry Mintzberg als Metapher des strategischen Managements den Eindruck erwecken, dass es bei der Strategie nur um das Beobachten geht. Das Wichtigste an einer Strategie ist aber deren Umsetzung. Die Sehmetapher bringt diesen wichtigen Punkt nur durch die letzte Perspektive, zu Ende sehen, zum Ausdruck.

Schablone: Die sieben Sichtweisen des Diagramms beruhen auf den von Henry Mintzberg identifizierten wichtigsten Perspektiven, um eine Strategie ganzheitlich zu analysieren, zu planen und, wie die siebte Perspektive vorschlägt, auch umzusetzen.

Leitfaden: Die Vorgehensweise zunächst Ist- und Soll-Zustand zu definieren und anschließend die Perspektiven zu beachten, hilft Ihnen sowohl das Denken als auch Gespräche über Strategien zu strukturieren. Zusätzlich gibt Ihnen die Aufteilung der ersten sechs Perspektiven in Perspektivenpaare eine weitere Hilfestellung, um die Komplexität von Strategien zu reduzieren und damit die Produktivität von Gesprächen zu optimieren.

Einblick: Indem Sie nach der Bearbeitung des Diagramms nach wenig gefüllten oder leeren Bereichen Ausschau halten, bietet sich die Möglichkeit zu eruieren, in welchem Bereich noch Informationsbedarf besteht. Zudem können Sie durch die siebte Perspektive, den Implementierungspfeil, je nach Verteilung der Schritte erkennen, ob die Planung ausgewogen ist oder ob der Fokus eher auf langfristigen (Abb. 86) mittelfristigen oder kurzfristigen (Abb. 87) Schritten liegt.

Und nun schließlich die Beurteilung des Mintzberg-Diagramms durch unsere beiden Kollegen:

Anna Lyse: „Wow, das ist genau das richtige für mich. Da kann ich in jede Perspektive eintauchen und allem auf den Grund gehen. Insbesondere, was die Fakten, vergangene Entscheidungen und die Antizipation zukünftiger Entwicklungen angeht. Für den kreativen Teil würde ich mir einen Sparringpartner suchen und mit ihm oder ihr das Diagramm bearbeiten. Ich möchte aber auf jeden Fall meine Ruhe haben und meinen Teil zunächst alleine bearbeiten und erst danach das Diagramm zusammen besprechen. Sonst wird es mir zu hektisch."

Kai Zit: „Mithilfe der sieben Perspektiven bekomme ich zügig eine Übersicht über die relevanten Aspekte einer Strategie. Und damit es keine Trockenübung bleibt, finde ich die siebte Perspektive der Implementierung unerlässlich. Die Handskizze werde ich definitv ausprobieren, das geht ja schnell, vielleicht aber nicht immer mit positiven und negativen Elementen. Und auch das Diagramm zu zweit zu bearbeiten ist einen Versuch wert, am besten mit meinem Kollegen aus der Finanzabteilung für das Sehen von unten, aus Sicht der Zahlen und Fakten."

Bitte beurteilen Sie nun selbst die Relevanz und das primäre Einsatzgebiet des Mintzberg-Diagramms für Ihren persönlichen und beruflichen Kontext im Dynagram-Raster auf der Innenseite des Buchdeckels.

VI. Fazit & erste Schritte

Strategien sind abstrakt und damit schwer handhabbar, sie sind jedoch omnipräsent für jeden Manager und jedes Projekt, ja sogar das eigene Leben. Die von Mintzberg vorgeschlagenen sieben Perspektiven bewirken hochwertiges strategisches Denken, sodass Sie durch die Metapher Strategie als Sehen den Perspektivenwechsel im eigenen Denken einfacher vollziehen können. Das Mintzberg-Diagramm bietet Ihnen ein praktisches Werkzeug, ähnlich einer Hebebühne für Ihr Fahrzeug, um mithilfe der sieben Perspektiven die Strategie aus allen Blickwinkeln zu beleuchten. Damit halten Sie die Einflussfaktoren auf die Strategie systematisch fest und erkennen, wie Sie eine wirkungsvolle Strategie planen und umzusetzen, damit Sie das gesteckte Ziel erreichen.

Um das Potenzial des Mintzberg-Diagramms zu nutzen, können Sie mit folgenden Fragestellungen beginnen: Von welchen Firmen in anderen Branchen können wir lernen, was für ein Markt erwartet uns in fünf Jahren, oder welches Muster erkennen wir aus den strategischen Entscheidungen unserer Vergangenheit?

Probieren Sie das Diagramm nicht nur für Ihr Unternehmen aus, sondern auch, wie im Beispiel gezeigt, für Ihr eigenes Leben oder Ihre Karriere. Wo stehen Sie jetzt (Ist-Zustand) und wo wollen Sie hin (Soll-Zustand)? Denken Sie auf dem Weg dahin an die sieben verschiedenen Perspektiven und abschließend daran, dass Sie Initiativen und Maßnahmen planen, die Ihnen eine Strategie-Implementierung und somit Zielerreichung möglich machen.

zum Rating (Einklappseite)

Weitergedacht

— Mintzberg, H., Ahlstrand, B.W., Lampel, J. (2005). Strategy Bites Back. Don Mills, Ontario (Canada): Pearson Education.

— Mintzberg, H., Ahlstrand, B, Lampel, J. (2002). Strategy Safari: Eine Reise durch die Wildnis des strategischen Managements. Wien: Redline Wirtschaft.

— Mintzberg, H. (1995). Strategic Thinking as Seeing. In Garratt, B. (Hrsg.). Developing Strategic Thought, 67-70. London: McGraw-Hill.

Dynagram-Tuning: Neue Erkenntnisse durch den bewussten Einsatz der Visualisierungsfaktoren

„Die Macht der Visualisierung ist, dass sie uns zwingt,

das Unerwartete zu bemerken."

JOHN TUKEY

Wie Sie bei den Dynagrams im vorangegangen Kapitel gesehen haben, können Sie wichtige Informationen durch verschiedene grafische Faktoren, wie z.B. Position, Größe, Farbe oder Form, visuell unterscheiden und damit klarer vermitteln. Indem wir unser Wissen und das anderer (unterschiedlich) visualisieren, machen wir es explizit und dadurch diskutierbar. Oftmals erlaubt uns dieses Vorgehen, mehr zu sehen als wir gedacht haben.

In diesem kurzen Kapitel möchten wir Ihnen zeigen, wie Sie diese grafischen Faktoren in dynamischen Diagrammen optimal zum Einsatz bringen, wie Sie Ihre Diagramme sozusagen „tunen" können, sodass sie Ihr Denken in Stereo bestmöglich unterstützen. Sie werden sehen, dass Sie bereits mit der Anwendung eines einzigen Faktors, sozusagen einem Regler an ihrem Visualisierungsmischpult, neue Einblicke in ein Thema ermöglichen können.

Wenn Sie Ihre Inhalte visuell umsetzen wollen, dann stehen Ihnen verschiedene Gestaltungsmöglichkeiten zur Verfügung, um dies klar und deutlich zu tun, nämlich wo sie etwas auf einem Diagramm platzieren (Position und Nähe), wie Sie es dabei darstellen (bezüglich Größe, Farbe bzw. Intensität und Form) und in welcher Reihenfolge Sie es zeigen (Ablauf). Diese Faktoren sind die visuellen Regler, an denen Sie drehen können, um den Groove Ihres Diagramms zu optimieren. Am besten, wir illustrieren diese Faktoren gleich anhand eines einfachen Beispiels, nämlich Ihren anstehenden Aufgaben und deren Priorisierung.

Wir alle kennen die tägliche und manchmal mühsame Organisation unserer Aufgaben, die sogenannten To Do's oder Pendenzen. Anhand der bekannten Eisenhower-Matrix zeigen wir, wie Sie Ihre Aufgaben visuell strukturieren können und dabei ohne großen Aufwand neue Erkenntnisse über Ihre Aufgaben erhalten. Nicht zuletzt können Sie dadurch Ihre Aufgaben motivierter erledigen – mit lediglich ein wenig Diagramm-Tuning.

Aufgabenorganisation durch die Eisenhower-Matrix

Das sogenannte Eisenhower-Prinzip (auch: Eisenhower-Methode oder Eisenhower-Matrix genannt) ist eine in der Managementliteratur oft zitierte Möglichkeit, anstehende Aufgaben in Kategorien einzuteilen. Diese Einteilung zeigt, welche der wichtigsten Tätigkeiten zuerst erledigt werden sollen und welche unwichtigen (aber vermeintlich dringenden) Dinge aussortiert werden können. Dieses Prinzip und die daraus resultierende Matrix ist die Basis für unser Beispiel. Machen Sie gleich mit und bestimmen Sie in einem ersten Schritt für jede Ihrer Aufgaben, ob sie *wichtig* oder nicht wichtig und *dringend* oder nicht dringend für Ihre Zielerreichung sind.

Durch die Verwendung des Eisenhower-Prinzips und die entsprechende Zuordnung der Aufgaben in die vier Felder einer Matrix erhalten Sie allein durch die *Position* der einzelnen Aufgaben bereits eine erste Erkenntnis über den Status

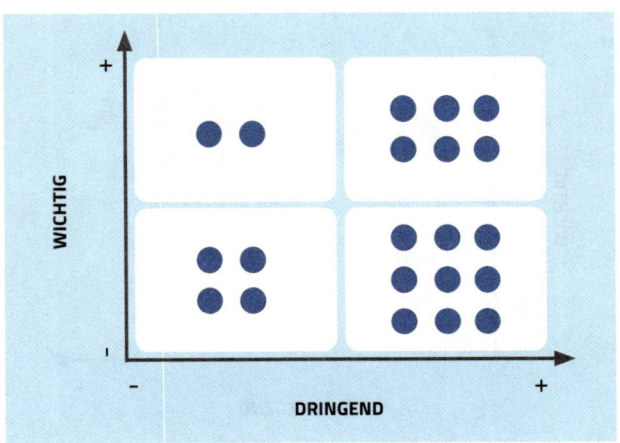

Abbildung 91: Eisenhower-Matrix – Unterscheidung nach Position

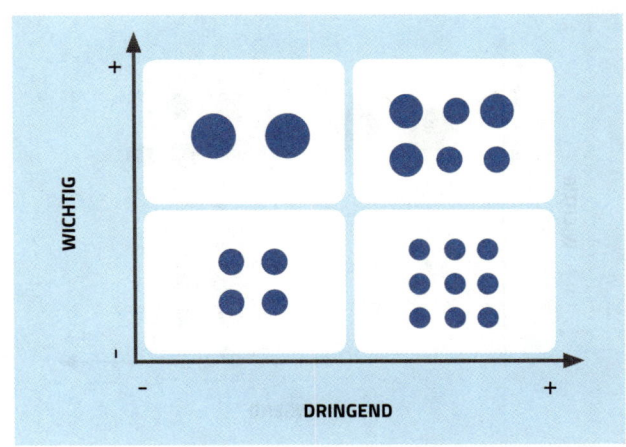

Abbildung 92: Eisenhower-Matrix – Unterscheidung nach Größe

Ihrer Aufgaben. Wenn Sie auf die Beispielmatrize in Abbildung 91 schauen, dann werden Sie ohne große Mühe erkennen, dass viele Aufgaben, genau gesagt neun davon, zwar dringend jedoch nicht wichtig sind (das Feld unten rechts). Die Konsequenz daraus ist, dass Sie diese neun Aufgaben entsprechend der Handlungsempfehlungen der Eisenhower-Methode delegieren sollten, um somit Zeit für die wichtigen Aufgaben zu gewinnen.

Im nächsten Schritt passen Sie die *Größe* der Kreise dem Zeitaufwand für die Aufgabe an. Dabei können Sie zwischen kleinen Kreisen (Zeitaufwand bis max. 30 Minuten), mitt-

leren Kreisen (Zeitaufwand zwischen 30 und 60 Minuten) und großen Kreisen (Zeitaufwand zwischen 60 und 120 Minuten) unterscheiden. Abbildung 92 zeigt die veränderte Matrix nach dieser Bestimmung des Zeitaufwands für jede Aufgabe.

Sie erkennen nun in Abbildung 92, welche Aufgaben einen geringen, mittleren oder hohen Zeitaufwand benötigen. Über die Visualisierungsform *Größe* gelangen Sie zu der Erkenntnis, dass es sich gerade bei den dringenden und nicht wichtigen Aufgaben (Feld unten rechts) um viele kleine Aufgaben handelt und dass die Hälfte der wichtigen Aufgaben

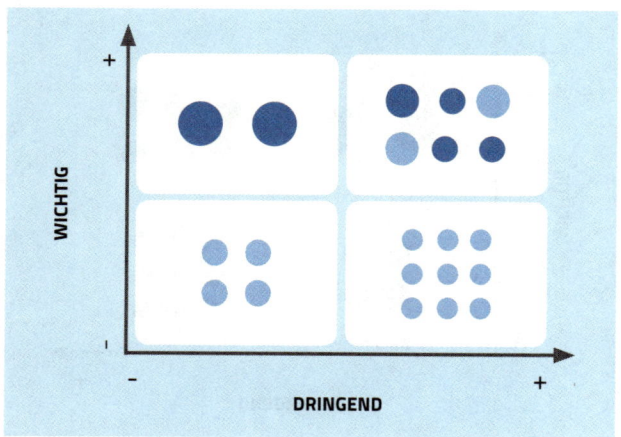

Abbildung 93: Eisenhower-Matrix – Unterscheidung nach Farbintensität

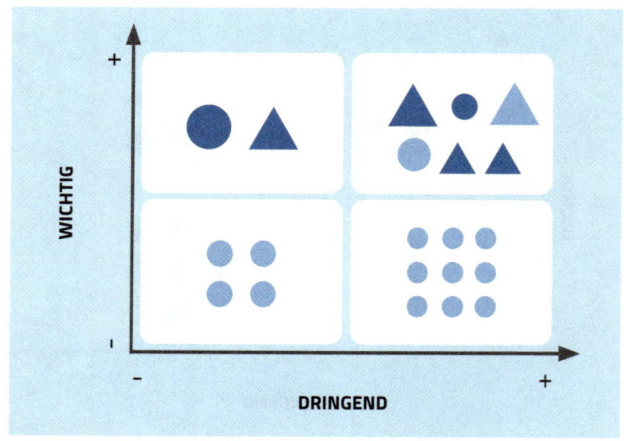

Abbildung 94: Eisenhower-Matrix – Unterscheidung nach Form

(Felder oben links und oben rechts) einen großen Zeitaufwand benötigen. Als Konsequenz können Sie sich fragen, ob wirklich alles an diesen Aufgaben wichtig ist oder ob Sie eine große Aufgabe in zwei kleinere Aufgaben aufteilen können. Vielleicht stellen Sie dabei sogar feststellen, dass der eine Teil zwar wichtig ist jedoch der andere Teil weniger wichtig ist. So könnten Sie Ihren Arbeitsaufwand für die wichtigen Aufgaben reduzieren und den anderen weniger wichtigen Teil delegieren.

Im nächsten Schritt unseres Diagramm-Tunings unterscheiden Sie die Aufgaben im Hinblick darauf, ob Sie in der

Lage sind, diese eigenständig zu erledigen oder ob Sie dafür von anderen abhängig sind. Drücken Sie diesen Unterschied durch die unterschiedliche *Farbintensität* aus: Blau steht für eigenständig, hellgrau steht für abhängig von anderen.

Aus der Matrix in Abbildung 93 erkennen Sie nun, dass der Großteil der wichtigen Aufgaben (die Felder oben links und oben rechts) eigenständig erledigt werden kann und dass alle unwichtigen, sowohl dringenden als auch nicht dringenden, Aufgaben (die Felder unten links und rechts) von anderen abhängig sind. Hieraus ergeben sich Konsequenzen für Ihre Arbeitsplanung: Für die eigenständigen Ar-

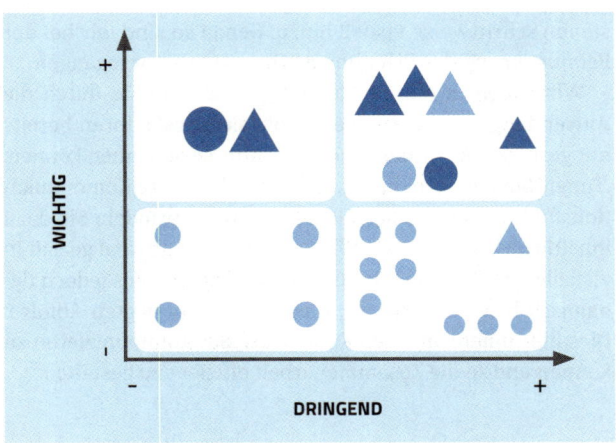

Abbildung 95: Eisenhower-Matrix – Unterscheidung nach Nähe und Distanz

beiten sind Sie flexibler und können sich womöglich Raum und Zeit eigenständig einteilen, bei den Aufgaben, bei denen Sie von anderen abhängig sind, müssen Sie sich mit den anderen abstimmen, was ein Zeitfresser sein kann.

Bisher haben wir die Aufgaben innerhalb der Eisenhower-Matrix positioniert, dann die Aufgaben über die Größe nach Zeitaufwand unterschieden und anschließend nach dem Grad der Autonomie visuell durch die Farbintensität unterschieden.

Im nächsten Schritt unterscheiden wir mental anspruchsvolle und weniger anspruchsvolle Aufgaben. Dabei können

anspruchsvolle Aufgaben, wie z.B. die Erstellung eines neuen Konzepts, eine ruhige Arbeitsumgebung erfordern. Weniger schwierige Aufgaben, z.B. Routinetätigkeiten wie das Ausfüllen von Formularen, können problemlos in einem Großraumbüro oder auch zu bestimmten Zeiten, z.B. direkt nach der Mittagspause, erledigt werden. Unterscheiden Sie diese Schwierigkeit einer Aufgabe durch die *Form* der Aufgaben: Kreise für einfache Tätigkeiten und Dreiecke für anspruchsvolle Aufgaben.

Wenn Sie auf Abbildung 94 schauen, was erkennen Sie in Bezug auf die zwei unterschiedlichen Formen (Kreis und Dreieck)? Wo gibt es z.B. besonders viele Kreise, wo gibt es viele oder auch besonders wenige Dreiecke? Auf einen Blick erkennen Sie, dass es mehr Dreiecke in der oberen Hälfte der Matrix gibt als in der unteren Hälfte. Diese Aufgaben sind demnach nicht nur wichtig, sondern auch äußerst anspruchsvoll. Zusätzlich können Sie erkennen, dass vier der fünf Dreiecke in der oberen Hälfte blau sind und nur eines hellgrau. Daraus ergibt sich, dass Sie sich für diese vier wichtigen und aufwendigen Aufgaben, die Sie eigenständig erledigen können, bewusst Zeit nehmen sollten und idealerweise diese Tätigkeiten während Ihrer besten Konzentrationszeit einplanen sollten. Für die wichtige und aufwendige Aufgabe, bei der Sie von anderen abhängig sind, sollten Sie einen Termin mit den anderen ebenfalls während einer günstigen Zeit einberufen, z.B. eher am Vormittag als am Nachmittag, damit alle noch frisch sind.

Im letzten Schritt ordnen Sie nun die Aufgaben pro Quadrant nach Projekten, was Sie durch die Position, oder genauer gesagt durch die *Nähe* visuell zum Ausdruck bringen können.

Abbildung 95 macht deutlich, dass es ein wichtiges und dringendes Projekt gibt, das anspruchsvoll ist (drei Dreiecke in dem Feld oben rechts). Gleichzeitig wird erkennbar, dass die beiden Aufgaben, die zwar wichtig, jedoch nicht dringend sind (Feld oben links), zeitaufwendig und zur Hälfte anspruchsvoll sind zu einem Projekt gehören. Daraus ergibt sich für Sie, dass Sie Ihre Ressourcen unmittelbar auf das wichtige und dringende Projekt fokussieren sollten und dabei gleichzeitig erste Schritte für das wichtige jedoch nicht dringende Projekt aufgleisen sollten.

Wie Sie anhand des Beispiels sehen, können Sie bereits mit wenig Aufwand wertvolle Erkenntnisse aus einem dynamischen Diagramm gewinnen – wenn Sie es richtig angehen. Mithilfe der Eisenhower-Matrix und der Visualisierungsfaktoren können Sie die Aufgaben optisch unterscheiden und erhalten dadurch einen besseren Überblick, gewinnen neue Erkenntnisse über Ihre Aufgaben und können diese überlegter planen und umsetzen. Dafür war es jedoch notwendig, die Komplexität des Diagramms schrittweise zu erhöhen. Was uns zum letzten Visualisierungsfaktor bringt: dem Ablauf. Eine Grundregel für die Nutzung von komplexen dynamischen Diagrammen ist deshalb diese:

Zeige zuerst den Überblick, trage dann die wichtigsten Informationen rudimentär ein, und füge danach neue Dimensionen schrittweise visuell hinzu. Genau so sind wir bei der Feinjustierung des Eisenhower-Diagramms vorgegangen.

Wir haben in diesem Kapitel gezeigt, wie Sie durch die Anwendung einiger weniger Visualisierungsfaktoren bereits mit geringem Aufwand neue Erkenntnisse gewinnen können. ‚Tunen‘ Sie also Ihre Diagramme, dass diese ihre Kommunikationsfunktion optimal erfüllen können. Verwandeln Sie dazu inhaltliche Variablen wie Wichtigkeit oder Aufwand gezielt in visuelle wie Position oder Größe um. Tun Sie dies jedoch dynamisch bzw. schrittweise in einer wohlüberlegten Abfolge. Dies hilft Ihnen, um auch Komplexes klar kommunizieren zu können und so die Zusammenarbeit effizient zu gestalten.

Weitergedacht
— Bertin, J. (1984). Graphische Darstellungen und die graphische Weiterverarbeitung der Information. Berlin: de Gruyter.

Fazit und Ausblick:
Zur Zukunftsmusik des Denkens

„Der beste Weg, die Zukunft vorherzusagen,

ist, sie selbst zu gestalten."

WILLI BRANDT

Wir hoffen, wir konnten Ihnen in diesem Buch aufzeigen, dass es sich lohnt, mit dynamischen Diagrammen in Stereo zu denken und so effizienter zusammenzuarbeiten und klarer zu kommunizieren. Wir sind uns dabei bewusst, dass diese geometrische, multi-perspektive Arbeitsweise neu und ungewohnt erscheinen mag und momentan noch nicht zum Standardwerkzeugkasten eines Managers gehört.

Gerade auch deshalb möchten wir Ihnen in diesem Abschlusskapitel aufzeigen, in welchen Bereichen dynamische Diagramme zunehmend Verwendung finden und wie neue Technologien (zum Beispiel Touch Screens und Tablets) deren breitflächige Nutzung weiter beschleunigen werden. Und natürlich möchten wir in diesem Abschlusskapitel auch auf Ihr eigenes *Bewertungsraster* zu sprechen kommen, welches Sie bei der Lektüre dieses Buches auf der Innenseite des Buchdeckels ausfüllen konnten – quasi als beiläufiges dynamisches Diagramm in eigener Sache. Bevor Sie dort jedoch Ihre endgültige Bewertung abgeben, möchten wir Ihnen drei letzte Beispiele mit auf den Weg geben:

Der US-amerikanische Markengigant Procter & Gamble (die Firma hinter Gillette, Olaz, Pampers etc.) verwendet einen sogenannten Business Sphere Raum (vgl. die nachfolgende Fotografie), in welchem Manager mithilfe von dynamischen Diagrammen ihre Marktdaten gezielt auswerten und gemeinsam besprechen können. Bis heute hat P&G rund 40 solcher Diagrammräume weltweit eingerichtet, in denen Manager und Spezialisten von ihrem Tablet aus Marktdaten gemeinsam auf großen Projektionswänden oder auf Touch Screens darstellen, dynamisch bearbeiten und diskutieren können.

Diese interaktiven Visualisierungen ermöglichen es den Beteiligten, Marktdaten in einem größeren Zusammenhang zu sehen und diese mit ihren eigenen Erfahrungen und Einschätzungen zu ergänzen (also eine quantitative mit einer qualitativen Sicht zu verbinden). Die Manager verlassen sich dabei nicht auf vorfabrizierte Folienpräsentationen und deren fixe und unvollständige Datenbasis. Denn in solchen präsentationsbasierten Besprechungen muss man nicht selten wichtige Entscheide auf später vertagen, weil zusätzliche Datenanalysen nötig sind. Im Rahmen einer Präsentation kann man auch nicht gleichzeitig mehrere Diagramme effizient vergleichen und permanent sichtbar lassen (weil ja auf die nächste Folie gewechselt werden muss.) Bei Besprechungen in der Business Sphere kann man dagegen direkt und sofort mit den Grafiken *arbeiten* und bei neuen Fragen sofort in das Diagramm eintauchen, um diese zu klären. Die Manager von P&G denken damit insofern in Stereo, als dass sie Überblick und Details dynamisch verbinden. Ein typisches Beispiel eines derartigen dynamischen Diagrammes, das bei P&G rege verwendet wird, ist die interaktive Treemap, die Sie bereits im Kapitel zu Stereogrammen kennengelernt haben. Diese neue Art der Zusammenarbeit mittels dynamischer Diagramme scheint Zukunftsmusik zu sein, bei Procter & Gamble ist sie bereits heute Alltag.

Zehntausende von Mitarbeitern haben zudem sogenannte Entscheidungs-Cockpits auf ihrem Computer installiert, um Dank interaktiver dynamischer Diagramme auch individuell bessere Entscheide fällen zu können. P&G kooperierte hierfür mit einer Reihe von führenden Firmen, namentlich Cisco, HP, SAP, Nielsen und TIBCO Spotfire, doch die nötige Technologie steht eigentlich uns allen zur Verfügung und ist oft kostenlos (wie auf dynagrams.org) oder erstaunlich günstig erhältlich.

Nehmen wir als Beispiel einer Gratisanwendung das Situations-Dynagram in Abbildung 97, bei dem ein Team seine eigene (Projekt- oder Aufgaben-) Situation mithilfe eines flexiblen Diagramms darstellen, evaluieren und diskutieren kann. Ein herkömmliches Radar-Chart wird dabei interaktiv und dynamisch genutzt. Durch verschiedene Schieber kann ein Team auf unterschiedlichen Skalen seine derzeitige Situation einstellen.

Der Clou dabei ist, dass gegenseitige Abhängigkeiten zwischen einzelnen Faktoren im Diagramm hinterlegt werden können. Schiebt man zum Beispiel den ‚Wandel'-Regler (in der Umfeld Dimension) nach außen, so geht automatisch auch der Komplexitäts-Regler weiter nach außen (wenn man diese Abhängigkeit einmal erfasst hat). Diese Abhängigkeiten werden im Diagramm zusätzlich durch Verbindungslinien im Zentrum dargestellt. Zudem werden Faktoren, die mit vielen weiteren verbunden sind, größer dargestellt als andere (sichtbar als eine Art ‚Heiligenschein' um den Komplexitäts-Regler). In dieser Weise wird das dynamische Diagramm zu einem *interaktiven Erfahrungsspeicher*, der das Wissen eines Teams als Werkzeug auch weiteren Teams zur Verfügung stellen kann.

Um das Diagramm auf dynagrams.org selbst zu nutzen, geben Sie zuerst die wichtigsten Dimensionen Ihres Vorhabens in eine einfache, interaktive Tabelle ein, wie im Beispielbild etwa die drei Dimensionen Aufgabe, Ressourcen und Umfeld.

Danach tragen Sie für jede Dimension die wichtigsten Faktoren ein, die Ihre Situation bestimmen, z.B. Aufgabenkomplexität, Budget oder den Grad an Umfeldrisiken. Sie tun dies jeweils anhand einer von Ihnen definierten Skala, z.B. von tiefer bis zu hoher Komplexität.

In einem dritten Schritt verbinden Sie diejenigen Faktoren, die voneinander abhängen, mit einer Verbindungslinie. Sie können dabei wählen, ob die Abhängigkeit positiv (mehr vom einen Faktor führt zu mehr des anderen Faktors) oder negativ (mehr des einen führt zu weniger des anderen) ist. Ein Beispiel einer negativen Abhängigkeit in unserem Beispiel ist die Abhängigkeit zwischen Aufgaben-Qualität und -Offenheit, denn: Je offener die Aufgabenstellung ist, desto schwieriger wird es sein, Qualität im Sinne von genauer Kriterienerfüllung zu liefern.

Als letzten Schritt können Sie nun mit den Reglern Ihre momentane Situation abbilden bzw. auf der Skala einstellen und dabei beobachten, wie sich die einzelnen Faktoren

Abbildung 96: Business Sphere – Ein dynamischer Diagrammraum bei Procter & Gamble (Abbildung mit freundlicher Genehmigung von Procter & Gamble)

gegenseitig beeinflussen. Wie von magischer Hand verschoben, bewegen sich nun nämlich die einzelnen Faktoren in ihrem Zusammenspiel. Das eignet sich vor allem für Sensitivitätsanalysen, bei denen Sie untersuchen möchten, welche Auswirkungen z.B. eine Budgetkürzung auf die anderen Aspekte Ihres Projektes haben würde. Das funktioniert übrigens besonders gut auf einem großen berührungsempfindlichen Bildschirm in Teams von 2-6 Personen.

Im vorliegenden Beispiel sieht dies dann etwa so aus: Die *Komplexität* des Projektes in der Abbildung ist nach Einschätzung der Beteiligten hoch, getrieben durch den starken Wandel in seinem Umfeld, die großen Risiken im Umfeld des Vorhabens und die vielen unterschiedlichen *Interessen*. Die *Qualitätserwartungen* sind zwar nicht extrem hoch, trotzdem aber auch nicht gerade niedrig und stehen in einem Spannungsverhältnis zur vorgesehenen Zeit, die als recht knapp bemessen wurde. Die Erreichung der Qualität steht wie erwähnt in einem Spannungsverhältnis zur großen *Offenheit* der Aufgabe (ihrer mangelnden Spezifikation). Als nicht so großzügig werden der *Support* von außen wie auch das finanzielle Budget gesehen.

Das Team sieht nun auf einen Blick, dass es für das Vorhaben ein Missverhältnis zwischen Aufgabenstellung und Ressourcenausstattung gibt. Zudem versteht es besser, wodurch die hohe Komplexität des Vorhabens wirklich getrieben wird, nämlich durch die Umfeldfaktoren.

Probieren Sie es selbst aus unter www.dynagrams.org und erstellen Sie Ihr eigenes Situationsdiagramm für ein aktuelles Projekt oder für Ihre wichtigste Teamaufgabe. Sie werden sehen, dass daraus nach nur kurzer Zeit neue Erkenntnisse entstehen und das Diagramm dazu führt, sich in einer Gruppe über die Grundannahmen und die verschiedenen Detailkenntnisse der Beteiligten effizient auszutauschen.

Wir glauben, dass diese visuelle Mischung aus Befragung, Simulation und Diagramm, d.h. die Kombination von *Bewerten und Denken in Szenarien,* ein großes Potenzial für die Zusammenarbeit in Teams bei komplexen Vorhaben darstellt. Es ist für uns ein zukunftsweisendes Beispiel von Denken in Stereo, das leider noch zu wenig bekannt ist.

Übrigens: Auch jenseits betriebswirtschaftlicher Kontexte werden dynamische und interaktive Diagramme bereits rege verwendet. Ein besonders anschauliches Beispiel aus dem Entwicklungs- und Zusammenarbeitssektor ist Gapminder. Auf dieser Website können Sie die wirtschaftliche und gesundheitliche Entwicklung in verschiedenen Ländern der Welt über die letzten hundert Jahre grafisch (und numerisch) beobachten und so die Unterschiede zwischen Entwicklungsländern besser verstehen. Probieren Sie es aus unter http://www.gapminder.org/.

Die Videos auf derselben Seite illustrieren eindrücklich, dass dynamische Diagramme sich auch sehr gut für unterhaltsame Präsentationen eignen. Hans Rosling, der Spiritus Rector von Gapminder (das mittlerweile Google gehört), ist ein Meister des visuellen Storytellings und verwendet dyna-

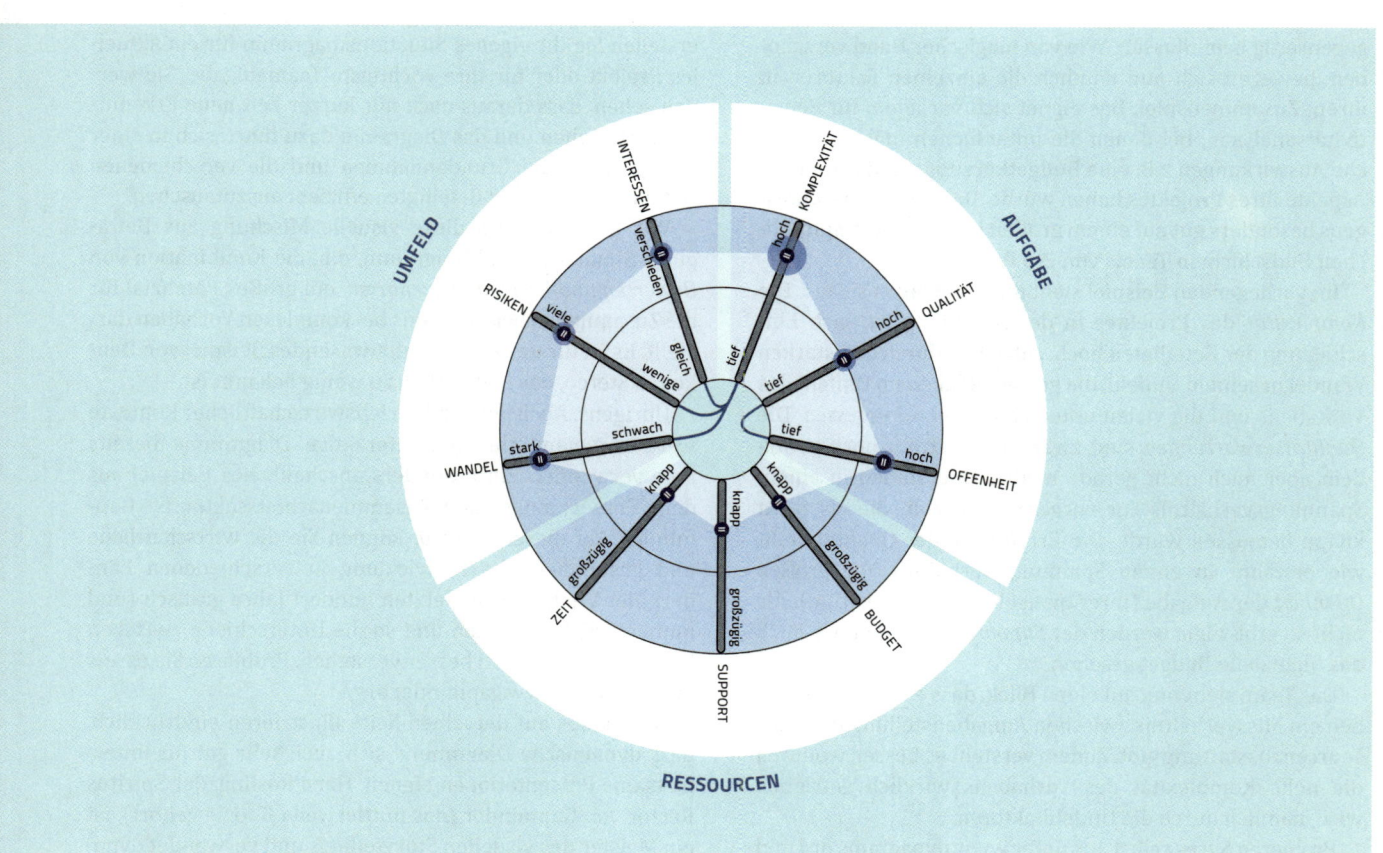

Abbildung 97: Ein interaktives dynamisches Diagramm zu den Parametern eines Vorhabens

mische Diagramme auch schon mal im Hologramm-Modus (mehr dazu weiter unten oder auf Youtube unter den Stichwörtern Hans Rosling und BBC).

Neben diesen beinahe schon massenmarktfähigen Anwendungen gibt es unzählige Beispiele von hochgradig *spezialisierten* dynamischen Diagrammen, die bereits täglich Verwendung finden. Beispiele für derartige komplexe Dynagrams sind Diagrammsoftware zur Planung komplexer Backverfahren in Industriebäckereien, dynamisch veränderbare Diagramme für die Erstellung von komplexen Stundenplänen an Universitäten oder auch Diagramme für den effizienten Einsatz von Lieferwagen in der Logistik.

Und es steht bereits die nächste Generation von dynamischen Diagrammen bereit, die wir Dank Virtual und Augmented Reality (d.h. mittels Hologramm-Brillen und Datenhandschuhen) nicht nur sehen, sondern auch (im wörtlichen Sinne) begreifen oder begehen können. Das ist nun in der Tat (noch) Zukunftsmusik. Es wird jedoch im Laufe der nächsten zehn Jahre zur Realität unserer Arbeitswelt werden. Einige Fernsehsendungen (wie etwa die Sendung ECO des Schweizer Fernsehens oder das bereits erwähnte BBC-Video mit Hans Rosling) zeigen uns schon heute eindrücklich, dass dynamische Diagramme auch in Hologrammform zu räumlich erlebbaren Phänomenen werden können.

Doch nach diesem Blick in die Zukunft zurück zu Ihrem ganz eigenen, gedruckten bzw. gezeichneten Dynagram: Betrachten Sie das Diagramm, das sich dynamisch aus der Lektüre dieses Buches auf der Innenseite des Buchdeckels ergeben hat. Wenn Sie jedes der Diagramme aus diesem Buch bewertet haben, sehen Sie nun ein Gesamtprofil Ihrer Bewertungen.

Ein Diagramm wie dieses ist eine Art Spiegel – es zeigt Ihnen ein wenig wie Sie sind: Haben Sie eher die einfachen Dynagrams im ersten Teil dieses Buches hoch bewertet, dann sind Sie vielleicht eher der Typ Kai Zit und haben es gerne klar, schnell und effizient – was manchmal zu Lasten der Sorgfalt und der Detailanalyse geht. Oder haben Sie bei den eher komplexeren Dynagrams hohe Bewertungen eingetragen? Dann sind Sie unter Umständen näher bei Anna Lyse und ihrer Vorliebe für Perfektionismus, was manchmal aber auch zur Paralyse bzw. zu Stillstand und Verzögerungen führen kann. Vielleicht zeigt Ihr Profil aber auch eine Mischung aus hochbewerteten einfachen und komplexen Diagrammen. Das wäre ganz in unserem Sinne, denn je nach Aufgabenstellung kann ein einfaches oder ein komplexes Diagramm das richtige sein.

Damit Sie Ihr Profil mit dem der beiden Modellleser vergleichen können, finden Sie hier die Beurteilungen aller Diagramme aus Sicht von Anna Lyse und Kai Zit.

Egal welches Profil sich aus Ihrer Evaluation ergeben hat, wir hoffen, dass Sie auch den weniger hoch bewerteten Diagrammen eine Chance geben werden. Vor allem aber möchten wir Sie ermuntern, Ihren eigenen Empfehlungen zu folgen und die von Ihnen am besten bewerteten Diagramme

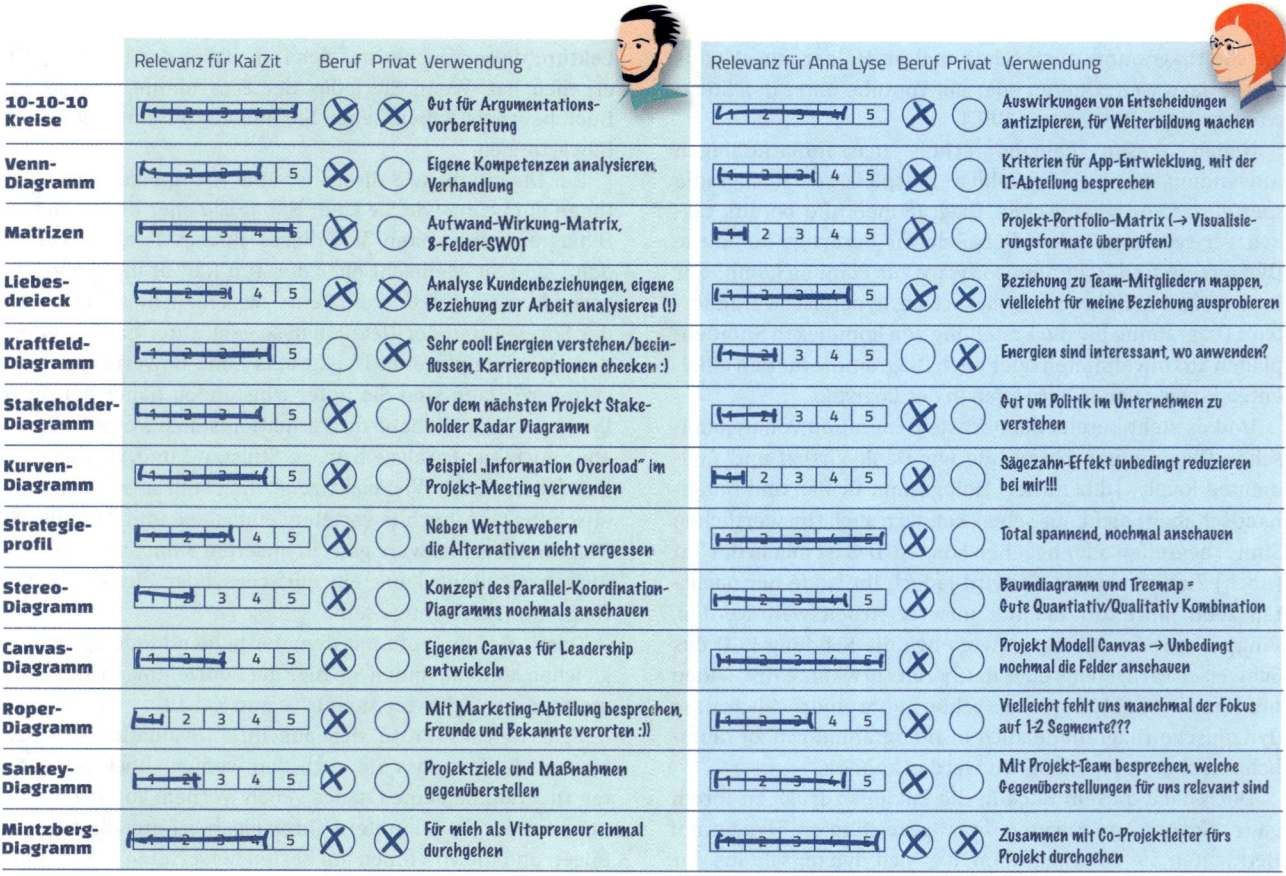

Methode	Relevanz für Kai Zit	Beruf	Privat	Verwendung	Relevanz für Anna Lyse	Beruf	Privat	Verwendung
10-10-10 Kreise	1 2 3 4 5	✗	✗	Gut für Argumentations-vorbereitung	1 2 3 4 5	✗	○	Auswirkungen von Entscheidungen antizipieren, für Weiterbildung machen
Venn-Diagramm	1 2 3 4 5	✗	○	Eigene Kompetenzen analysieren, Verhandlung	1 2 3 4 5	✗	○	Kriterien für App-Entwicklung, mit der IT-Abteilung besprechen
Matrizen	1 2 3 4 5	✗	○	Aufwand-Wirkung-Matrix, 8-Felder-SWOT	1 2 3 4 5	✗	○	Projekt-Portfolio-Matrix (→ Visualisierungsformate überprüfen)
Liebesdreieck	1 2 3 4 5	✗	✗	Analyse Kundenbeziehungen, eigene Beziehung zur Arbeit analysieren (!)	1 2 3 4 5	✗	✗	Beziehung zu Team-Mitgliedern mappen, vielleicht für meine Beziehung ausprobieren
Kraftfeld-Diagramm	1 2 3 4 5	○	✗	Sehr cool! Energien verstehen/beeinflussen, Karriereoptionen checken :)	1 2 3 4 5	○	✗	Energien sind interessant, wo anwenden?
Stakeholder-Diagramm	1 2 3 4 5	○	○	Vor dem nächsten Projekt Stakeholder Radar Diagramm	1 2 3 4 5	✗	○	Gut um Politik im Unternehmen zu verstehen
Kurven-Diagramm	1 2 3 4 5	✗	○	Beispiel „Information Overload" im Projekt-Meeting verwenden	1 2 3 4 5	✗	○	Sägezahn-Effekt unbedingt reduzieren bei mir!!!
Strategieprofil	1 2 3 4 5	✗	○	Neben Wettbewerbern die Alternativen nicht vergessen	1 2 3 4 5	✗	○	Total spannend, nochmal anschauen
Stereo-Diagramm	1 2 3 4 5	○	○	Konzept des Parallel-Koordination-Diagramms nochmals anschauen	1 2 3 4 5	✗	○	Baumdiagramm und Treemap = Gute Quantitativ/Qualitativ Kombination
Canvas-Diagramm	1 2 3 4 5	✗	○	Eigenen Canvas für Leadership entwickeln	1 2 3 4 5	○	○	Projekt Modell Canvas → Unbedingt nochmal die Felder anschauen
Roper-Diagramm	1 2 3 4 5	✗	○	Mit Marketing-Abteilung besprechen, Freunde und Bekannte verorten :))	1 2 3 4 5	✗	○	Vielleicht fehlt uns manchmal der Fokus auf 1-2 Segmente???
Sankey-Diagramm	1 2 3 4 5	✗	○	Projektziele und Maßnahmen gegenüberstellen	1 2 3 4 5	✗	○	Mit Projekt-Team besprechen, welche Gegenüberstellungen für uns relevant sind
Mintzberg-Diagramm	1 2 3 4 5	✗	✗	Für mich als Vitapreneur einmal durchgehen	1 2 3 4 5	✗	✗	Zusammen mit Co-Projektleiter fürs Projekt durchgehen

wirklich auszuprobieren. Wer weiß, vielleicht stoßen Sie dabei auf ganz neue Anwendungsweisen und Verwendungskontexte oder entwickeln sogar Ihre eigenen grafischen Schablonen, um ein Thema gleichzeitig aus unterschiedlichen Perspektiven zu betrachten. Wir wünschen Ihnen dabei viel Erfolg und einen stimmigen Groove beim Denken in Stereo!

Weitergedacht

Zur Procter & Gamble Business Sphere:
- https://www.pg.com/en_US/downloads/innovation/factsheet_BusinessSphere.pdf
- McKinsey Quarterly Procter and Gamble
- Davenport, T. (2013). How P&G Presents Data to Deci¬sion-Makers. Harvard Business Review. Erhältlich online unter: https://hbr.org/2013/04/how-p-and-g-presents-data, abgerufen am 1. Februar 2016.
- http://forums.bsdinsight.com/threads/p-g-turns-analysis-in-to-action.7595/
- Link zum kostenfreien interaktiven Situations-Dynagram: www.dynagrams.org

Zu Gapminder:
- http://www.gapminder.org/world

Beispiele von 3D-immersiven dynamischen Diagrammen:
- http://www.srf.ch/sendungen/eco/sendungen
- http://www.srf.ch/sendungen/eco/too-big-to-fail-syngenta-in-ukraine-wheelblades
- https://www.youtube.com/watch?v=jbkSRLYSojo (Hans Roslings dynamische Diagramme im Hologramm-Modus)

LITERATURVERZEICHNIS

— Ansoff, H.I. (1965). Checklist for Competitive and Competence Profiles. In Ansoff, H.I. (Hrsg.), Corporate Strategy, New York: McGraw-Hill.

— Bauer, M.I., Johnson-Laird, P.N. (1993). How diagrams can improve reasoning. Psychological Review, 4(6), 372-378.

— Bertin, J. (1984). Graphische Darstellungen und die graphische Weiterverarbeitung der Information. Berlin: de Gruyter.

— Bresciani, S., Eppler, M.J. (2010). Gartner's Magic Quadrant and Hype Cycle. The Case Centre. Fallstudie. Erhältlich online unter: http://www.knowledge-communication.org/pdf/908-029-1.pdf, abgerufen am 1. Februar 2016.

— Carroll, A.B. (1993). Business & Society: Ethics and Stakeholder Management. Cincinnati, Ohio: South-Western Publishing.

— Chan Kim, W. & Mauborgne, R. (2015). Blue Ocean Strategy, Expanded Edition: How to create Uncontested Market Space and Make the Competition Irrelevant. Boston: Harvard Business Review Press.

— Cheng, P.C.H. (2011). Probably Good Diagrams for Learning: Representational Epistemic Recodification of Probability Theory. Trends in Cognitive Science, 3(3), 475-498.

— Cheng, P.C.H. (1999). Interactive Law Encoding Diagrams for learning and instruction. Learning and Instruction, 9(4), 309-325.

— Clark, T., Osterwalder, A., & Pigneur, Y. (2012). Business Model You: Dein Leben – Deine Karriere – Dein Spiel. Frankfurt am Main: Campus Verlag.

— Davenport, T. (2013). How P&G Presents Data to Decision-Makers. Harvard Business Review. Erhältlich online unter: https://hbr.org/2013/04/how-p-and-g-presents-data, abgerufen am 1. Februar 2016.

— Eppler, M.J., Kernbach, S. (2015). Dynagrams – Enhancing Design Thinking through Dynamic Diagrams. In Brenner, W., Übernickel, F. (Hrsg). Design Thinking for Innovation. Heidelberg: Springer.

— Eppler, M.J., Roehl, H., Schumacher, T., Winkler, B. (Hrsg.) (2015). Komplexität kultivieren: das VUCA-Paradigma im Management. Zeitschrift OrganisationsEntwicklung, 4/2015, Düsseldorf: Verlag Handelsblatt Fachmedien.

— Eppler, M.J.& Pfister, R.A. (2012). Sketching at work – 35 starke Visualisierungs-Tools für Manager, Berater, Verkäufer, Trainer und Moderatoren. Stuttgart: Schäffer Poeschel.

— Finocchio Junior, J. (2013). Project Model Canvas. Rio de Janeiro: Elsevier.

— Frissen, R., & Janssen, R. (2015). Event Model Generation. Accessed at http://www.eventmodelgeneration.com/

— Gardner, M. (1992). Logic Machines and Diagrams. Chicago: University of Chicago Press.

_ Gardner, M. (1958). Logic Machines and Diagrams. New York: McGraw-Hill [Kapitel 2] online erhältlich unter: http://monoskop.org/images/e/e6/Gardner_Martin_Logic_Machines_and_Diagrams.pdf, abgerufen am 1.Februar 2016.

_ Glasgow, J., Narayanan, N.H., Chandrasekaran, B. (1995).Diagrammatic Reasoning: Cognitive and Computational Perspectives. Boston: MIT Press.

_ Heath, C., & Heath, D. (2013). Decisive: How to Make Better Choices in Life and Work. Toronto: Random House.

_ Hoffmann, M. (2011). Cognitive Conditions of Diagrammatic Reasoning. Semiotica, Heft 186, 189–212.

_ Hoffmann, M.H. (2003). "Diagrammatic Reasoning" as a solution to the learning paradox. In Debrock, G. (Hrsg.) Process Pragmatism. Amsterdam: Rodopi.

_ Hovland, I. (2005). Successful Communication: A Toolkit for Researchers and Civil Society Organisations, ODI Working Paper 227, London: ODI.

_ Koestler, Arthur (1966). Der göttliche Funke. Der schöpferische Akt in Kunst und Wissenschaft, Bern: Scherz.

_ Larkin, J.L., Simon, H. (1987). Why a diagram is (sometimes) worth Ten Thousand Words. Cognitive Science, 11(1), 65-100.

_ Lewin K. (1943). Defining the „Field at a Given Time." Psychological Review.50: 292–310. Republished in Resolving Social Conflicts & Field Theory in Social Science, Washington, D.C.: American Psychological Association, 1997.

_ Maier, J. (2015). The Ambidextrous Organization. New York: Palgrave Macmillan.

_ Martin, R.L. (2009). The Opposable Mind: How Successful Leaders Win Through Integrative Thinking. Boston: Harvard Business School Press.

_ Menon. In Wikipedia. Erhältlich online unter https://de.wikipedia.org/wiki/Menon, abgerufen am 14.Dezember 2015.

_ Mintzberg, H., Ahlstrand, B.W., Lampel, J. (2005). Strategy Bites Back. Don Mills, Ontario (Canada): Pearson Education.

_ Mintzberg, H., Ahlstrand, B, Lampel, J. (2002). Strategy Safari: Eine Reise durch die Wildnis des strategischen Managements. Wien: Redline Wirtschaft.

_ Mintzberg, H. (1995). Strategic Thinking as Seeing. In Garratt, B. (Hrsg.). Developing Strategic Thought, 67-70. London: McGraw-Hill.

_ Osterwalder, A., & Pigneur, Y. (2010). Business Model Generation: A Handbook for Visionaries, Game Changers, and Challengers. New York: Wiley.

_ Peichl, T. (2014). Von Träumern, Abenteurern und Realisten – Das Zielgruppenmodell der GfK Roper Consumer Styles. In: Halfmann, M. (Hrsg.). Zielgruppen im Konsumentenmarketing. Wiesbaden: Springer Fachmedien, 135-149.

_ Purchase, H.C. (2014). Twelve Years of Diagram Research. Journal of Visual Languages and Computing, April Edition, 57-75.

_ Rath, T., & Harter, J.K. (2010). Wellbeing: The Five Essential Elements. Washington D.C.: Gallup Press.

_ Roberts, J.C. (2007). State of the art: Coordinated & multiple views in exploratory visualization. Proceedings of CMV07 Conference on Coordinated and Multiple Views in Exploratory Visualization, ETH, Switzerland, IEEE Press, 61-71.

– Schmidt, M. (2012). Visualisierung von Energie- und Stoff-strömen. In: Hauff, M., Isenmann, R., Müller-Christ, G. (Hrsg.). Industrial Ecology Management: Nachhaltige Entwicklung durch Unternehmensverbünde. Wiesbaden: Springer Gabler, 257-272.

– Shimojima, A. (1999). Derivative Meaning in Graphical Representations. Proceedings of the 1999 IEEE Symposium on Visual Languages, IEEE, 212–219.

– Shimojima, A. (1996). Operational constraints in diagrammatic reasoning. In Allwein, G. & Barwise, J. (Hrsg.), Logical reasoning with diagrams. Oxford: Oxford University Press, 27-48.

– Sternberg, R.J. (1986). A triangular theory of love. Psychological Review, 93, 119–135.

– Sternberg, R.J. (1984). Toward a triarchic theory of human intelligence. Behavioral and Brain Sciences, 7, 269-287.

– Sternberg, R.J., Grajek, S. (1984). The nature of love. Journal of Personality and Social Psychology, 47, 312-329.

– Suthers, D.D., Hundhausen, C.D. (2003). An Experimental Study of the Effects of Representational Guidance on Collaborative Learning Processes. The Journal of the Learning Sciences, 12(2), 183–218.

– Suthers, D.D. (2001). Towards a Systematic Study of Representational Guidance for Collaborative Learning Discourse. Journal of Universal Computer Science, 7(3), 254-277.

– Übernickel, F., Brenner, W., Naef, T., Pukall, B., Schindlholzer, B. (2015). Design Thinking: Das Handbuch. Frankfurt: FAZ Verlag.

– Welch, S. (2009). 10-10-10: A Life-Transforming Idea. New York: Scribner.

– Whyte, D. (2009). The Three Marriages: Reimagining Work, Self and Relationship. New York: Riverhead Books.

AUTOREN

Prof. Dr. Martin J. Eppler ist Ordinarius für Kommunikationsmanagement an der Universität St. Gallen und dort Direktor des MCM Instituts sowie des International Study MBA Programmes.. Sein Diagrammspezialgebiet sind Visualisierungen für Innovation und Entscheidungsfindung.

Dr. Roland A. Pfister ist Leiter der Unternehmenskommunikation der Micarna. Zudem ist er assozierter Professor an der IE Universität in Spanien und Dozent an der Universität St. Gallen. Sein Diagrammspezialgebiet sind quantitative Diagramme sowie Skizzendiagramme.

Dr. Sebastian Kernbach leitet das Visual Collaboration Lab am MCM Institut der Universität St. Gallen. Zudem ist er Dozent für Visual Thinking. an verschiedenen Universitäten in Europa und Asien. Sein Spezialgebiet sind Diagramme für Beratung und Coaching, vor allem mit Stift und Papier.